Eine alternative, datenbasierte Systemdarstellung und deren Anwendung für die Analyse und den Entwurf von Regelkreisen

Tim Könings

Eine alternative, datenbasierte Systemdarstellung und deren Anwendung für die Analyse und den Entwurf von Regelkreisen

Springer Vieweg

Tim Könings
Duisburg, Deutschland

Von der Fakultät für Ingenieurwissenschaften, Abteilung Elektrotechnik und Informationstechnik der Universität Duisburg-Essen zur Erlangung des akademischen Grades Doktor der Ingenieurwissenschaften genehmigte Dissertation von Tim Könings.

Gutachter: Prof. Dr.-Ing. Steven X. Ding, Prof. Dr. Ping Zhang
Tag der mündlichen Prüfung 11.10.2016

ISBN 978-3-658-17190-2 ISBN 978-3-658-17191-9 (eBook)
DOI 10.1007/978-3-658-17191-9

Die Deutsche Nationalbibliothek verzeichnet diese Publikation in der Deutschen Nationalbibliografie; detaillierte bibliografische Daten sind im Internet über http://dnb.d-nb.de abrufbar.

Springer Vieweg

Gedruckt auf säurefreiem und chlorfrei gebleichtem Papier

Springer Vieweg ist Teil von Springer Nature
Die eingetragene Gesellschaft ist Springer Fachmedien Wiesbaden GmbH
Die Anschrift der Gesellschaft ist: Abraham-Lincoln-Str. 46, 65189 Wiesbaden, Germany

Für meine Eltern.

Vorwort

Die vorliegende Dissertation entstand während meiner Tätigkeit als wissenschaftlicher Mitarbeiter am Institut für Automatisierungstechnik und komplexe Systeme (AKS) der Universität Duisburg-Essen.

Mein erster Dank gilt Herrn Prof. Dr.-Ing. Steven X. Ding für die stets hervorragende wissenschaftliche Betreuung und die Unterstützung während der Anfertigung meiner Arbeit. Vor allem für die vielen anregenden Diskussionen, die stets Quelle für neue Inspirationen und somit ein wichtiger Wegweiser für meine Arbeit waren, bin ich sehr dankbar. Bei Prof. Dr. Ping Zhang bedanke ich mich für die Übernahme des Korreferates und das damit verbundene Interesse an meiner Arbeit.

Des Weiteren möchte ich meinen Dank an alle AKS Kollegen richten, für die angenehme Arbeitsatmosphäre und die kontinuierliche Unterstützung. Mein besonderer Dank geht dabei an Frau M.Sc. Minjia Krüger, Herrn Prof. Dr.-Ing. Hao Luo, Herrn Dr.-Ing. Christoph Kandler und Herrn Dr.-Ing. Jonas Esch für die vielen fachlichen, aber auch privaten Diskussionen, welche zum Gelingen dieser Arbeit beigetragen haben. Für die angenehme Zeit im gemeinsamen Büro möchte ich mich darüber hinaus bei den Herren Dr.-Ing. Kai Zhang und Dr.-Ing. Zhiwen Chen bedanken. Für die sorgfältige Durchsicht und Korrektur meiner Arbeit sowie für viele wertvolle Ratschläge bedanke ich mich bei Frau Dr.-Ing. Birgit Köppen-Seliger.

Zuletzt möchte ich den mir wichtigsten Dank meinen Eltern Bärbel und Werner Könings und meinem Bruder Bastian Könings für die bedingungslose Unterstützung und die Motivation während meines Studiums und der Anfertigung meiner Arbeit aussprechen.

Oberhausen, im Oktober 2016 *Tim Könings*

Inhaltsverzeichnis

Nomenklatur

In der folgenden Nomenklatur werden die in der vorliegenden Arbeit verwendeten, wesentlichen Abkürzungen und Formelzeichen eingeführt. Der gewählte Schriftsatz folgt der DIN 1338. Danach werden skalare Größen durch kleingedruckte Zeichen dargestellt. Vektoren und Matrizen werden durch fett gedruckte Buchstaben gekennzeichnet, wobei für Vektoren Kleinbuchstaben und für Matrizen Großbuchstaben gewählt werden. Bei Übertragungsfunktionen wird durch normalen und fetten Druck zwischen Eingrößensystemen, z.B. $G(z)$, und Mehrgrößensystemen $\mathbf{G}(z)$ unterschieden. Aus Gründen der Übersichtlichkeit wird die Zeitabhängigkeit von Signalen und physikalischen Größen gelegentlich nicht mit angegeben. Selbiges gilt für die Darstellung der Abhängigkeit z-transformierter Signale von z.

Akronyme

Zeichen	Beschreibung
4SID	Subspace State Space System Identification
DTGARDE	diskrete, algebraische Spiel-Riccati-Differenzengleichung (engl. discrete time game algebraic riccati difference equation)
FRA	Funktionalisierte Regler-Architektur
LCF	linkskoprime Faktorisierung (engl. Left Coprime Factorization)
LQR	linear, quadrarischer Regler
LTI	linear, zeitinvariant (eng. linear time invariant)
MIMO	Multiple Input Multiple Output
PEM	prediction error method
RCF	rechtskoprime Faktorisierung (engl. Right Coprime Factorization)
SBM	Subspace basierte Methode
SIR	Stable Image Representation
SISO	Single Input Single Output
SKR	Stable Kernel Representation
SVD	Singulärwertzerlegung (engl. Singular Value Decomposition)

Mathematische und regelungstechnische Formelzeichen

Zeichen	Beschreibung
$\arg(\bullet)$	Argument der Funktion $(\bullet)$
$\mathcal{C}(\bullet)$	Spaltenraum der Matrix $(\bullet)$
$\mathrm{chol}(\bullet)$	Der Operator gibt den Cholesky Faktor $\mathbf{R}$ der Cholesky Zerlegung $(\bullet) = \mathbf{R}^T\mathbf{R}$ zurück
$(\bullet) \prec 0$	$(\bullet)$ ist negativ definit

Zeichen	Beschreibung
$(\bullet) \succ 0$	$(\bullet)$ ist positiv definit
$\dim(\bullet)$	Dimension des Vektorraums $(\bullet)$
n	Dimension des Zustandsvektors $\mathbf{x}$
k_{u}	Dimension des Eingangsvektors $\mathbf{u}$
k_{y}	Dimension des Ausangsvektors $\mathbf{y}$
$\oplus$	Direkte Summe
$\mathbf{I}$	Einheitsmatrix
$\mathbf{I}_n$	Einheitsmatrix der Dimension $n \times n$
$\mathrm{E}(\bullet)$	Erwartungswert von $(\bullet)$
$\forall$	Für alle
$\|\bullet\|_{\mathrm{F}}$	Frobeniusnorm der Matrix $(\bullet)$
δ	Gap-Metrik
$\vec{\delta}$	Gerichtete Gap
$\hat{\delta}_{\mathrm{d}}$	Datenbasierte Realisierung der Gap-Metrik
$\vec{\delta}_{\mathrm{d}}$	Datenbasierte Realisierung der gerichteten Gap
$\lim\limits_{a \to b}(\bullet)$	Grenzwert von $(\bullet)$, wenn a gegen b geht
$\bar{\sigma}(\bullet)$	Größter Singulärwert der Matrix $(\bullet)$
$\|\bullet\|_{\mathrm{H}}$	Hankel Norm des LTI Systems $(\bullet)$
$\|\bullet\|_{\mathrm{H,d}}$	Datenbasierte Realisierung der Hankel Norm des LTI Systems $(\bullet)$
$\mathcal{H}_\infty$	Menge der beschränkten und analytischen Funktionen in $\|z\| < 1$
$\mathcal{H}_2$	Signalraum, der sich aus der Laplace Transformation des Raumes $\mathcal{L}_{[0,\infty)}$ ergibt
$\in$	Element von
$\mathrm{im}(\bullet)$	Stabiler Bildraum des Systems $(\bullet)$
$\mathbf{G}^{\sim}(z)$	Kurzschreibweise für $\mathbf{G}^T(z^{-1})$
$(\mathbf{A}, \mathbf{B}, \mathbf{C}, \mathbf{D})$	Kurzschreibweise für Zustandsraumdarstellung $\mathbf{C}(z\mathbf{I} - \mathbf{A})^{-1}\mathbf{B} + \mathbf{D}$
$[\mathbf{G}, \mathbf{K}]$	Kurzzschreibweise für einen Standardregelkreis (Abbildung 2.1), bestehend aus der Strecke $\mathbf{G}(z)$ und dem Regler $\mathbf{K}(z)$
$\mathcal{L}_{(-\infty,\infty)}$	Raum der quadratisch integrierbaren, vektorwertigen Zeitfunktionen
$\mathcal{L}_{[0,\infty)}$	Unterraum von $\mathcal{L}_{(-\infty,\infty)}$ für den die vektorwertigen Zeitsignale $\mathbf{0}$ sind für negative Zeiten
$\mathcal{L}_{(-\infty,0)}$	Unterraum von $\mathcal{L}_{(-\infty,\infty)}$ für den die vektorwertigen Zeitsignale $\mathbf{0}$ sind für positive Zeiten
$\mathbf{A}$	Systemmatrix
$\mathbf{B}$	Eingangsmatrix
$\mathbf{C}$	Ausgangsmatrix
$\mathbf{D}$	Durchgangsmatrix
$\min\limits_{x}(\bullet)$	Minimum der Funktion $(\bullet)$ bezüglich des Arguments x
$\mathbf{0}$	Nullmatrix
$\mathbf{0}_{n,m}$	Nullmatrix der Dimension $n \times m$
$\mathcal{N}_l(\bullet)$	Linker Nullraum der Matrix $(\bullet)$
$\mathcal{N}_r(\bullet)$	Rechter Nullraum der Matrix $(\bullet)$
$(\bullet)^\perp$	Orthogonales Komplement von $(\bullet)$

Zeichen	Beschreibung
$(\bullet)^{\dagger}$	Pseudoinverse der Matrix $(\bullet)$
$\mathbf{A}/\mathbf{B}$	Orthogonale Projektion des Zeilenraums der Matrix **A** auf den Zeilenraum der Matrix **B**
$\mathbf{A}/_{\mathbf{B}}\mathbf{C}$	Schiefe Projektion des Zeilenraums der Matrix **A** auf den Zeilenraum der Matrix **C** entlang des Zeilenraums der Matrix **B**
$\mathrm{rang}(\bullet)$	Rang der Matrix $(\bullet)$
$\mathbb{R}$	Menge der reellen Zahlen
$\mathbb{R}^{n}$	Menge der n-dimensionalen reellen Vektoren
$\mathbb{R}^{n\times m}$	Menge der $n \times m$-dimensionalen reellen Matrizen
$\mathcal{RH}_{\infty}$	Menge der properen, reellen und rationalen Funktionen in $\mathcal{H}_{\infty}$
$\mathcal{R}(\bullet)$	Zeilenraum der Matrix $(\bullet)$
$\boldsymbol{\xi}$	Prozessrauschen
$\boldsymbol{\upsilon}$	Messrauschen
$b_{\mathbf{G},\mathbf{K}}$	Stabilitätsradius des Systems $\mathbf{G}(z)$ im Standardregelkreis mit dem Regler $\mathbf{K}(z)$
b_{opt}	Maximal erreichbarer Stabilitätsradius
$\hat{b}_{\mathrm{d,opt}}$	Datenbasierte Realisieurng des optimalen Stabilitätsradius
$\mathcal{K}(z), \mathcal{I}(z)$	Stable Kernel bzw. Image Representation
$\bar{\mathcal{K}}(z), \bar{\mathcal{I}}(z)$	Normalisierte Stable Kernel bzw. Image Representation
$\mathcal{K}_{\mathrm{d}}, \mathcal{I}_{\mathrm{d}}$	Datenbasierte Realisierung der Stable Kernel bzw. Image Representation
$\bar{\mathcal{K}}_{\mathrm{d}}, \bar{\mathcal{I}}_{\mathrm{d}}$	Normalisierte, datenbasierte Realisierung der Stable Kernel bzw. Image Representation
$\tilde{\mathcal{K}}_{\mathrm{d}}, \tilde{\mathcal{I}}_{\mathrm{d}}$	Rekursive, datenbasierte Realisierung der Stable Kernel bzw. Image Representation
$\mathbf{L}_{(\bullet)}$	Subspace Matrix korrespondierend zu der Hankelmatrix $(\bullet)$
$(\bullet)^{T}$	Transponierte der Matrix $(\bullet)$
$(\bullet)(r_1 : r_2, c_1 : c_2)$	Untermatrix der Matrix $(\bullet)$, zusammengesetzt aus den Zeilen r_1 bis r_2 und den Spalten c_1 bis c_2 der Matrix $(\bullet)$

Abbildungsverzeichnis

1 Einleitung

Die vorliegende Arbeit beschäftigt sich mit einer alternativen Systemdarstellung zur datenbasierten Analyse und Synthese von regelungstechnischen Systemen. Die Motivation, die genaue Zielsetzung der Arbeit und die Abgrenzung zu bestehenden Arbeiten auf dem Gebiet wird in den folgenden Abschnitten Schritt für Schritt konkretisiert.

1.1 Motivation der Arbeit

In den letzten Jahrzehnten sind in den verschiedenen Bereichen der Regelungstheorie eine reichhaltige Anzahl an Verfahren für die Regelung, Überwachung und die Fehlerdiagnose von dynamischen Prozessen entwickelt worden. Die Anwendungsfelder sind dabei vielfältig und umfassen industrielle Anlagen und Prozesse, Anwendungen im Bereich Automotive bis hin zu Anwendungen in Luft- und Raumfahrt. Trotz zunehmender Komplexität der industriellen Prozesse haben sich dabei vor allem lineare Analyse- und Entwurfsansätze als besonders effektiv erwiesen. Grund dafür sind die einfachen Berechnungs- und Implementierungsmöglichkeiten, die Generalisierbarkeit und die große Auswahl an Verfahren. Für eine Übersicht siehe z.B. (Kailath, 1980; Boyd und Barratt, 1991).

Klassischerweise basieren die linearen Verfahren für den Entwurf von Reglern und Überwachungs- bzw. Diagnosesystemen dabei auf einer mathematischen Beschreibung des zugrunde liegenden Prozesses. Diese Form der mathematischen Beschreibung wird Prozessmodell genannt und kann z.B. die Beschreibung der Dynamik des Systems mittels Differentialgleichungen beinhalten. Die Erstellung eines mathematischen Prozessmodells ist in der industriellen Praxis jedoch häufig sehr aufwändig und erfordert darüber hinaus in der Regel auch einen hohen Grad an Expertenwissen über die physikalischen Zusammenhänge in dem betrachteten System. Dieser Aspekt wird mit der zunehmenden Komplexität industrieller Prozesse in den letzten Jahrzehnten umso kritischer. Darüber hinaus gilt es, bei der Modellierung den richtigen Kompromiss zwischen Genauigkeit und Komplexität des Modells zu finden, da mit steigender Modellgröße in der Regel auch der Implementierungsaufwand für die Regler oder Diagnosesysteme in den Steuergeräten zunimmt. Aus den genannten Gründen eignen sich die modellbasierten Verfahren daher im Regelfall auch nur als „Offline"-Entwurfsverfahren. Dies bedeutet, dass davon ausgegangen wird, dass vor Inbetriebnahme des Reglers oder der Diagnoseeinheit bereits ein Modell vorhanden bzw. bekannt ist, mit welchem der Entwurf einmalig durchgeführt werden kann, während im laufenden Prozess selbst dann meist keine Änderungen mehr durchgeführt werden. Um dabei im laufenden Betrieb eine gute Performanz und Stabilität auch bei Abweichungen zwischen Modell und realem Prozess gewährleisten zu können, werden z.B. die Regler häufig für eine ganze Klasse von unsicheren Strecken im Sinne einer robusten Regelung entworfen (siehe z.B. (Zhou, Doyle und Glover, 1996; Green und Limebeer, 2012)). Dabei ist es auch in diesem Fall wichtig, eine Abwägung zwischen der nötigen Robustheit gegenüber Abweichungen zwischen Modell und tatsächlichem Prozess und einer guten Performanz durchzuführen. Häufig führt der robuste Ansatz z.B. zu konservativ eingestellten Reglern. Nachdem das Modell einmal den ganzen Entwurfszyklus durchlaufen hat, wird es häufig nicht mehr genutzt, da es für komplexe Simulationen in der Regel nicht genau genug ist und damit häufig überflüssig wird.

Die meisten industriellen Prozesse sind heutzutage, dank der rasanten Fortschritte im Bereich der Computer- und Speichertechnologie, mit einer guten Informationsinfrastruktur ausgestattet, welche eine automatisierte Sammlung und Archivierung von zahlreichen Prozessmessdaten erlaubt. Ausgelöst durch diese Entwicklung in der industriellen Praxis, sind in den letzten Jahren einige Bestrebungen zu erkennen, einen Teil der linearen Entwurfsmethoden so anzupassen, dass diese direkt auf die Messdaten des Prozesses angewendet werden können, ohne den Zwischenschritt über die Erstellung eines expliziten Prozessmodells zu gehen. Dieser Zweig der Forschung lässt sich unter dem Begriff datenbasierte oder modellfreie Methoden zusammenfassen. Eine Übersicht zum Stand der Forschung folgt im nächsten Abschnitt. Für die Definition, was unter einem datenbasierten oder modellfreien Ansatz zu verstehen ist, existieren in der Literatur verschiedene Auffassungen. Für eine ausführliche Übersicht wird z.B. auf (Hou und Jin, 2013) verwiesen. Den meisten Definitionen ist jedoch gemein, dass datenbasierte Methoden Gebrauch von den Prozessmessdaten für den Entwurf und die Analyse von regelungstechnischen Systemen machen und dabei auf die Verwendung eines expliziten Modells verzichtet wird. Die datenbasierten Methoden haben dabei das Potential, einige der im vorherigen Absatz aufgezählten Schwächen der modellbasierten Ansätze auszugleichen. Dabei sind im Wesentlichen der Wegfall des Kosten- und Zeitaufwands für die Modellierung und der Wegfall von zu konservativen Reglern auf Grund des a priori Entwurfs zu nennen. Darüber hinaus erlauben viele datenbasierte Methoden auch eine direkte „online“ Implementierbarkeit, also eine Berechnung oder Anpassung der Regler oder Diagnoseverfahren, basierend auf den Messdaten des Prozesses. Dies ist in vielen industriellen Anlagen von großem Interesse, da sich das Verhalten des Systems im Laufe der Zeit bedingt durch Alterungserscheinungen, Instandhaltungsmaßnahmen oder möglichen Fehlfunktionen häufig nochmal ändert. Der ursprünglich entworfene Regler muss daher bezüglich seiner Performanz neu bewertet und gegebenfalls angepasst werden. Die datenbasierten Methoden erlauben die direkte Integration z.B. in fehlertolerante oder adaptive Regelungskonzepte, welche auch im Falle von Prozessänderungen durch entsprechende Adaption oder Rekonfiguration eine akzeptable Performanz liefern und einen sicheren Betrieb ermöglichen. Das bedeutet, dass datenbasierte Methoden häufig dort ihre Stärken ausspielen können, wo modellbasierte Verfahren ihre Schwächen besitzen und diese somit eine sinnvolle Ergänzung darstellen. Diese Aspekte und die daraus resultierenden Möglichkeiten sind die Motivation für diese Arbeit, sich mit linearen, datenbasierten Verfahren zu beschäftigen. Um die genaue Zielsetzung konkretisieren und von bestehenden Arbeiten abgrenzen zu können, wird im nächsten Abschnitt zunächst eine Übersicht über den Stand der Forschung im Bereich der datenbasierten Methoden gegeben.

1.2 Übersicht zum Stand der Forschung

Die Forschung im Bereich der datenbasierten Methoden lässt sich im Wesentlichen in die drei Bereiche datenbasierte Fehlerdiagnose und Überwachung, datenbasierte Regelung und Optimierung und datenbasierte Modellierung einteilen (Hou und Wang, 2013; Gao, Saxen und Gao, 2013). Im Folgenden soll nur auf die ersten beiden Bereiche eingegangen werden.

Datenbasierte Fehlerdiagnose und Prozessüberwachung
Datenbasierte Fehlerdiagnose-Verfahren beschäftigen sich mit der Fragestellung, wie sich Fehler innerhalb eines Prozesses anhand von Messdaten erkennen lassen. Typischerweise wird der Einsatz dieser Verfahren in zwei Phasen unterteilt. In einer „offline“ Phase wird anhand von fehlerfreien Daten eines industriellen Prozesses ein Fehlerdetektions- oder Überwachungssystem entworfen und dann in der zweiten Phase „online“ eingesetzt, um auf der Grundlage neuer Messdaten Fehler oder die Güte des Prozesses zu evaluieren. Eine Übersicht über die existierenden Methoden und deren Vor- und Nachteile befindet sich z.B. in (Ding, 2014a; Yin u. a., 2014; Yin u. a., 2012; Qin, 2012; Dai und Gao, 2013).

Datenbasierte Regelung und Optimierung
Datenbasierte Regelungsverfahren beinhalten alle Methoden, bei denen ein Regler basierend auf den „online“ oder „offline“ Messdaten und dem weiteren Wissen aus möglichen Signalverarbeitungen entworfen wird, ohne dabei explizit Gebrauch von einem vorher vorhandenen Modell zu machen. Viele der Einstellregeln für PID-Regler können somit als eine erste Form eines datenbasierten Reglerentwurfs angesehen werden. Im Laufe der Jahre wurden eine ganze Reihe an datenbasierten Regelungsmethoden entwickelt, wie z.B. Unfalsified Control (Safonov und Tsao, 1994), Virtual Reference Feedback Tuning (Campi, Lecchini und Savaresi, 2002), Iterative Feedback Tuning (Hjalmarsson u. a., 1998), Adaptive Dynamic Programming (Lewis und Vrabie, 2009). Die angegebene Liste umfasst nur eine kleine Auswahl der bekanntesten Methoden. Für eine vollständige Übersicht wird z.B. auf (Hou und Wang, 2013) verwiesen.

Eine für diese Arbeit besonders wichtige Klasse von datenbasierten Methoden, welche in allen drei genannten Forschungsbereichen Anwendung findet, ist die sogenannte Subspace basierte Methode (SBM) (Huang und Kadali, 2008). Die Grundidee hinter der SBM ist es dabei, die Systemdynamik des betrachteten Prozesses als Unterraum eines Vektorraums mit finiter Dimension zu beschreiben. Der Unterraum wird dabei über Zeitfolgen der Ein- bzw. Ausgangsdaten des betrachteten Prozesses aufgespannt und kann über die sogenannten Subspace Matrizen beschrieben werden. Diese Subspace Matrizen können durch einfache Projektionen aus den Messdaten berechnet werden und bilden die Grundlage der Entwurfsverfahren der SBM. In der Literatur sind eine Vielzahl von erfolgreichen Anwendungen dieses Ansatzes zu finden. In (Ding, 2014b; Ding u. a., 2009) wird eine Übersicht über den Einsatz für den Entwurf von Fehlerdiagnose- und Überwachungssystemen gegeben. Woodley (2001) stellt ein Entwurfsverfahren für LQR- und $\mathcal{H}_\infty$-Regler vor. Kadali, Huang und Rossiter (2003) beschreiben den Einsatz der SBM für den Entwurf von Prädiktivreglern. In (Dong, 2009) wird der Entwurf für fehlertolerante Regelungssysteme mittels SBM vorgeschlagen. Abweichend von den bisher vorgestellten Methoden wurde in (Ding u. a., 2014) erstmals ein Verfahren für eine SBM für die datenbasierte Realisierung der sogenannten Stable Kernel und Stable Image Representation (Van der Schaft, 2012) vorgestellt. Bei der SKR und SIR eines Systems handelt es sich um eine alternative Beschreibungsform für das Verhalten eines dynamischen Systems, welche ihren Ursprung im Bereich der Operatortheorie hat und somit für die Beschreibung einer großen Klasse von Systemen (linear, nichtlinear, zeitinvariant etc.) geeignet ist. Sowohl die SKR als auch die SIR bilden die Grundlage für viele Verfahren zur Analyse und Synthese von Regelkreisen im Bereich der robusten, modellbasierten Regelung (Zhou, Doyle und Glover, 1996; Zhou und Doyle, 1997) und haben auch gerade im Bereich der Residuengenerierung eine große Bedeutung in der Fehlerdiagnose (Ding, 2013). Der Ansatz einer datenbasierten Realisierung der SKR bzw. SIR soll daher im Rahmen dieser Arbeit weiter untersucht werden, da gehofft wird, dass sich dadurch viele bekannte Ergebnisse aus dem Bereich der modellbasierten Regelung auf den datenbasierten Fall übertragen lassen. Dafür sollen im nächsten Abschnitt die genauen Ziele dieser Arbeit spezifiziert werden.

1.3 Zielsetzung und Gliederung der Arbeit

Ziel dieser Arbeit ist es, eine datenbasierte Realisierung der SKR bzw. SIR zu finden und zu zeigen, dass es damit möglich ist, bereits bestehende Ergebnisse aus dem Bereich der modellbasierten Analyse und dem Entwurf von Reglern auf den datenbasierten Bereich zu übertragen. Dabei soll eine im Vergleich zu (Ding u. a., 2014) leicht abgeänderte Definition der datenbasierten SKR bzw. SIR betrachtet werden, welche sowohl für Messdaten aus geschlossenen, als auch aus offenen Regelkreisen geeignet ist und darüber hinaus auch für Single Input Single Output (SISO) und Multiple Input Multiple Output (MIMO)-Systeme einfach zu berechnen ist. Darauf aufbauend sollen vor allem die sogenannte Gap-Metrik und der optimale Stabilitätsradius (Vinnicombe, 2000) in einem neuartigen Ansatz in einer datenbasierten Form realisiert werden. Für beide Größen existieren bisher in der Literatur nur modellbasierte Berechnungsmethoden. Die Erweiterung auf datenbasierte Berechnungsmethoden für die Gap-Metrik und den Stabilitätsradius eröffnet neue, interessante Anwendungen, da diese Größen somit für eine „online"-Auswertungen verfügbar werden. Damit wäre z.B. denkbar, dass die Änderungen in einem dynamischen Prozess an Hand der Messdaten analysiert und anschließend eine Entscheidung getroffen wird, ob eine Rekonfiguration des vorhandenen Reglers nötig ist. Diese und andere Anwendungen sollen im Rahmen dieser Arbeit genauer betrachtet werden. Auch der datenbasierte Entwurf von Reglern, basierend auf der datenbasierten Realisierung der SKR bzw. SIR soll untersucht werden. Um die genannten Ziele zu erreichen, ist diese Arbeit in insgesamt acht Unterkapitel gegliedert.

Im Anschluss an die Einleitung werden in Kapitel 2 die mathematischen und regelungstechnischen Grundlagen, welche für das Verständnis des Konzeptes einer koprimen Faktorisierung und der darauf basierenden SKR bzw. SIR nötig sind, kurz zusammengefasst. Darüber hinaus werden die Grundlagen der Youla-Parametrierung erläutert, welche für die spätere Berechnung einer datenbasierten SKR bzw. SIR von Bedeutung sind.

Kapitel 3 beginnt mit einer Zusammenfassung der grundlegenden Idee aller SBM und fasst die Beschreibung eines dynamischen, linearen Prozesses mittels sogenannter Datenmodelle zusammen. Es wird beschrieben, wie die Subspace Matrizen mittels einfacher Projektionen berechnet werden können. Der Rest des Kapitels ist in einem ersten Schritt der geeigneten Definition der datenbasierten SKR und SIR gewidmet. Darauf aufbauend werden in einem zweiten Schritt Berechnungsmethoden für die datenbasierte SKR bzw. SIR hergeleitet, welche auf den Subspace Matrizen beruhen, und anschließend in entsprechenden Algorithmen zusammengefasst. Dabei wird in diesem Kapitel zunächst angenommen, dass die Messdaten von einem Prozess ohne Rückführungen durch Regler etc. stammen.

Aufbauend auf den Definitionen aus Kapitel 3 wird in Kapitel 4 untersucht, wie sich die datenbasierte Realisierung der SKR bzw. SIR im geschlossenen Regelkreis umsetzen lässt. Es wird zunächst auf die Problematik bei der Umsetzung im geschlossenen Regelkreis eingegangen. Im Anschluss wird eine funktionalisierte Reglerarchitektur vorgestellt, welche es erlaubt, jeden Regler in beobachterbasierter Form zu implementieren. Es wird gezeigt, dass diese Form der Implementierung viele Vorteile besitzt und darüber hinaus auch alle Signale für eine datenbasierte Realisierung der SKR bzw. SIR bereitstellt. Das Kapitel und der Themenkomplex zur datenbasierten Realisierung der SKR bzw. SIR wird abgeschlossen mit der Zusammenfassung einer rekursiven Berechnungsmethode für die benötigten Projektionen.

In Kapitel 5 werden die Ergebnisse aus Kapitel 3 und 4 verwendet, um eine neuartige, datenbasierte Realisierung der Gap-Metrik und des optimalen Stabilitätsradius herzuleiten. Dazu werden zunächst geeignete Definitionen für eine datenbasierte Realisierung beider Größen gegeben und gezeigt, dass diese für entsprechend lange Zeitreihen gegen die modellbasierten Größen konvergieren. Anschließend werden Berechnungsvorschriften hergeleitet, welche eine Berechnung der datenbasierten Realisierung der Gap-Metrik und des optimalen Stabilitätsradius mittels der datenbasierten Realisierung der SKR bzw. SIR angibt. Für die Realisierung der Gap-Metrik werden dabei Verfahren über finite und infinite Zeithorizonte verglichen.

Die Übertragbarkeit der datenbasierten SKR bzw. SIR für den Einsatz bei dem Entwurf von Reglern wird in Kapitel 6 untersucht. Es wird gezeigt, dass sich auf der Grundlage der datenbasierten SIR entsprechende datenbasierte Formen eines LQR- bzw. $\mathcal{H}_\infty$-Reglers realisieren lassen. Dabei werden auch hier Ansätze mit finitem und infinitem Zeithorizont betrachtet.

Die Ergebnisse der Arbeit sollen in einem letzten Schritt in Kapitel 7 anhand von einigen Fallstudien demonstriert werden. Dafür werden Messdaten von einem Ottomotor, einem Dreitanksystem und Simulationsdaten von einem Gleichstrommotor betrachtet. Auf der Grundlage der Messdaten sollen die im Laufe dieser Arbeit hergeleiteten Ergebnisse zum einen verifiziert und zum anderen sollen mögliche Anwendungsszenarien skizziert werden.

Abgeschlossen wird die Arbeit in Kapitel 8 mit einer Zusammenfassung der erreichten Ergebnisse und einem Ausblick für weitere Untersuchungen und Problemstellungen.

Für eine grafische Übersicht über die Zusammenhänge der Kapitel in dieser Arbeit sei auf Abbildung 1.1 verwiesen. Die Kapitel werden dabei in der Farbe Dunkelgrau dargestellt und die drei wichtigstens Funktionsblöcke dieser Arbeit in Hellgrau.

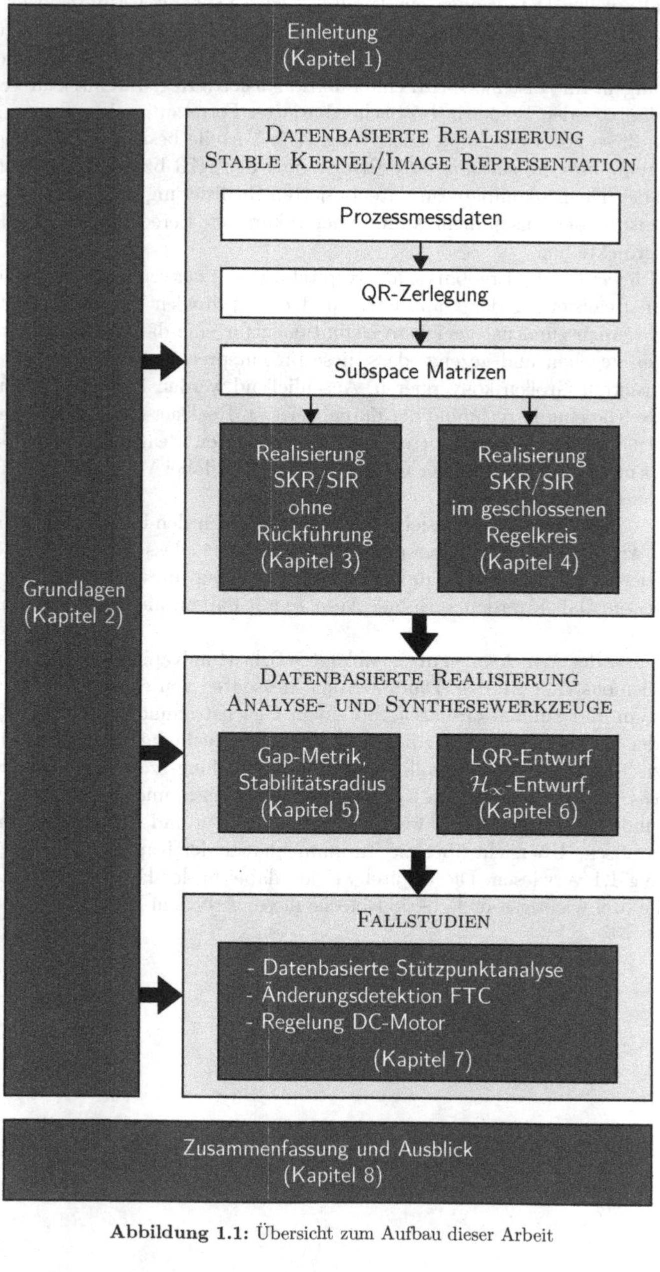

Abbildung 1.1: Übersicht zum Aufbau dieser Arbeit

2 Mathematische Grundlagen

In diesem Kapitel geht es um die sogenannte koprime Faktorisierung linearer Systeme. Ausgangspunkt für alle nachfolgenden Betrachtungen ist das System $\mathbf{G}$, welches gemäß der nachfolgenden Zustandsraumdarstellung beschrieben werden kann und als linear, zeitinvariant (eng. linear time invariant) (LTI) angenommen wird

$$\mathbf{G}: \begin{cases} \mathbf{x}(k+1) = \mathbf{A}\mathbf{x}(k) + \mathbf{B}\mathbf{u}(k) \\ \mathbf{y}(k) = \mathbf{C}\mathbf{x}(k) + \mathbf{D}\mathbf{u}(k) \end{cases}. \tag{2.1}$$

Die zentrale Idee des Faktorisierungsansatzes ist es, eine Übertragungsmatrix als Faktorisierung zweier stabiler, rationaler Übertragungsmatrizen darzustellen. Die zu faktorisierende Matrix muss dafür nicht notwendigerweise stabil sein. Diese Form der Faktorisierung wurde erstmals von Vidyasagar (1972) beschrieben und bildet seitdem unter dem Begriff der koprimen Faktorisierung die Grundlage für zahlreiche Methoden zur Analyse und Synthese von Regelkreisen. Eines der zentralen, auf dieser Faktorisierung basierenden Ergebnisse stellt dabei die Parametrierung aller stabilisierenden Regler für eine gegebene Strecke dar. Diese Form der Parametrierung aller stabilisierenden Regler ist unter dem Begriff „Youla-Parametrierung“ (selten auch „Youla-Kucera-Parametrierung“) (Youla, Jabri und Bongiorno, 1976) in die Literatur eingegangen. Darüber hinaus lassen sich in dieser Form der Faktorisierung auch bequem Modellunsicherheiten bei der Beschreibung regelungstechnischer Prozesse darstellen (McFarlane und Glover, 1990). Im Verlauf dieser Arbeit wird intensiv Gebrauch von der koprimen Faktorisierung für die Berechnung und Herleitung verschiedener Ergebnisse gemacht. Daher sollen an dieser Stelle die wesentlichen Definitionen und Zusammenhänge zusammengefasst werden. Für eine umfangreiche Übersicht über das Thema wird auf Zhou, Doyle und Glover (1996), Vidyasagar (2011), Green und Limebeer (2012), McFarlane und Glover (1990) und Vinnicombe (2000) verwiesen.

2.1 Koprime Faktorisierung

Zunächst sollen die wichtigen Definitionen für die koprime Faktorisierung angegeben werden.

Definition 2.1 (Koprime Eigenschaft). Zwei Übertragungsmatrizen $\mathbf{M}(z) \in \mathcal{RH}_\infty$ und $\mathbf{N}(z) \in \mathcal{RH}_\infty$ werden als rechtskoprim in $\mathcal{RH}_\infty$ bezeichnet, wenn zwei Übertragungsmatrizen $\mathbf{X}(z) \in \mathcal{RH}_\infty$ und $\mathbf{Y}(z) \in \mathcal{RH}_\infty$ existieren, sodass gilt

$$\mathbf{X}(z)\mathbf{M}(z) + \mathbf{Y}(z)\mathbf{N}(z) = \mathbf{I}. \tag{2.2}$$

Zwei Übertragungsmatrizen $\hat{\mathbf{M}}(z) \in \mathcal{RH}_\infty$ und $\hat{\mathbf{N}}(z) \in \mathcal{RH}_\infty$ werden als linkskoprim in $\mathcal{RH}_\infty$ bezeichnet, wenn zwei Übertragungsmatrizen $\hat{\mathbf{X}}(z) \in \mathcal{RH}_\infty$ und $\hat{\mathbf{Y}}(z) \in \mathcal{RH}_\infty$ existieren, sodass gilt

$$\hat{\mathbf{M}}(z)\hat{\mathbf{X}}(z) + \hat{\mathbf{N}}(z)\hat{\mathbf{Y}}(z) = \mathbf{I}. \tag{2.3}$$

Definition 2.2 (Rechtskoprime Faktorisierung von $\mathbf{G}(z)$). Zwei Übertragungsmatrizen $\mathbf{M}(z) \in \mathcal{RH}_\infty$ und $\mathbf{N}(z) \in \mathcal{RH}_\infty$ bilden eine rechtskoprime Faktorisierung (engl. Right Coprime Factorization) (RCF) des Systems $\mathbf{G}(z)$, wenn gilt

$$\mathbf{G}(z) = \mathbf{N}(z)\mathbf{M}(z)^{-1} \tag{2.4}$$

und $\mathbf{M}(z) \in \mathcal{RH}_\infty$ und $\mathbf{N}(z) \in \mathcal{RH}_\infty$ rechtskoprim in $\mathcal{RH}_\infty$ sind.

Definition 2.3 (Linkskoprime Faktorisierung von $\mathbf{G}(z)$). Zwei Übertragungsmatrizen $\hat{\mathbf{M}}(z) \in \mathcal{RH}_\infty$ und $\hat{\mathbf{N}}(z) \in \mathcal{RH}_\infty$ bilden eine linkskoprime Faktorisierung (engl. Left Coprime Factorization) (LCF) des Systems $\mathbf{G}(z)$, wenn gilt

$$\mathbf{G}(z) = \hat{\mathbf{M}}(z)^{-1}\hat{\mathbf{N}}(z) \tag{2.5}$$

und $\hat{\mathbf{M}}(z) \in \mathcal{RH}_\infty$ und $\hat{\mathbf{N}}(z) \in \mathcal{RH}_\infty$ linkskoprim in $\mathcal{RH}_\infty$ sind.

Neben der isolierten Betrachtung der links- und rechtskoprimen Faktorisierung existiert auch eine gleichzeitige, sogenannte doppelte koprime Faktorisierung, welche im Folgenden definiert wird.

Definition 2.4 (Doppelte koprime Faktorisierung von $\mathbf{G}(z)$). Acht Übertragungsmatrizen, welche der rechts- und linkskoprimen Faktorisierung in $\mathcal{RH}_\infty$ genügen und gleichzeitig die sogenannte erweiterte Bezout-Identität

$$\begin{aligned}
&\begin{bmatrix} \mathbf{X}(z) & \mathbf{Y}(z) \\ -\hat{\mathbf{N}}(z) & \hat{\mathbf{M}}(z) \end{bmatrix} \begin{bmatrix} \mathbf{M}(z) & -\hat{\mathbf{Y}}(z) \\ \mathbf{N}(z) & \hat{\mathbf{X}}(z) \end{bmatrix} = \begin{bmatrix} \mathbf{I} & \mathbf{0} \\ \mathbf{0} & \mathbf{I} \end{bmatrix} \\
\Leftrightarrow &\begin{bmatrix} \mathbf{M}(z) & -\hat{\mathbf{Y}}(z) \\ \mathbf{N}(z) & \hat{\mathbf{X}}(z) \end{bmatrix} \begin{bmatrix} \mathbf{X}(z) & \mathbf{Y}(z) \\ -\hat{\mathbf{N}}(z) & \hat{\mathbf{M}}(z) \end{bmatrix} = \begin{bmatrix} \mathbf{I} & \mathbf{0} \\ \mathbf{0} & \mathbf{I} \end{bmatrix}
\end{aligned} \tag{2.6}$$

erfüllen, werden als doppelte koprime Faktorisierung von $\mathbf{G}(z)$ bezeichnet.

Wie den Definitionen für die koprime Faktorisierung zu entnehmen ist, ist es gerade für MIMO Systeme schwierig, anhand der Übertragungsmatrizen eine RCF bzw. LCF zu finden. Das nachfolgende Lemma 2.1 gibt daher eine direkte Beziehung zwischen den acht Faktoren der doppelten koprimen Faktorisierung und der Zustandsraumdarstellung des Systems $\mathbf{G}(z)$ an.

Lemma 2.1 (Zustandsraum-Formeln für doppelte koprime Faktorisierung (Nett, Jacobson und Balas, 1984)). *Gegeben sei die rationale Übertragungsmatrix des Systems* $\mathbf{G}(z)$ *mit der Zustandsraumdarstellung gemäß Gleichung* (2.1)*. Unter der Annahme, dass das System* $\mathbf{G}(z)$ *stabilisierbar und detektierbar ist, existieren die Matrizen* $\mathbf{F}$ *und* $\mathbf{L}$ *so, dass* $\mathbf{A}+\mathbf{BF}$ *und* $\mathbf{A}-\mathbf{LC}$ *Schurmatrizen sind. Dann können die acht Übertragunsmatrizen der doppelten koprimen Faktorisierung von* $\mathbf{G}(z)$ *berechnet werden gemäß*

$$\begin{aligned}
\mathbf{M}(z) &= (\mathbf{A}+\mathbf{BF}, \mathbf{B}, \mathbf{F}, \mathbf{I}) & \hat{\mathbf{M}}(z) &= (\mathbf{A}-\mathbf{LC}, -\mathbf{L}, \mathbf{C}, \mathbf{I}) \\
\mathbf{N}(z) &= (\mathbf{A}+\mathbf{BF}, \mathbf{B}, \mathbf{C}+\mathbf{DF}, \mathbf{D}) & \hat{\mathbf{N}}(z) &= (\mathbf{A}-\mathbf{LC}, \mathbf{B}-\mathbf{LD}, \mathbf{C}, \mathbf{D}) \\
\mathbf{X}(z) &= (\mathbf{A}-\mathbf{LC}, -(\mathbf{B}-\mathbf{LD}), \mathbf{F}, \mathbf{I}) & \hat{\mathbf{X}}(z) &= (\mathbf{A}+\mathbf{BF}, \mathbf{L}, \mathbf{C}+\mathbf{DF}, \mathbf{I}) \\
\mathbf{Y}(z) &= (\mathbf{A}-\mathbf{LC}, -\mathbf{L}, \mathbf{F}, \mathbf{0}) & \hat{\mathbf{Y}}(z) &= (\mathbf{A}+\mathbf{BF}, -\mathbf{L}, \mathbf{F}, \mathbf{0}).
\end{aligned} \tag{2.7}$$

Anhand der Berechnungsvorschrift der acht Übertragungsmatrizen der doppelten koprimen Faktorisierung gemäß Lemma 2.1 ist bereits ersichtlich, dass die LCF bzw. RCF nicht eindeutig sind. In der Regel existiert mehr als eine Matrix $\mathbf{F}$ bzw. $\mathbf{L}$, sodass $\mathbf{A}+\mathbf{BF}$ bzw. $\mathbf{A}-\mathbf{LC}$ Schurmatrizen sind. Dennoch gibt es einen eindeutigen Zusammenhang zwischen den verschiedenen koprimen Faktorisierungen, welcher in den nachfolgenden Lemmata zusammengefasst wird.

Lemma 2.2 (Eindeutigkeit der RCF (Vinnicombe, 2000)). *Gegeben sei eine beliebige RCF* $\{\mathbf{M}_1(z), \mathbf{N}_1(z)\}$ *der Übertragungsmatrix* $\mathbf{G}(z)$ *gemäß Definition 2.2. Jede beliebige RCF* $\{\mathbf{M}_2(z), \mathbf{N}_2(z)\}$ *von* $\mathbf{G}(z)$ *lässt sich durch Rechtsmultiplikation mit einer Übertragungsmatrix* $\mathbf{Q}(z)$ *gemäß*

$$\{\mathbf{M}_2(z), \mathbf{N}_2(z)\} = \{\mathbf{M}_1(z)\mathbf{Q}(z), \mathbf{N}_1(z)\mathbf{Q}(z)\} \tag{2.8}$$

darstellen, wobei sowohl $\mathbf{Q}(z)$, *als auch die Inverse* $\mathbf{Q}^{-1}(z)$ *in* $\mathcal{RH}_\infty$ *liegen.*

Lemma 2.3 (Eindeutigkeit der LCF (Vinnicombe, 2000)). *Gegeben sei eine beliebige LCF* $\{\hat{\mathbf{M}}_1(z), \hat{\mathbf{N}}_1(z)\}$ *der Übertragungsmatrix* $\mathbf{G}(z)$ *gemäß Definition 2.3. Jede beliebige LCF* $\{\hat{\mathbf{M}}_2(z), \hat{\mathbf{N}}_2(z)\}$ *von* $\mathbf{G}(z)$ *lässt sich durch Linksmultiplikation mit einer Übertragungsmatrix* $\mathbf{Q}(z)$ *gemäß*

$$\{\hat{\mathbf{M}}_2(z), \hat{\mathbf{N}}_2(z)\} = \{\mathbf{Q}(z)\hat{\mathbf{M}}_1(z), \mathbf{Q}(z)\hat{\mathbf{N}}_1(z)\} \tag{2.9}$$

darstellen, wobei sowohl $\mathbf{Q}(z)$, *als auch die Inverse* $\mathbf{Q}^{-1}(z)$ *in* $\mathcal{RH}_\infty$ *liegen.*

Eine besondere Form der koprimen Faktorisierung ist die normalisierte koprime Faktorisierung, welche viele Berechnungen für die Synthese und die Analyse von Regelkreisen deutlich vereinfacht.

Definition 2.5 (Normalisierte koprime Faktorisierung). Eine RCF $\{\mathbf{M}(z), \mathbf{N}(z)\}$ der Übertragungsmatrix $\mathbf{G}(z)$ wird als normalisiert bezeichnet, wenn die folgende Bedingung erfüllt wird

$$\mathbf{M}^{\sim}(z)\mathbf{M}(z) + \mathbf{N}^{\sim}(z)\mathbf{N}(z) = \mathbf{I}. \tag{2.10}$$

Eine LCF $\{\hat{\mathbf{M}}(z), \hat{\mathbf{N}}(z)\}$ der Übertragungsmatrix $\mathbf{G}(z)$ wird als normalisiert bezeichnet, wenn die folgende Bedingung erfüllt wird

$$\hat{\mathbf{M}}(z)\hat{\mathbf{M}}^{\sim}(z) + \hat{\mathbf{N}}(z)\hat{\mathbf{N}}^{\sim}(z) = \mathbf{I}. \tag{2.11}$$

Die normalisierte koprime Faktorisierung ist eindeutig mit Ausnahme einer Linksmultiplikation (LCF) bzw. Rechtsmultiplikation (RCF) mit einer unitären, konstanten Matrix $\mathbf{Q}$. Für die Berechnung der normalisierten koprimen Faktorisierungen ist die Lösung jeweils einer Riccati-Gleichung notwendig. Eine ausführliche Berechnungsvorschrift befindet sich in Zhou, Doyle und Glover (1996) sowohl für zeitkontinuierliche, als auch für zeitdiskrete Systeme.

2.2 Stabile Image- und Kernel Representation

In diesem Abschnitt soll es um alternative Darstellungsformen des Ein- und Ausgangsverhaltens von LTI Systemen gehen. Im Allgemeinen kann das LTI System (2.1) auch als ein Operator angesehen werden, welcher den Raum der Eingangssignale $\mathbf{u}$ abbildet auf den Raum der Ausgangssignale $\mathbf{y}$. Diese Betrachtungsweise erlaubt eine sehr allgemeine Beschreibung von Systemen, welche über die reine Beschreibung mittels der Übertragungsfunktion im Frequenzbereich hinausgeht. Daher ist dieser Ansatz auch für die Beschreibung von nichtlinearen Systemen und zeitvarianten Systemen sehr beliebt. Für eine ausführliche Übersicht sei z.B. auf (Van der Schaft, 2012; Feintuch, 2012; Partington, 2004; Cheremensky und Fomin, 1996) verwiesen. Ausgangspunkt für die Betrachtungen ist das LTI System $\mathbf{G}$ aus Gleichung (2.1). Das Ein- und Ausgangsverhalten kann auch über den Multiplikationsoperator

$$M_{\mathbf{G}} : \mathbf{u} \in \mathcal{X} \mapsto \mathbf{y} \in \mathcal{X} \tag{2.12}$$

in $\mathcal{X}$ beschrieben, welcher mit dem System $\mathbf{G}$ assoziiert wird. Dabei ist $\mathcal{X}$ ein Platzhalter und wird für Signale im Frequenzbereich durch den Signalraum $\mathcal{H}_2$ bzw. für Signale im Zeitbereich durch den Signalraum $\mathcal{L}_{[0,\infty)}$ ersetzt. Die Definitionsmenge $\mathcal{D}(M_{\mathbf{G}})$ des Operators M ist dabei gegeben als

$$\mathcal{D}(M_{\mathbf{G}}) := \{\mathbf{u} \in \mathcal{X} \mid \mathbf{y} = \mathbf{G}\mathbf{u} \in \mathcal{X}\}. \tag{2.13}$$

Diese Form der Operatordefinition beinhaltet also nur die Ein- und Ausgangssignale, bei denen für ein energiebegrenztes Eingangssignal $\mathbf{u}$ auch ein energiebegrenztes Ausgangssignal $\mathbf{y}$ herauskommt. Ist das System $\mathbf{G}$ stabil, ist der Eingangssignalraum der komplette Signalraum $\mathcal{X}$, andernfalls ist dieser nur eine Teilmenge von $\mathcal{X}$. Diese Betrachtung ist besonders für die Analyse und die Synthese von Reglern interessant, da nur der stabile Bildraum des Systems $\mathbf{G}$ betrachtet wird.

Definition 2.6 (Stabiler Bildraum). Gegeben sei ein beliebiges LTI System $\mathbf{G}$, mit welchem der Multiplikationsoperator $M_{\mathbf{G}}$ mit der Definitionsmenge $\mathcal{D}(M_{\mathbf{G}})$ gemäß Gleichungen (2.12) und (2.13) assoziiert ist. Dann ist der stabile Bildraum $\mathrm{im}(\mathbf{G})$ des Systems $\mathbf{G}$ definiert als

$$\mathrm{im}(\mathbf{G}) := \left\{ \begin{bmatrix} \mathbf{u} \\ \mathbf{y} \end{bmatrix} = \begin{bmatrix} \mathbf{u} \\ \mathbf{G}\mathbf{u} \end{bmatrix} \middle| \mathbf{u} \in \mathcal{D}(M_{\mathbf{G}}) \right\} \subseteq \mathcal{X} \oplus \mathcal{X}. \tag{2.14}$$

Somit lassen sich mit Hilfe des stabilen Bildraums die folgenden zwei Repräsentationen des Systems $\mathbf{G}$ einführen.

Definition 2.7 (Stable Image Representation). Gegeben sei ein beliebiges LTI System $\mathbf{G}$ mit der Anfangsbedingung $\mathbf{x}_0$. Als SIR des Systems $\mathbf{G}$ wird das LTI-System $\boldsymbol{\mathcal{I}} \in \mathcal{RH}_\infty$ mit dem Eingang $\mathbf{v}$ bezeichnet, für welches gilt

$$\forall \mathbf{x}_0 \in \mathbb{R}^n, \begin{bmatrix} \mathbf{u} \\ \mathbf{y} \end{bmatrix} \in \mathrm{im}(\mathbf{G}) \quad \exists \mathbf{v} \in \mathcal{X} \quad \text{sodass} \quad \begin{bmatrix} \mathbf{u} \\ \mathbf{y} \end{bmatrix} = \boldsymbol{\mathcal{I}}\mathbf{v}. \tag{2.15}$$

Definition 2.8 (Stable Kernel Representation)**.** Gegeben sei ein beliebiges LTI System $\mathbf{G}$ mit der Anfangsbedingung $\mathbf{x}_0$. Als SKR des Systems $\mathbf{G}$ wird das LTI-System $\mathcal{K} \in \mathcal{RH}_\infty$ mit den Eingängen $\mathbf{u}$ und $\mathbf{y}$ bezeichnet, für welches gilt

$$\mathbf{r} = \mathcal{K} \begin{bmatrix} \mathbf{u} \\ \mathbf{y} \end{bmatrix} = \mathbf{0} \quad \forall \mathbf{x}_0 \in \mathbb{R}^n, \begin{bmatrix} \mathbf{u} \\ \mathbf{y} \end{bmatrix} \in \mathrm{im}(\mathbf{G}). \tag{2.16}$$

Im Falle von linearen Systemen gibt es einen direkten Zusammenhang zwischen der SKR bzw. SIR und der zuvor eingeführten koprimen Faktorisierung, welcher in den beiden nachfolgenden Lemmata zusammengefasst wird.

Theorem 2.1 (Realisierung SIR)**.** *Gegeben sei eine RCF* $\mathbf{G}(z) = \mathbf{N}(z)\mathbf{M}(z)^{-1}$ *des LTI Systems* $\mathbf{G}$*. Dann ist*

$$\mathcal{I}(z) = \begin{bmatrix} \mathbf{M}(z) \\ \mathbf{N}(z) \end{bmatrix} \tag{2.17}$$

eine Realisierung der SIR gemäß Definition 2.7 mit $\mathcal{X} = \mathcal{H}_2$*.*

Beweis. Für das Ein- Ausgangsverhalten des Systems $\mathbf{G}$ gilt

$$\mathbf{y}(z) = \mathbf{N}(z)\mathbf{M}(z)^{-1}\mathbf{u}(z). \tag{2.18}$$

Mit der Definition $\mathbf{v}(z) = \mathbf{M}(z)^{-1}\mathbf{u}(z)$ lässt sich somit der Eingang $\mathbf{u}$ und der Ausgang $\mathbf{y}$ berechnen zu

$$\begin{bmatrix} \mathbf{u}(z) \\ \mathbf{y}(z) \end{bmatrix} = \begin{bmatrix} \mathbf{M}(z) \\ \mathbf{N}(z) \end{bmatrix} \mathbf{v}(z) = \mathcal{I}(z)\mathbf{v}(z). \tag{2.19}$$

Aus der Definition der RCF und der Bezout-Identität folgt, dass $\mathbf{v}(z)$ auch aus $\mathbf{u}(z)$ und $\mathbf{y}(z)$ berechnet werden kann gemäß

$$\begin{bmatrix} \mathbf{X}(z) & \mathbf{Y}(z) \end{bmatrix} \begin{bmatrix} \mathbf{u}(z) \\ \mathbf{y}(z) \end{bmatrix} = \begin{bmatrix} \mathbf{X}(z) & \mathbf{Y}(z) \end{bmatrix} \begin{bmatrix} \mathbf{M}(z) \\ \mathbf{N}(z) \end{bmatrix} \mathbf{v}(z) = \mathbf{v}(z). \tag{2.20}$$

Daraus lässt sich mathematisch folgern, dass gilt

$$\begin{bmatrix} \mathbf{u}(z) \\ \mathbf{y}(z) \end{bmatrix} \in \mathrm{im}(\mathbf{G}) \subseteq \mathcal{H}_2 \oplus \mathcal{H}_2 \text{ und } \mathbf{X}(z), \mathbf{Y}(z) \in \mathcal{RH}_\infty \rightarrow \mathbf{v}(z) \in \mathcal{H}_2. \tag{2.21}$$

Und umgekehrt gilt

$$\mathbf{v}(z) \in \mathcal{H}_2 \text{ und } \mathbf{M}(z), \mathbf{N}(z) \in \mathcal{RH}_\infty \rightarrow \begin{bmatrix} \mathbf{u}(z) \\ \mathbf{y}(z) \end{bmatrix} \in \mathcal{H}_2 \oplus \mathcal{H}_2 \rightarrow \begin{bmatrix} \mathbf{u}(z) \\ \mathbf{y}(z) \end{bmatrix} \in \mathrm{im}(\mathbf{G}). \tag{2.22}$$

Es gilt also, dass für jeden Signalvektor $\begin{bmatrix} \mathbf{u}(z)^T & \mathbf{y}(z)^T \end{bmatrix}^T \in \mathrm{im}(\mathbf{G})$ in Gleichung (2.19) ein Signal $\mathbf{v}(z) \in \mathcal{H}_2$ existiert und umgekehrt. Somit ist Gleichung (2.17) eine Realisierung der SIR gemäß Definition 2.7. □

Theorem 2.2 (Realisierung SKR). *Gegeben sei eine LCF* $\mathbf{G}(z) = \hat{\mathbf{M}}(z)^{-1}\hat{\mathbf{N}}(z)$ *des LTI Systems* $\mathbf{G}$. *Dann ist*

$$\mathcal{K}(z) = \begin{bmatrix} -\hat{\mathbf{N}}(z) & \hat{\mathbf{M}}(z) \end{bmatrix} \tag{2.23}$$

eine Realisierung der SKR gemäß Definition 2.8 mit $\mathcal{X} = \mathcal{H}_2$.

Beweis. Gemäß Theorem (2.1) kann jeder Signalvektor $\begin{bmatrix} \mathbf{u}(z)^T & \mathbf{y}(z)^T \end{bmatrix}^T \in \text{im}(\mathbf{G})$ über die SIR ausgedrückt werden, sodass unter Ausnutzung der Bezout-Identität gilt

$$\mathbf{r}(z) = \mathcal{K}(z) \begin{bmatrix} \mathbf{u}(z) \\ \mathbf{y}(z) \end{bmatrix} = \mathcal{K}(z)\mathcal{I}(z)\mathbf{v}(z) = \begin{bmatrix} -\hat{\mathbf{N}}(z) & \hat{\mathbf{M}}(z) \end{bmatrix} \begin{bmatrix} \mathbf{M}(z) \\ \mathbf{N}(z) \end{bmatrix} \mathbf{v}(z) = \mathbf{0}. \tag{2.24}$$

Somit ist Gleichung (2.23) eine Realisierung der SKR gemäß Definition 2.8. □

Ähnlich wie bei der koprimen Faktorisierung gibt es auch für die SKR und die SIR Bedingungen für die Normalisierung und Betrachtungen zur Eindeutigkeit der beiden Repräsentationen. Diese sind in der nachfolgenden Defintion und den nachfolgenden Korollaren zusammengefasst.

Definition 2.9 (Normalisierte SKR/SIR). Die SKR $\mathcal{K}(z)$ des Systems $\mathbf{G}(z)$ wird als normalisiert bezeichnet, wenn diese coinner ist. Dies bedeutet, es muss die folgende Bedingung erfüllt werden

$$\mathcal{K}(z)\mathcal{K}^{\sim}(z) = \mathbf{I}. \tag{2.25}$$

Die SIR $\mathcal{I}(z)$ des Systems $\mathbf{G}(z)$ wird als normalisiert bezeichnet, wenn diese inner ist. Dies bedeutet, es muss die folgende Bedingung erfüllt werden

$$\mathcal{I}^{\sim}(z)\mathcal{I}(z) = \mathbf{I}. \tag{2.26}$$

Bemerkung 2.1. Zur besseren Unterscheidbarkeit wird im Folgenden in dieser Arbeit eine normalisierte SKR mit der Notation $\bar{\mathcal{K}}(z)$ bezeichnet. Eine normalisierte SIR wird mit der Notation $\bar{\mathcal{I}}(z)$ gekennzeichnet.

Korollar 2.1 (Normalisierungsbedingung SKR/SIR). *Die Realisierung der SKR gemäß Theorem 2.2 ist normalisiert, wenn die verwendete LCF* $\{\hat{\mathbf{M}}(z), \hat{\mathbf{N}}(z)\}$ *normalisiert ist. Die Realisierung der SIR gemäß Theorem 2.1 ist normalisiert, wenn die verwendete RCF* $\{\mathbf{M}(z), \mathbf{N}(z)\}$ *normalisiert ist.*

Korollar 2.2 (Eindeutigkeit der SKR). *Gegeben sei eine beliebige SKR* $\mathcal{K}_1(z)$ *der Übertragungsmatrix* $\mathbf{G}(z)$ *gemäß Definition 2.8. Jede beliebige SKR* $\mathcal{K}_2(z)$ *von* $\mathbf{G}(z)$ *lässt sich durch Linksmultiplikation mit einer Übertragungsmatrix* $\mathbf{Q}(z)$ *gemäß*

$$\mathcal{K}_2(z) = \mathbf{Q}(z)\mathcal{K}_1(z) \tag{2.27}$$

darstellen, wobei sowohl $\mathbf{Q}(z)$, *als auch die Inverse* $\mathbf{Q}^{-1}(z)$ *in* $\mathcal{RH}_\infty$ *liegen.*

Korollar 2.3 (Eindeutigkeit der SIR). *Gegeben sei eine beliebige SIR* $\mathcal{I}_1(z)$ *der Übertragungsmatrix* $\mathbf{G}(z)$ *gemäß Definition 2.7. Jede beliebige SIR* $\mathcal{I}_2(z)$ *von* $\mathbf{G}(z)$ *lässt sich durch Rechtsmultiplikation mit einer Übertragungsmatrix* $\mathbf{Q}(z)$ *gemäß*

$$\mathcal{I}_2(z) = \mathcal{I}_1(z)\mathbf{Q}(z) \tag{2.28}$$

darstellen, wobei sowohl $\mathbf{Q}(z)$, *als auch die Inverse* $\mathbf{Q}^{-1}(z)$ *in* $\mathcal{RH}_\infty$ *liegen.*

2.3 Regelungstechnische Interpretation der SIR und SKR

In den letzten beiden Abschnitten wurden in Form von Lemma 2.1 Berechnungsformeln für die Realisierung der RCF und LCF gegeben und der Zusammenhang zur SIR und SKR hergestellt. In diesem Abschnitt soll auf die regelungstechnische Interpretation der acht Übertragungsfunktionen der doppelten koprimen Faktorisierung im Zusammenhang mit der SKR und SIR eingegangen werden.

Ausgangspunkt für die Betrachtungen ist das System $\mathbf{G}$ mit der Zustandsraumdarstellung (2.1). Die RCF und somit auch die SIR des Systems $\mathbf{G}$ können physikalisch im Sinne einer Zustandsregelung interpretiert werden. Dies wird ersichtlich, wenn das Eingangssignal der Strecke gewählt wird zu $\mathbf{u}(k) = \mathbf{Fx}(k) + \mathbf{v}(k)$. Dabei ist $\mathbf{F}$ die Rückführmatrix, welche garantiert, dass $\mathbf{A} + \mathbf{BF}$ eine Schurmatrix ist und $\mathbf{v}(k)$ bezeichnet eine Referenzsignal, welches den neuen Eingang des Gesamtsystems bildet. Man erhält dann die Zustandsraumdarstellung

$$\begin{aligned} \mathbf{x}(k+1) &= \mathbf{Ax}(k) + \mathbf{B}(\mathbf{v}(k) + \mathbf{Fx}(k)) = (\mathbf{A} + \mathbf{BF})\mathbf{x}(k) + \mathbf{Bv}(k) \\ \mathbf{u}(k) &= \mathbf{Fx}(k) + \mathbf{v}(k) \\ \mathbf{y}(k) &= \mathbf{Cx}(k) + \mathbf{D}(\mathbf{v}(k) + \mathbf{Fx}(k)) = (\mathbf{C} + \mathbf{DF})\mathbf{x}(k) + \mathbf{Dv}(k) \end{aligned} \tag{2.29}$$

Ein Vergleich mit den Zustandsraumformeln aus Lemma 2.1 offenbart direkt, dass die Übertragungsfunktion von dem Referenzsignal $\mathbf{v}$ auf das Ein- bzw. Ausgangssignal $\mathbf{u}$ bzw. $\mathbf{y}$ genau der Übertragungsfunktion $\mathbf{M}(z)$ bzw. $\mathbf{N}(z)$ der RCF entspricht und damit eine mathematische Beschreibung der SIR liefert. Der stabile Ein- bzw. Ausgangssignalraum des Systems $\mathbf{G}$ kann also durch Auslenkung des Referenzsignals einer Zustandsregelung erreicht werden. Der direkte Bezug zur Zustandsregelung macht die SIR besonders wertvoll für die Analyse und den Entwurf von Regelungsproblemen.

Die LCF und somit die SKR des Systems $\mathbf{G}$ besitzen ebenfalls eine regelungstechnische Interpretation. Beide können als ein beobachterbasierter Residuengenerator verstanden werden. Dafür soll zunächst ein Beobachter für das System $\mathbf{G}$ betrachtet werden

$$\begin{aligned} \hat{\mathbf{x}}(k+1) &= \mathbf{A}\hat{\mathbf{x}}(k) + \mathbf{Bu}(k) + \mathbf{L}(\mathbf{y}(k) - \hat{\mathbf{y}}(k)) \\ \hat{\mathbf{y}}(k+1) &= \mathbf{C}\hat{\mathbf{x}}(k) + \mathbf{Du}(k), \end{aligned} \tag{2.30}$$

wobei $\hat{\mathbf{x}}$ und $\hat{\mathbf{y}}$ die Schätzungen der Zustandsgröße $\mathbf{x}$ und der Ausgangsgröße $\mathbf{y}$ des Systems $\mathbf{G}$ bezeichnen und $\mathbf{L}$ als Rückführmatrix so gewählt wird, dass $\mathbf{A} - \mathbf{LC}$ eine Schurmatrix ist. Das sogenannte Residuensignal $\mathbf{r}$ bezeichnet die Abweichung zwischen dem tatsächlichen Ausgangs $\mathbf{y}$ des System $\mathbf{G}$ und dem geschätzten Ausgang des Beobachters $\hat{\mathbf{y}}$. Entsprechend kann ein sogenannter Residuengenerator aufgeschrieben werden als

$$\begin{aligned} \hat{\mathbf{x}}(k+1) &= (\mathbf{A} - \mathbf{LC})\hat{\mathbf{x}}(k) + (\mathbf{B} - \mathbf{LD})\mathbf{u}(k) + \mathbf{Ly}(k) \\ \mathbf{r}(k) &= \mathbf{y}(k) - \hat{\mathbf{y}}(k) \end{aligned} \tag{2.31}$$

oder alternativ

$$\mathbf{r}(z) = \hat{\mathbf{M}}(z)\mathbf{y}(z) - \mathbf{N}(z)\mathbf{u}(z). \tag{2.32}$$

Dies zeigt den direkten Zusammenhang der LCF zu dem Residuengenerator. Für gleiche Anfangsbedingungen $\mathbf{x}(0) = \hat{\mathbf{x}}(0)$ ist das Residuensignal $\mathbf{r} = 0$ und der Residuengenerator ist somit eine SKR des Prozesses **G**. Das Residuensignal enthält alle Informationen über unbekannte Einflüsse in dem Prozess **G**, wie z.B. externe Störungen, Fehler und Modellunsicherheiten. Einerseits kann das Residuensignal somit zur Diagnose über den Zustand des Prozesses verwendet werden, andererseits bildet das Residuensignal aber auch einen fundamentalen Bestandteil für die Regelung, da Unsicherheiten und Störungen der eigentliche Grund für die Verwendung eines Reglers sind. Auf diesen Aspekt wird in Abschnitt 2.5 nochmal eingegangen.

In ähnlicher Weise kann auch den verbliebenen vier Übertragungsfunktionen der doppelten koprimen Faktorisierung eine Interpretation gegeben werden. Betrachtet wird dafür eine beobachterbasierte Zustandsrückführung gemäß der Zustandsraumdarstellung

$$\begin{aligned} \hat{\mathbf{x}}(k+1) &= (\mathbf{A}+\mathbf{BF})\hat{\mathbf{x}}(k) + \mathbf{Lr}(k) \\ \begin{bmatrix} \mathbf{u}(k) \\ \mathbf{y}(k) \end{bmatrix} &= \begin{bmatrix} \mathbf{F}\hat{\mathbf{x}}(k) \\ \mathbf{r}(k) + (\mathbf{C}+\mathbf{DF})\hat{\mathbf{x}}(k) \end{bmatrix} \end{aligned} \tag{2.33}$$

wobei **u** und **y** den Ein- bzw. Ausgang des beobachterbasierten Rückführreglers, $\hat{\mathbf{x}}$ die Zustandsschätzung der Strecke **G** und **r** das Residuensignal bezeichnet. Im Frequenzbereich ergibt sich daher

$$\begin{bmatrix} \mathbf{u}(z) \\ \mathbf{y}(z) \end{bmatrix} = \begin{bmatrix} -\hat{\mathbf{Y}}(z) \\ \hat{\mathbf{X}}(z) \end{bmatrix} \mathbf{r}(z). \tag{2.34}$$

Die Übertragungsfunktion $\begin{bmatrix} -\hat{\mathbf{Y}}(z)^T & \hat{\mathbf{X}}(z)^T \end{bmatrix}^T$ kann somit als SIR eines beobachterbasierten Zustandsreglers interpretiert werden, welcher als Eingang das Residuensignal **r** besitzt. Zuletzt wird erneut ein beobachterbasierter Zustandsregler in der Form

$$\begin{aligned} \hat{\mathbf{x}}(k+1) &= (\mathbf{A}-\mathbf{LC})\hat{\mathbf{x}}(k) + (\mathbf{B}-\mathbf{LD})\mathbf{u} - \mathbf{Ly} \\ \mathbf{v}(k) &= \mathbf{u}(k) - \mathbf{Fx}(k) \end{aligned} \tag{2.35}$$

betrachtet, mit den zuvor eingeführten Signalbezeichnungen. Dann ist **v** ein Residuensignal des beobachterbasierten Zustandsreglers und

$$\mathbf{v}(z) = \begin{bmatrix} \mathbf{X}(z) & \mathbf{Y}(z) \end{bmatrix} \begin{bmatrix} \mathbf{u}(z) \\ \mathbf{y}(z) \end{bmatrix} \tag{2.36}$$

kann somit als eine SKR für den beobachterbasierten Zustandsregler interpretiert werden. In Tabelle 2.1 werden die Ergebnisse nocheinmal zusammengefasst.

		ÜTF	Eingang	Ausgang	Struktur
Strecke	SIR	$\begin{bmatrix}\mathbf{M}\\ \mathbf{N}\end{bmatrix}$	$\mathbf{v}$	$\begin{bmatrix}\mathbf{u}\\ \mathbf{y}\end{bmatrix}$	Strecke mit Zustandsregelung
	SKR	$\begin{bmatrix}-\hat{\mathbf{N}} & \hat{\mathbf{M}}\end{bmatrix}$	$\begin{bmatrix}\mathbf{u}\\ \mathbf{y}\end{bmatrix}$	$\mathbf{r}$	Beobachterbasierter Residuengenerator
Regler	SIR	$\begin{bmatrix}-\hat{\mathbf{Y}}\\ \hat{\mathbf{X}}\end{bmatrix}$	$\mathbf{r}$	$\begin{bmatrix}\mathbf{u}\\ \mathbf{y}\end{bmatrix}$	Beobachterbasierte Zustandsrückführung
	SKR	$\begin{bmatrix}\mathbf{X} & \mathbf{Y}\end{bmatrix}$	$\begin{bmatrix}\mathbf{u}\\ \mathbf{y}\end{bmatrix}$	$\mathbf{v}$	Beobachterbasierte Zustandsrückführung

Tabelle 2.1: Interpretation der acht Matrizen der doppelten koprimen Faktorisierung

2.4 Interne Stabilität von Regelkreisen

In diesem Abschnitt soll es um die Stabilität von Regelkreisen gehen. Eine Standardkonfiguration eines solchen Regelkreises ist in Abbildung 2.1a zu sehen. Zur Erleichterung der Beschreibung wird im Folgenden die Abkürzung $[\mathbf{G}, \mathbf{K}]$ für diese Standardkonfiguration verwendet. Dabei bezeichnet $\mathbf{G}(z)$ eine beliebige Strecke, welche in einem geschlossenen Regelkreis mit dem Regler $\mathbf{K}(z)$ verschaltet ist. Ziel der Regelung ist es, auch bei Auftreten von möglichen Unsicherheiten eine gewünschte Performanz und vor allem die Stabilität des Regelkreises sicherzustellen. Das Signal $\mathbf{u}$ bezeichnet die Streckeneingangsgröße und das Signal $\mathbf{y}$ den Eingang des Reglers. Eine Definition für interne Stabilität kann dann wie nachfolgend angegeben werden.

Definition 2.10 (Interne Stabilität (Zhou, Doyle und Glover, 1996)). Gegeben sei der Standardregelkreis $[\mathbf{G}, \mathbf{K}]$ aus Abbildung 2.1b mit der Anfangsbedingung $\mathbf{x}_{\mathbf{G},0}$ der Strecke und der Anfangsbedingung $\mathbf{x}_{\mathbf{K},0}$ des Reglers. Das System $[\mathbf{G}, \mathbf{K}]$ ist intern stabil, wenn für alle Anfangsbedingungen die Zustände $(\mathbf{x}_\mathbf{G}, \mathbf{x}_\mathbf{K})$ von Strecke und Regler gegen Null gehen für $\mathbf{v}_1 = 0$ und $\mathbf{v}_2 = 0$.

Mit Hilfe dieser allgemeinen Definition lässt sich interne Stabilität alternativ auch als eine Stabilitätsbedingung an die Übertragungsfunktionen des geschlossenen Regelkreises $[\mathbf{G}, \mathbf{K}]$ definieren. Dafür soll die Übertragungsfunktion von $\mathbf{v}_1$ und $\mathbf{v}_2$ nach $\mathbf{u}$ und $\mathbf{y}$ in Abbildung 2.1b untersucht werden.

$$\begin{aligned}
\begin{bmatrix}\mathbf{v}_1\\ \mathbf{v}_2\end{bmatrix} &= \begin{bmatrix}\mathbf{I} & -\mathbf{K}\\ -\mathbf{G} & \mathbf{I}\end{bmatrix}\begin{bmatrix}\mathbf{u}\\ \mathbf{y}\end{bmatrix}\\
\Leftrightarrow \begin{bmatrix}\mathbf{u}\\ \mathbf{y}\end{bmatrix} &= \begin{bmatrix}(\mathbf{I}-\mathbf{KG})^{-1} & \mathbf{K}(\mathbf{I}-\mathbf{GK})^{-1}\\ \mathbf{G}(\mathbf{I}-\mathbf{KG})^{-1} & (\mathbf{I}-\mathbf{GK})^{-1}\end{bmatrix}\begin{bmatrix}\mathbf{v}_1\\ \mathbf{v}_2\end{bmatrix}\\
&= \begin{bmatrix}(\mathbf{I}-\mathbf{KG})^{-1} & (\mathbf{I}-\mathbf{KG})^{-1}\mathbf{K}\\ \mathbf{G}(\mathbf{I}-\mathbf{KG})^{-1} & \mathbf{I}+\mathbf{G}(\mathbf{I}-\mathbf{KG})^{-1}\mathbf{K}\end{bmatrix}\begin{bmatrix}\mathbf{v}_1\\ \mathbf{v}_2\end{bmatrix}\\
&= \left(\begin{bmatrix}\mathbf{0} & \mathbf{0}\\ \mathbf{0} & \mathbf{I}\end{bmatrix} + \begin{bmatrix}\mathbf{I}\\ \mathbf{G}\end{bmatrix}(\mathbf{I}-\mathbf{KG})^{-1}\begin{bmatrix}\mathbf{I} & \mathbf{K}\end{bmatrix}\right)\begin{bmatrix}\mathbf{v}_1\\ \mathbf{v}_2\end{bmatrix}
\end{aligned} \tag{2.37}$$

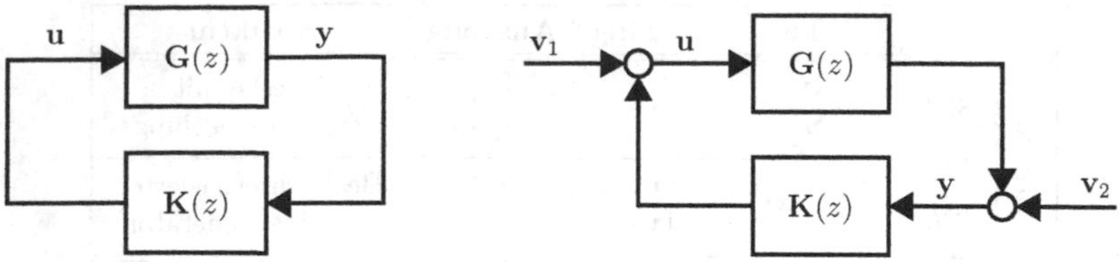

(a) Standardregelkreis $[\mathbf{G},\mathbf{K}]$ (b) Untersuchung interne Stabilität

Abbildung 2.1: Regelkreiskonfigurationen

Sind alle vier Übertragungsfunktionen stabil, so führt ein begrenztes Signal $\mathbf{v}_1$ und $\mathbf{v}_2$ zu begrenzten Signalen $\mathbf{u}$ und $\mathbf{y}$. Damit lässt sich das folgende Lemma formulieren.

Lemma 2.4 ((Zhou, Doyle und Glover, 1996)). *Der Standardregelkreis* $[\mathbf{G},\mathbf{K}]$ *ist genau dann (intern) stabil, wenn die Übertragungsmatrix*

$$\begin{bmatrix} \mathbf{I} & -\mathbf{K} \\ -\mathbf{G} & \mathbf{I} \end{bmatrix}^{-1} = \begin{bmatrix} (\mathbf{I}-\mathbf{KG})^{-1} & (\mathbf{I}-\mathbf{KG})^{-1}\mathbf{K} \\ \mathbf{G}(\mathbf{I}-\mathbf{KG})^{-1} & \mathbf{I}+\mathbf{G}(\mathbf{I}-\mathbf{KG})^{-1}\mathbf{K} \end{bmatrix} \tag{2.38}$$

von $(\mathbf{v}_1,\mathbf{v}_2)$ *nach* $(\mathbf{u},\mathbf{y})$ *in* $\mathcal{RH}_\infty$ *liegt.*

Korollar 2.4. *Der Standardregelkreis* $[\mathbf{G},\mathbf{K}]$ *ist genau dann (intern) stabil, wenn die Übertragungsmatrix*

$$\begin{bmatrix} \mathbf{I} \\ \mathbf{G} \end{bmatrix} (\mathbf{I}-\mathbf{KG})^{-1} \begin{bmatrix} \mathbf{I} & \mathbf{K} \end{bmatrix} \tag{2.39}$$

in $\mathcal{RH}_\infty$ *liegt.*

Das Konzept der internen Stabilität ist von großer praktischer Bedeutung. In realen Prozessen lässt es sich praktisch oft nicht verhindern, dass Regler oder Strecke mit Anfangsbedingungen ungleich Null starten und kleinen Fehlern in den Signalen für Mess- und Stellgrößen unterliegen. Würden solche Abweichungen zu unendlich großen Signalen innerhalb des Regelkreises führen, dann wäre das in einem realen industriellen Prozess, wie z.B. einer Chemieanlage, nicht tolerierbar.

2.5 Youla-Parametrierung aller stabilisierenden Regler

In diesem Abschnitt geht es um die sogenannte Youla-Parametrierung aller stabilisierenden Regler. Die Idee hinter dieser Parametrierung ist es, für eine gegebene Strecke $\mathbf{G}(z)$, wie in (2.1) gegeben, eine Beschreibungsform für alle Regler $\mathbf{K}(z)$ zu finden, welche diese Strecke intern stabilisieren. Das nachfolgende Theorem fasst die wichtigen Ergebnisse zusammen.

Theorem 2.3 (Youla-Parametrierung (Youla, Jabri und Bongiorno, 1976)). *Gegeben sei die doppelte koprime Faktorisierung von* $\mathbf{G}(z)$ *als*

$$\mathbf{G}(z) = \mathbf{N}(z)\mathbf{M}^{-1}(z) = \hat{\mathbf{M}}^{-1}(z)\hat{\mathbf{N}}(z) \tag{2.40}$$

welche die Bezout-Identität

$$\begin{bmatrix} \mathbf{X}(z) & \mathbf{Y}(z) \\ -\hat{\mathbf{N}}(z) & \hat{\mathbf{M}}(z) \end{bmatrix} \begin{bmatrix} \mathbf{M}(z) & -\hat{\mathbf{Y}}(z) \\ \mathbf{N}(z) & \hat{\mathbf{X}}(z) \end{bmatrix} = \begin{bmatrix} \mathbf{I} & \mathbf{0} \\ \mathbf{0} & \mathbf{I} \end{bmatrix} \tag{2.41}$$

erfüllt. Alle reelen, properen Regler $\mathbf{K}(z)$*, welche den Standardregelkreis* $[\mathbf{G}, \mathbf{K}]$ *intern stabilisieren, können dann durch geeignete Wahl des stabilen Youla-Parameters* $\mathbf{Q}(z) \in \mathcal{RH}_\infty$ *parametriert werden gemäß*

$$\begin{aligned} \mathbf{K}(z) &= -\left(\hat{\mathbf{Y}}(z) + \mathbf{M}(z)\mathbf{Q}(z)\right)\left(\hat{\mathbf{X}}(z) - \mathbf{N}(z)\mathbf{Q}(z)\right)^{-1} \\ &= -\left(\mathbf{X}(z) - \mathbf{Q}(z)\hat{\mathbf{N}}(z)\right)^{-1}\left(\mathbf{Y}(z) + \mathbf{Q}(z)\hat{\mathbf{M}}(z)\right). \end{aligned} \tag{2.42}$$

Diese Form der Beschreibung ist für viele regelungstechnische Probleme von großer Bedeutung. Da über den Parameter $\mathbf{Q}(z)$ alle stabilisierenden Regler für das System erreicht werden können, ist es z.B. möglich, durch entsprechende Optimierung über $\mathbf{Q}(z)$ den Regler zu wählen, welcher die besten Eigenschaften zur Erfüllung eines gegebenen Regelproblems besitzt (siehe z.B. Boyd und Barratt (1991)). Die etwas abstrakte Form der Regler Realisierung in Gleichung (2.42) kann auch gemäß dem nachfolgenden Theorem anders interpretiert werden.

Theorem 2.4 (Beobachterbasierte Realisierung der Youla Parametrierung (Ding u. a., 2010)). *Gegeben sei die doppelte koprime Faktorisierung von* $\mathbf{G}(z)$ *gemäß*

$$\mathbf{G}(z) = \mathbf{N}(z)\mathbf{M}^{-1}(z) = \hat{\mathbf{M}}^{-1}(z)\hat{\mathbf{N}}(z). \tag{2.43}$$

Jeder Regler, welche die Strecke $\mathbf{G}(z)$ *im Standardregelkreis* $[\mathbf{G}, \mathbf{K}]$ *intern stabilisiert, kann als beobachterbasierter Zustandsrückführregler*

$$\mathbf{u}(z) = \mathbf{F}\hat{\mathbf{x}}(z) + \mathbf{R}(z)\left(\mathbf{y}(z) - \hat{\mathbf{y}}(z)\right) \tag{2.44}$$

mit Hilfe des Parameters $\mathbf{R}(z) = -\mathbf{Q}(z) \in \mathcal{RH}_\infty$ *parametriert werden.*

Beweis. Gemäß Theorem 2.3 lässt sich jeder intern stabilisierende Regler $\mathbf{K}(z)$ für $[\mathbf{G}, \mathbf{K}]$ schreiben als

$$\mathbf{K}(z) = -\left(\mathbf{X}(z) - \mathbf{Q}(z)\hat{\mathbf{N}}(z)\right)^{-1}\left(\mathbf{Y}(z) + \mathbf{Q}(z)\hat{\mathbf{M}}(z)\right). \tag{2.45}$$

Daraus ergibt sich äquivalent

$$\begin{aligned} &\left(\mathbf{X}(z) - \mathbf{Q}(z)\hat{\mathbf{N}}(z)\right)\mathbf{u}(z) = -\left(\mathbf{Y}(z) + \mathbf{Q}(z)\hat{\mathbf{M}}(z)\right)\mathbf{y}(z) \\ \Leftrightarrow &\begin{bmatrix} \mathbf{X}(z) & \mathbf{Y}(z) \end{bmatrix} \begin{bmatrix} \mathbf{u}(z) \\ \mathbf{y}(z) \end{bmatrix} = \mathbf{R}(z) \begin{bmatrix} -\hat{\mathbf{N}}(z) & \hat{\mathbf{M}}(z) \end{bmatrix} \begin{bmatrix} \mathbf{u}(z) \\ \mathbf{y}(z) \end{bmatrix} \\ \Leftrightarrow &\mathbf{u}(z) - \mathbf{F}\hat{\mathbf{x}}(z) = \mathbf{R}(z)\mathbf{r}(z) = \mathbf{R}(z)\left(\mathbf{y}(z) - \hat{\mathbf{y}}(z)\right). \end{aligned} \tag{2.46}$$

Dabei wurden im letzten Schritt die Zustandsraumformeln aus Lemma 2.1 verwendet. Es ist zu bemerken, dass $\mathbf{X}(z)$ und $\mathbf{Y}(z)$ eine SKR für einen beobachterbasierten Zustandsrückführregler bilden, wohingegen $\hat{\mathbf{M}}(z)$ und $\hat{\mathbf{N}}(z)$ eine SKR für die Strecke darstellen. □

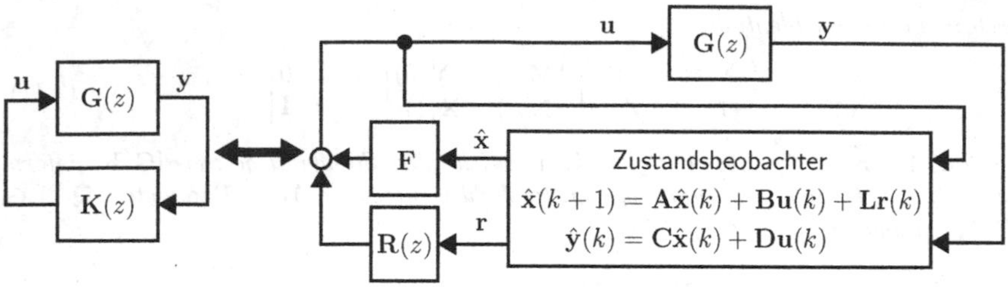

Abbildung 2.2: Beobachterbasierte Realisierung der Youla Parametrierung

Der Zusammenhang zwischen jedem stabilisierenden, dynamischen Ausgangsregler und der beobachterbasierten Realisierung der Youla-Parametrierung ist anschaulich in Abbildung 2.2 abgebildet. Diese Form der Reglerrealisierung in der Beobachterstruktur hat den Vorteil, dass nur stabile Übertragunsfunktionen verwendet werden, im Gegensatz zur direkten Implementierung z.B. eines PI-Reglers. Auf die Struktur wird in Abschnit 4.2 noch genauer eingegangen. Soll ein vorhandener Regler in der beobachterbasierten Regelungsstruktur implementiert werden, so gibt das nachfolgende Lemma eine Berechnungsvorschrift für den entsprechenden Youla-Parameter an.

Lemma 2.5 (Youla-Parameter für gegeben Regler). *Gegeben sei eine LCF bzw. RCF des Reglers* $\mathbf{K}(z)$ *gemäß*

$$\mathbf{K}(z) = \hat{\mathbf{V}}(z)^{-1}\hat{\mathbf{U}}(z) = \mathbf{U}(z)\mathbf{V}(z)^{-1} \tag{2.47}$$

und die doppelte koprime Faktorisierung von $\mathbf{G}(z)$ *als*

$$\mathbf{G}(z) = \mathbf{N}(z)\mathbf{M}^{-1}(z) = \hat{\mathbf{M}}^{-1}(z)\hat{\mathbf{N}}(z) \tag{2.48}$$

welche die Bezout-Identität

$$\begin{bmatrix} \mathbf{X}(z) & \mathbf{Y}(z) \\ -\hat{\mathbf{N}}(z) & \hat{\mathbf{M}}(z) \end{bmatrix} \begin{bmatrix} \mathbf{M}(z) & -\hat{\mathbf{Y}}(z) \\ \mathbf{N}(z) & \hat{\mathbf{X}}(z) \end{bmatrix} = \begin{bmatrix} \mathbf{I} & 0 \\ 0 & \mathbf{I} \end{bmatrix} \tag{2.49}$$

erfüllt. Wenn der Regler das System $[\mathbf{G}, \mathbf{K}]$ *intern stabilisiert, dann lässt sich der Youla-Parameter* $\mathbf{Q}(z) \in \mathcal{RH}_\infty$ *aus Theorem 2.3 berechnen als*

$$\begin{aligned} \mathbf{Q}(z) &= -\left(\mathbf{X}(z)\mathbf{U}(z) + \mathbf{Y}(z)\mathbf{V}(z)\right)\left(\hat{\mathbf{M}}(z)\mathbf{V}(z) - \hat{\mathbf{N}}(z)\mathbf{U}(z)\right)^{-1} \\ &= -\left(\hat{\mathbf{V}}(z)\mathbf{M}(z) - \hat{\mathbf{U}}(z)\mathbf{N}(z)\right)^{-1}\left(\hat{\mathbf{V}}(z)\hat{\mathbf{Y}}(z) + \hat{\mathbf{U}}(z)\hat{\mathbf{X}}(z)\right). \end{aligned} \tag{2.50}$$

Beweis. Das Ergebnis (2.50) ergibt sich durch direktes Gleichsetzen der Gleichungen (2.47) und (2.42) und einfache algebraische Umformungen. Daher wird auf einen ausführlichen Beweis verzichtet. Um zu zeigen, dass $\mathbf{Q}(z) \in \mathcal{RH}_\infty$ kann zunächst folgende Überlegung mit $\mathbf{G}(z) = \mathbf{N}(z)\mathbf{M}(z)^{-1}$ und $\mathbf{K}(z) = \hat{\mathbf{V}}(z)^{-1}\hat{\mathbf{U}}(z)$ angestellt werden

$$\begin{aligned} \begin{bmatrix} \mathbf{I} \\ \mathbf{G} \end{bmatrix} (\mathbf{I} - \mathbf{KG})^{-1} \begin{bmatrix} \mathbf{I} & \mathbf{K} \end{bmatrix} \in \mathcal{RH}_\infty &\Leftrightarrow \begin{bmatrix} \mathbf{M} \\ \mathbf{N} \end{bmatrix} \left(\hat{\mathbf{V}}\mathbf{M} - \hat{\mathbf{U}}\mathbf{N}\right)^{-1} \begin{bmatrix} \hat{\mathbf{V}} & \hat{\mathbf{U}} \end{bmatrix} \in \mathcal{RH}_\infty \\ &\Leftrightarrow \left(\hat{\mathbf{V}}\mathbf{M} - \hat{\mathbf{U}}\mathbf{N}\right)^{-1} \in \mathcal{RH}_\infty \end{aligned} \tag{2.51}$$

Da angenommen wurde, dass der Regler $[\mathbf{G}, \mathbf{K}]$ intern stabilisiert, gilt somit gemäß Korollar 2.4, dass $\left(\hat{\mathbf{V}}\mathbf{M} - \hat{\mathbf{U}}\mathbf{N}\right)^{-1} \mathcal{RH}_\infty$. Da $\mathbf{Q}(z)$ somit nur aus stabilen Übertragungsfunktionen besteht, gilt somit $\mathbf{Q}(z) \in \mathcal{RH}_\infty$. In ähnlicher Weise lässt sich dies auch für die RCF des Reglers zeigen. □

2.6 Unsicherheiten in den koprimen Faktoren

Ein wichtiges Konzept im Bereich der Regelung ist das Konzept der Modellunsicherheiten, auf welches in diesem Abschnitt kurz eingegangen werden soll. Für eine umfangreiche Übersicht wird auf die Literatur verwiesen (Skogestad und Postlethwaite, 2007; Vinnicombe, 2000; Levine, 2010). Ein mathematisches Modell eines Prozesses ist in der Regel nur eine vereinfachte Darstellung der realen, physikalischen Zusammenhänge in Form von z.B. Differentialgleichungen. Dies bedeutet, dass es zwischen dem realen Prozess und dessen Modellbeschreibung so gut wie immer Abweichungen gibt. Diese Abweichungen werden im Allgemeinen als Modellunsicherheiten bezeichnet, welche bei Analyse und Entwurf von Regelkreisen berücksichtigt werden sollten. Dies ist allerdings nur sinnvoll möglich, wenn Angaben über die Art und vor allem auch über die „Größe" der Modellunsicherheiten gemacht werden. In diesem Zusammenhang werden in der Literatur generell die sogenannten strukturierten von den unstrukturierten Modellunsicherheiten unterschieden. Bei den strukturierten Unsicherheiten wird, wie der Name schon andeutet, eine Struktur für die Fehler angenommen, was in der Regel eine genauere Beschreibung der Unsicherheit erlaubt, als im unstrukturierten Fall. Ein Beispiel für strukturierte Unsicherheiten sind parametrische Unsicherheiten. Diese treten häufig in realen System auf, in denen die physikalischen Zusammenhänge zwar gut bekannt sind, aber die Parameter (z.B. mechanische Reibungskoeffizienten, Federkonstanten, Wärmekoeffizienten etc.) nur in bestimmten, unsicheren Intervallen bekannt sind. Eine wesentlich allgemeinere Beschreibung von Unsicherheiten erlauben die unstrukturierten Unsicherheiten, welche in der Regel die Abbildung einer nicht modellierten Dynamik zwischen Modell und Realität erlauben. Beispiele hierfür sind additive und multiplikative Unsicherheiten, sowie Unsicherheiten in den koprimen Faktoren. In dieser Arbeit werden vor allem die Unsicherheiten in den koprimen Faktoren betrachtet, da diese eine sehr allgemeine Beschreibungsform von Unsicherheiten darstellen (McFarlane und Glover, 1990). Die beiden nachfolgenden Definition führen diese Art der Unsicherheitsbeschreibung ein.

Definition 2.11 (Unsicherheit in den koprimen Faktoren). Gegeben sei die LCF der Strecke $\mathbf{G}$ in Gleichung (2.1). Dann beschreiben $\mathbf{\Delta}_{\hat{\mathbf{M}}} \in \mathcal{RH}_\infty$ und $\mathbf{\Delta}_{\hat{\mathbf{N}}} \in \mathcal{RH}_\infty$ eine unsichere Strecke $\mathbf{G}_\Delta$ gemäß

$$\mathbf{G}_\Delta(z) = \left(\hat{\mathbf{M}}(z) + \mathbf{\Delta}_{\hat{\mathbf{M}}}(z)\right)^{-1} \left(\hat{\mathbf{N}}(z) + \mathbf{\Delta}_{\hat{\mathbf{N}}}(z)\right). \tag{2.52}$$

Gegeben sei die RCF der Strecke $\mathbf{G}$ in Gleichung (2.1). Dann beschreiben $\mathbf{\Delta}_{\mathbf{M}} \in \mathcal{RH}_\infty$ und $\mathbf{\Delta}_{\mathbf{N}} \in \mathcal{RH}_\infty$ eine unsichere Strecke $\mathbf{G}_\Delta$ gemäß

$$\mathbf{G}_\Delta(z) = \left(\mathbf{N}(z) + \mathbf{\Delta}_{\mathbf{N}}(z)\right)\left(\mathbf{M}(z) + \mathbf{\Delta}_{\mathbf{M}}(z)\right)^{-1}. \tag{2.53}$$

Beide Formen der Unsicherheiten sind für den Standardregelkreis nochmal in Abbildung 2.3 dargestellt.

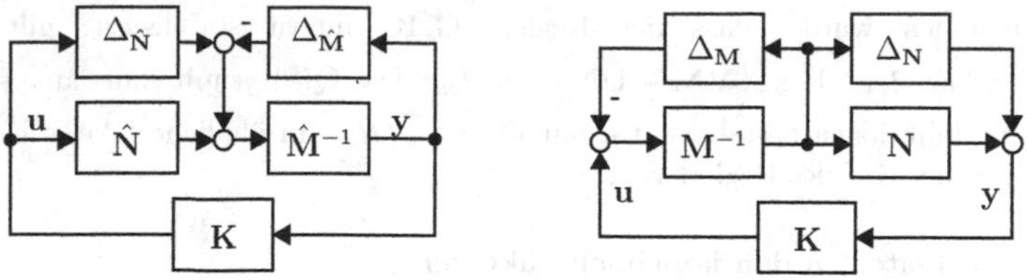

(a) Unsicherheit in LCF (b) Unsicherheit in RCF

Abbildung 2.3: Standardregelkreis mit Unsicherheiten in den koprimen Faktoren

In der Regel gilt es für eine Menge an unsicheren Strecken, welche z.B. durch eine Normbegrenzung der koprimen Unsicherheiten $\boldsymbol{\Delta}$ beschrieben werden kann, sowohl Stabilität, als auch Regelgüte zu gewährleisten. Die Hoffnung dabei ist, dass die tatsächliche Strecke in dieser Menge enthalten ist. Dieser Aspekt wird in der Literatur unter dem Gesichtspunkt der robusten Regelung behandelt.

3 Identifikation einer datenbasierten SIR/SKR im offenen Regelkreis

In dem letzten Kapitel sind die mathematischen Grundlagen zur koprimen Faktorisierung und zur Berechnung der sogenannten SKR bzw. SIR vorgestellt worden. Der grundlegende Beitrag dieses Kapitels ist ein neuartiger Ansatz, welcher beide Modellformen über eine datenbasierte Realisierung definiert und Lösungsanssätze zu deren Berechnung liefert. Grundlage für die Berechnung sind dabei in diesem Kapitel Ein- und Ausgangsmessdaten eines linearen Prozesses ohne Rückführungen z.B. durch einen Regler. Die so gewonnene datenbasierte Realisierung einer SKR bzw. SIR bildet die Grundlage für die datenbasierte Berechnung von Reglern und regelungstechnisch relevanten Größen in den nachfolgenden Kapiteln. Für die Realisierung von SKR bzw. SIR im geschlossenen Regelkreis wird auf das nächste Kapitel verwiesen.

3.1 Motivation und Problemformulierung

Sowohl die SKR als auch die SIR bilden die Grundlage für viele Verfahren zur Analyse und Synthese von Regelkreisen im Bereich der robusten Regelung (Zhou, Doyle und Glover, 1996). Auf einige dieser Anwendungen wird in den nachfolgenden Kapiteln eingegangen. Die in Kapitel 2 vorgestellten Verfahren zur Berechnung der SKR und SIR beruhen alle im Wesentlichen auf einer direkten modellbasierten Beschreibung des physikalischen Prozesses. Wie bereits in der Einleitung zu dieser Arbeit erwähnt, erfordert das Aufstellen von mathematischen Modellen in der industriellen Praxis einen hohen Zeitaufwand. Motiviert durch den Trend zu datenbasierten Verfahren, welche neben der möglichen Zeitersparnis weitere Vorteile, wie online Implementierbarkeit etc. bieten, wird in diesem Kapitel ein Ansatz zur datenbasierten Realisierung der SKR bzw. SIR verfolgt. Der Ansatz einer datenbasierten SKR bzw. SIR ist noch relativ neu und wurde erstmals in (Ding u. a., 2014) betrachtet. Mit etwas abweichenden Definitionen soll in diesem Kapitel eine Erweiterung für allgemeine MIMO-Systeme und in dem nächsten Kapitel eine Erweiterung für die Realisierung mittels Daten aus dem geschlossenen Regelkreis untersucht werden. Die vorgestellte Methode ist eine sogenannte SBM (Huang und Kadali, 2008). Die Grundidee für diese Form des datenbasierten Ansatzes ist es, die Informationen über die linearen Unterräume, welche von den Messdaten aufgespannt werden direkt zu verwenden z.B. für den Entwurf von Reglern, Beobachtern oder Fehlerdetektionssystemen. Der Zwischenschritt der expliziten Modellparameterschätzung wird dabei ausgelassen. Abbildung 3.1 zeigt den direkten Vergleich zwischen dem klassischen modellbasierten Ansatz und dem datenbasierten Ansatz. Der modellbasierte Ansatz zur Berechnung der SKR bzw. SIR basiert im Wesentlichen auf einer Identifikation des Streckenmodells und einer anschließenden, modellbasierten Berechnung gemäß Kapitel 2. Das hier dargestellte Identifikationsverfahren, die sogenannte Subspace State Space System Identification (4SID), besteht dabei im Wesentlichen aus drei Schritten. Im ersten Schritt werden die Daten mittels Projektion, z.B. in Form einer LQ-Zerlegung, in die verschiedenen Unterräume zerlegt

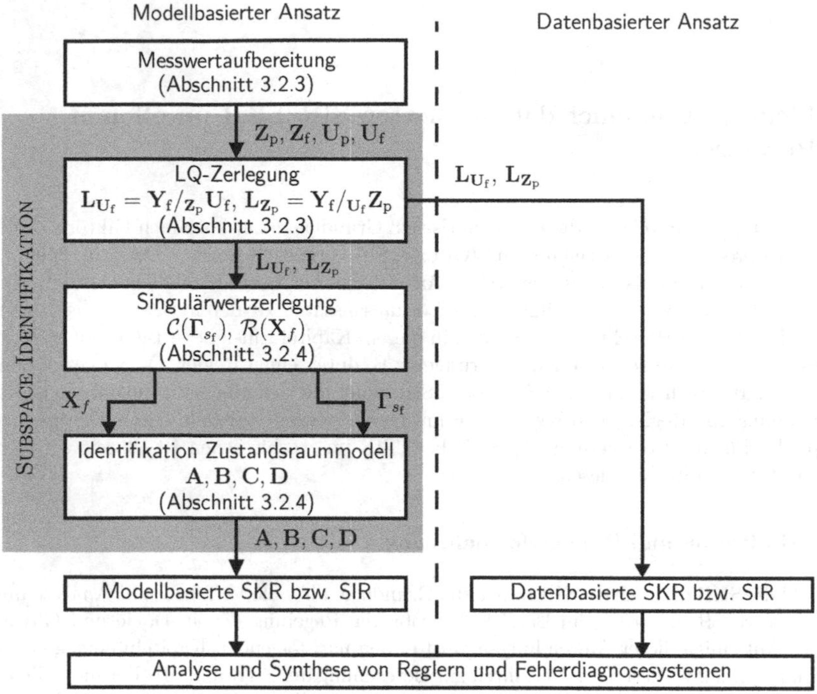

Abbildung 3.1: Vergleich modellbasierter und datenbasierter Ansatz

und die Subspace Matrizen $\mathbf{L}_{\mathbf{U}_f}$ und $\mathbf{L}_{\mathbf{Z}_p}$ berechnet. In einem zweiten Schritt wird mit einer Singulärwertzerlegung (engl. Singular Value Decomposition) (SVD) der Spalten- bzw. Zeilenraum der erweiterten Beobachtbarkeitsmatrix bzw. der Zustandssequenz ermittelt. Darauf aufbauend kann in einem dritten Schritt dann ein Zustandsraummodell $(\mathbf{A}, \mathbf{B}, \mathbf{C}, \mathbf{D})$ identifiziert werden. Die hier vorgestellten Verfahren zur Berechnung einer datenbasierten Form der SKR bzw. SIR beruhen lediglich auf den als Zwischenschritt berechneten Subspace Matrizen $\mathbf{L}_{\mathbf{U}_f}$ bzw. $\mathbf{L}_{\mathbf{Z}_p}$. Die Aufgaben, die in diesem Kapitel gelöst werden sollen, können dementsprechend wie folgt aufgelistet werden

- Es soll eine geeignete Definition für eine datenbasierte Form der SKR und SIR gefunden werden.
- Es sollen Normalisierungsbedingungen für die datenbasierte Realisierung der SKR und SIR formuliert werden.
- Basierend auf den zuvor genannten Definitionen sollen Berechnungsverfahren für eine datenbasierte Realisierung der SKR und SIR hergeleitet werden.

Um diese Ziele zu erreichen, werden zunächst in Abschnitt 3.2 die Grundlagen der 4SID Verfahren zusammengefasst. Grundlage für alle Betrachtungen in diesem Kapitel soll der beobachtbare, steuerbare LTI Prozess $\mathbf{G}_\mathrm{p}$ sein, welcher durch die nachfolgende Zustandsraumdarstellung beschrieben werden kann

$$\mathbf{G}_\mathrm{p}: \begin{cases} \mathbf{x}(k+1) = \mathbf{A}\mathbf{x}(k) + \mathbf{B}\mathbf{u}(k) + \boldsymbol{\xi}(k) \\ \mathbf{y}(k) = \mathbf{C}\mathbf{x}(k) + \mathbf{D}\mathbf{u}(k) + \boldsymbol{v}(k) \end{cases} \tag{3.1}$$

wobei $\mathbf{x} \in \mathbb{R}^n$ den Zustandsvektor, $\mathbf{u} \in \mathbb{R}^{k_\mathrm{u}}$ den Eingangsvektor und $\mathbf{y} \in \mathbb{R}^{k_\mathrm{y}}$ den Ausgangsvektor bezeichnet. Die Vektoren $\boldsymbol{\xi} \in \mathbb{R}^n$ und $\boldsymbol{v} \in \mathbb{R}^{k_\mathrm{y}}$ repräsentieren Prozess- und Messrauschen.

3.2 Mathematische Grundlagen der Subspace Identifikation

In diesem Unterkapitel sollen die nötigen mathematischen Werkzeuge und die Grundidee der 4SID Algorithmen kurz zusammengefasst werden. Die meisten Definitionen und Berechnungsvorschriften beruhen dabei auf Van Overshee und De Moor (1996), Katayama (2006) und Verhaegen und Verdult (2007). Das Ziel der 4SID Algorithmen ist es, mit Hilfe von einer ausreichend großen Anzahl von Ein- und Ausgangsmessdaten $\mathbf{u}$ und $\mathbf{y}$ des Prozesses $\mathbf{G}_\mathrm{p}$ die entsprechende Zustandsraumdarstellung $(\mathbf{A}, \mathbf{B}, \mathbf{C}, \mathbf{D})$ zu schätzen. Die 4SID Algorithmen sind im Gegensatz zu vielen klassischen Identifikationsmethoden, wie z.B. der prediction error method (PEM) (siehe z.B. Ljung (1998)), auch für die Verwendung bei Mehrgrößensystemen geeignet und benötigen dabei keinerlei Annahmen über die Struktur des Prozesses (Huang und Kadali, 2008). Für die Identifikation wird angenommen, dass sowohl Prozess- als auch Messrauschen statistisch unabhängig von dem Eingangssignal $\mathbf{u}(k)$ sind und darüber hinaus mittelwertfrei sind. Diese Annahme ist wichtig, um den Einfluss des Rauschens während der Identifikation zu eliminieren (siehe Abschnitt 3.2.2). Die Annahme der statistischen Unabhängigkeit ist in dieser Form nur in offenen Regelkreisen gültig, da durch die Rückführung des Rauschanteils über den Regler die statistische Unabhängigkeit zum Eingangssignal verloren geht (Van den Hof u. a., 1995; Qin, 2006). Auf die Problematik der Identifikation im geschlossenen Kreis wird in Kapitel 4 eingegangen.

Annahme 3.1. *Im folgenden werden an das System, die Messdaten und das Rauschen die folgenden Annahmen gestellt:*

A1) Das System $\mathbf{G}_\mathrm{p}$ ist steuer- und beobachtbar.

A2) Das Eingangssignal $\mathbf{u}(k)$ regt das System $\mathbf{G}_\mathrm{p}$ ausreichend an (siehe z.B. Katayama (2006) und Ljung (1998) für Bedingungen ausreichender Anregung).

A3) Die Rauschterme $\boldsymbol{\xi}$ und $\boldsymbol{v}$ sind unkorreliert mit dem Eingangssignal $\mathbf{u}(k)$.

A4) Die Messdaten stammen von dem Prozess $\mathbf{G}_\mathrm{p}$ ohne Rückführung oder Regelung.

A5) (optional:) Das System $\mathbf{G}_\mathrm{p}$ ist stabil. Diese Annahme ist genaugenommen nicht notwendig, wird aber häufig für die praktische Erfassbarkeit der Messdaten angenommen und soll auch in diesem Kapitel angenommen werden.

3.2.1 Matrixunterräume und Projektionen

Eines der wichtigsten Werkzeuge für die 4SID sind sogenannte Projektionen. Das Konzept der Projektionen stammt aus dem Bereich der linearen Algebra und soll in diesem Abschnitt kurz zusammengefasst werden. Zunächst werden in der nachfolgenden Definition gemäß (Strang, 2009) die vier fundamentalen Unterräume eingeführt, welche durch jede Matrix aufgespannt werden.

Definition 3.1. Der Zeilenraum $\mathcal{R}$ und der Spaltenraum $\mathcal{C}$ einer beliebigen Matrix $\mathbf{A} \in \mathbb{R}^{a\times j}$ sind definiert als

$$\mathcal{R}(\mathbf{A}) = \left\{\mathbf{x} \in \mathbb{R}^{j} | \mathbf{x} = \mathbf{A}^{T}\mathbf{v}, \mathbf{v} \in \mathbb{R}^{a}\right\}, \mathcal{C}(\mathbf{A}) = \left\{\mathbf{x} \in \mathbb{R}^{a} | \mathbf{x} = \mathbf{A}\mathbf{v}, \mathbf{v} \in \mathbb{R}^{j}\right\}. \tag{3.2}$$

Neben diesen beiden Räumen existieren auch noch der linke Nullraum $\mathcal{N}_l$ und rechte Nullraum $\mathcal{N}_r$. Diese sind definiert als

$$\mathcal{N}_l = \left\{\mathbf{v} \in \mathbb{R}^{a} | \mathbf{A}^{T}\mathbf{v} = \mathbf{0}\right\}, \mathcal{N}_r = \left\{\mathbf{v} \in \mathbb{R}^{j} | \mathbf{A}\mathbf{v} = \mathbf{0}\right\}. \tag{3.3}$$

Der linke Nullraum $\mathcal{N}_l$ bildet dabei das orthogonale Komplement zum Spaltenraum $\mathcal{C}$ und der rechte Nullraum $\mathcal{N}_r$ das orthogonale Komplement zum Zeilenraum $\mathcal{R}$ gemäß

$$(\mathcal{C}(\mathbf{A}))^{\perp} = \mathcal{N}_l(\mathbf{A}), \ (\mathcal{R}(\mathbf{A}))^{\perp} = \mathcal{N}_r(\mathbf{A}) \tag{3.4}$$

Gemäß der Definition können die orthogonale oder senkrechte Projektion und die schiefe Projektion in den Zeilenraum einer Matrix unterschieden werden. Betrachtet werden dafür die folgenden drei Matrizen $\mathbf{A} \in \mathbb{R}^{a\times j}, \mathbf{B} \in \mathbb{R}^{b\times j}$ und $\mathbf{C} \in \mathbb{R}^{c\times j}$.

Definition 3.2 (Orthogonale Projektion)**.** Die orthogonale Projektion des Zeilenraums $\mathcal{R}(\mathbf{A})$ der Matrix $\mathbf{A}$ auf den Zeilenraum $\mathcal{R}(\mathbf{B})$ der Matrix $\mathbf{B}$ ist definiert als

$$\mathbf{A}/\mathbf{B} = \mathbf{A}\mathbf{B}^{T}(\mathbf{B}\mathbf{B}^{T})^{-1}\mathbf{B}. \tag{3.5}$$

Die Projektion in den zum Zeilenraum orthogonalen Raum ist entsprechend definiert als

$$\mathbf{A}/\mathbf{B}^{\perp} = \mathbf{A}\left(\mathbf{I} - \mathbf{B}^{T}(\mathbf{B}\mathbf{B}^{T})^{-1}\mathbf{B}\right) \tag{3.6}$$

Gemäß Definition 3.2 lässt sich jede beliebige Matrix $\mathbf{A}$ in zwei Matrizen zerlegen, deren Zeilenräume orthogonal zueinander sind

$$\mathbf{A} = \mathbf{A}/\mathbf{B} + \mathbf{A}/\mathbf{B}^{\perp}. \tag{3.7}$$

Diese Art der Zerlegung wird in Abbildung 3.2a grafisch veranschaulicht. Eine numerisch effiziente Art der Berechnung dieser orthogonalen Projektionen kann über die Berechnung einer LQ-Zerlegung der Matrizen $\mathbf{A} \in \mathbb{R}^{a\times j}$ und $\mathbf{B} \in \mathbb{R}^{b\times j}$ durchgeführt werden, wenn beide Matrizen vollen Rang besitzen.

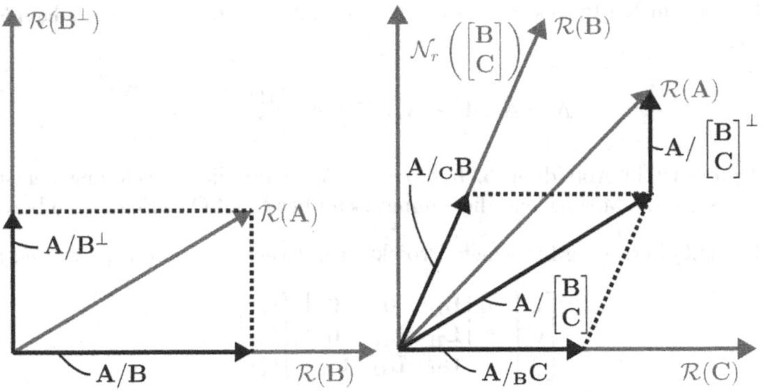

(a) Orthogonale Projektion (b) Schiefe Projektion

Abbildung 3.2: Grafische Veranschaulichung der Projektionen

Definition 3.3 (LQ-Zerlegung). Die LQ-Zerlegung einer beliebigen Matrix $\mathbf{A} \in \mathbb{R}^{a \times j}$ ist definiert als die Zerlegung

$$\mathbf{A} = \mathbf{LQ},\ \mathbf{QQ}^T = \mathbf{I}. \tag{3.8}$$

Dabei bilden die Zeilenvektoren der Matrix $\mathbf{Q} \in \mathbb{R}^{a \times j}$ eine orthonormale Basis für den Zeilenraum $\mathcal{R}(\mathbf{A})$ der Matrix $\mathbf{A}$. Die Matrix $\mathbf{L} \in \mathbb{R}^{a \times a}$ ist eine untere Dreiecksmatrix, mit deren Hilfe eine geeignete Linearkombination dieser Basisvektoren gewählt wird, um die ursprüngliche Matrix $\mathbf{A}$ zu rekonstruieren. Besitzt die Matrix $\mathbf{A}$ vollen Zeilenrang, dann ist die Matrix $\mathbf{L}$ regulär.

Lemma 3.1 (LQ-Zerlegung für orthogonale Projektion). *Gegeben sei die LQ-Zerlegung*

$$\begin{bmatrix} \mathbf{B} \\ \mathbf{A} \end{bmatrix} = \mathbf{LQ} = \begin{bmatrix} \mathbf{L}_{11} & \mathbf{0} \\ \mathbf{L}_{21} & \mathbf{L}_{22} \end{bmatrix} \begin{bmatrix} \mathbf{Q}_1 \\ \mathbf{Q}_2 \end{bmatrix} \tag{3.9}$$

mit $\mathbf{L}_{11} \in \mathbb{R}^{b \times b}, \mathbf{L}_{21} \in \mathbb{R}^{a \times b}$ *und* $\mathbf{L}_{22} \in \mathbb{R}^{a \times a}$, *sowie* $\mathbf{Q}_1 \in \mathbb{R}^{b \times j}$ *und* $\mathbf{Q}_2 \in \mathbb{R}^{a \times j}$. *Dann gilt für die orthogonalen Projektionen gemäß Definition 3.2*

$$\mathbf{A}/\mathbf{B} = \mathbf{L}_{21}\mathbf{Q}_1,\ \mathbf{A}/\mathbf{B}^{\perp} = \mathbf{L}_{22}\mathbf{Q}_2 \tag{3.10}$$

Beweis. Die Korrektheit von Gleichung (3.10) kann durch einsetzen der LQ-Zerlegung in die Definitionen der orthogonalen Projektionen und unter Berücksichtigung, dass $\mathbf{QQ}^T = \mathbf{I}$ gilt, geprüft werden. □

Neben der orthogonalen Projektion, welche eine Zerlegung gemäß Gleichung (3.2) in zwei zueinander orthogonale Teilmatrizen erlaubt, existiert noch die sogenannte schiefe Projektion.

Definition 3.4 (Schiefe Projektion). Die schiefe Projektion $\mathbf{A}/_{\mathbf{B}}\mathbf{C}$ des Zeilenraums der Matrix $\mathbf{A} \in \mathbb{R}^{a \times j}$ auf den Zeilenraum der Matrix $\mathbf{C} \in \mathbb{R}^{c \times j}$ entlang des Zeilenraums $\mathbf{B} \in \mathbb{R}^{b \times j}$ ist definiert als

$$\mathbf{A}/_{\mathbf{B}}\mathbf{C} = (\mathbf{A}/\mathbf{B}^{\perp})(\mathbf{C}/\mathbf{B}^{\perp})^{\dagger}\mathbf{C} \tag{3.11}$$

Mit Hilfe der schiefen Projektion lässt sich jede Matrix $\mathbf{A} \in \mathbb{R}^{a \times j}$ in die folgenden drei Matrizen zerlegen

$$\mathbf{A} = \mathbf{A}/_{\mathbf{C}}\mathbf{B} + \mathbf{A}/_{\mathbf{B}}\mathbf{C} + \mathbf{A}/\begin{bmatrix}\mathbf{B}\\\mathbf{C}\end{bmatrix}^{\perp}. \tag{3.12}$$

Diese Zerlegung ist in Abbildung 3.2b skizziert. Auch für die Berechnung der schiefen Projektion besteht die Möglichkeit, diese numerisch über eine LQ-Zerlegung zu berechnen.

Lemma 3.2 (LQ-Zerlegung für schiefe Projektion). *Gegeben sei die LQ-Zerlegung*

$$\begin{bmatrix}\mathbf{B}\\\mathbf{C}\\\mathbf{A}\end{bmatrix} = \begin{bmatrix}\mathbf{L}_{11} & \mathbf{0} & \mathbf{0}\\\mathbf{L}_{21} & \mathbf{L}_{22} & \mathbf{0}\\\mathbf{L}_{31} & \mathbf{L}_{32} & \mathbf{L}_{33}\end{bmatrix}\begin{bmatrix}\mathbf{Q}_1\\\mathbf{Q}_2\\\mathbf{Q}_3\end{bmatrix} \tag{3.13}$$

mit $\mathbf{L}_{11} \in \mathbb{R}^{b \times b}, \mathbf{L}_{22} \in \mathbb{R}^{c \times c}, \mathbf{L}_{33} \in \mathbb{R}^{a \times a}$ *und allen anderen Matrixdimensionen entsprechend. Dann gilt für die schiefe Projektion gemäß Gleichung* (3.12)

$$\begin{aligned}\mathbf{A}/_{\mathbf{C}}\mathbf{B} &= \mathbf{L}_{\mathbf{B}}\mathbf{B} = (\mathbf{L}_{31}\mathbf{L}_{11}^{\dagger} - \mathbf{L}_{32}\mathbf{L}_{22}^{\dagger}\mathbf{L}_{21}\mathbf{L}_{11}^{\dagger})\mathbf{B}\\\mathbf{A}/_{\mathbf{B}}\mathbf{C} &= \mathbf{L}_{\mathbf{C}}\mathbf{C} = \mathbf{L}_{32}\mathbf{L}_{22}^{\dagger}\mathbf{C}\\\mathbf{A}/\begin{bmatrix}\mathbf{B}\\\mathbf{C}\end{bmatrix}^{\perp} &= \mathbf{L}_{33}\mathbf{Q}_3.\end{aligned} \tag{3.14}$$

Beweis. Ähnlich wie bei der orthogonalen Projektion lässt sich in einem ersten Schritt $\mathbf{A}$ in zwei orthogonale Matrizen zerlegen

$$\mathbf{A} = \mathbf{A}/\begin{bmatrix}\mathbf{B}\\\mathbf{C}\end{bmatrix} + \mathbf{A}/\begin{bmatrix}\mathbf{B}\\\mathbf{C}\end{bmatrix}^{\perp}. \tag{3.15}$$

Die erste Komponente lässt sich dabei definitionsgemäß in zwei Anteile zerlegen, welche jeweils über den Zeilenraum von $\mathbf{B}$ bzw. $\mathbf{C}$ beschrieben werden

$$\begin{aligned}\mathbf{A}/\begin{bmatrix}\mathbf{B}\\\mathbf{C}\end{bmatrix} &= \begin{bmatrix}\mathbf{L}_{\mathbf{B}} & \mathbf{L}_{\mathbf{C}}\end{bmatrix}\begin{bmatrix}\mathbf{B}\\\mathbf{C}\end{bmatrix} = \begin{bmatrix}\mathbf{L}_{\mathbf{B}} & \mathbf{L}_{\mathbf{C}}\end{bmatrix}\begin{bmatrix}\mathbf{L}_{11} & \mathbf{0}\\\mathbf{L}_{21} & \mathbf{L}_{22}\end{bmatrix}\begin{bmatrix}\mathbf{Q}_1\\\mathbf{Q}_2\end{bmatrix}\\&= \begin{bmatrix}\mathbf{L}_{31} & \mathbf{L}_{32}\end{bmatrix}\begin{bmatrix}\mathbf{Q}_1\\\mathbf{Q}_2\end{bmatrix}\end{aligned} \tag{3.16}$$

Das Auflösen von Gleichung (3.16) nach $\mathbf{L}_{\mathbf{B}}$ und $\mathbf{L}_{\mathbf{C}}$ ergibt

$$\begin{aligned}\mathbf{L}_{\mathbf{B}} &= \mathbf{L}_{31}\mathbf{L}_{11}^{\dagger} - \mathbf{L}_{32}\mathbf{L}_{22}^{\dagger}\mathbf{L}_{21}\mathbf{L}_{11}^{\dagger}\\\mathbf{L}_{\mathbf{C}} &= \mathbf{L}_{32}\mathbf{L}_{22}^{\dagger}.\end{aligned} \tag{3.17}$$

Ein Vergleich von Gleichung (3.15) und (3.16) mit (3.12) liefert die einzelnen Komponenten der schiefen Projektion direkt aus der LQ-Zerlegung (3.13). □

Als Anmerkung sei an dieser Stelle erwähnt, dass sich die LQ-Zerlegung mit einer Standard QR-Zerlegung realisieren lässt, welche in den gängigen Computer Algebra Systemen bereits implementiert ist. Dafür wird gemäß $\mathbf{A} = (\mathbf{A}^T)^T = (\mathbf{QR})^T = \mathbf{LQ}$ die QR-Zerlegung der transponierten Matrix berechnet.

3.2.2 Statistische Eigenschaften von Projektionen

Für die 4SID von besonderer Bedeutung ist die geometrische Interpretation der statistischen Eigenschaften von Signalen. Dies wird genutzt, um den unerwünschten Einfluss von Mess- und Prozessrauschen aus den Messungen zu entfernen. Exemplarisch soll dies mit Hilfe des Messrauschens $\boldsymbol{v}$ erklärt werden. Dafür wird angenommen, dass das Eingangssignal $\mathbf{u}(k) \in \mathbb{R}^{k_u}$ und das Rauschsignal $\boldsymbol{v}(k) \in \mathbb{R}^{k_y}$ für $k = 1, \ldots, j$ gegeben ist. Gemäß der in Abschnitt 3.2 getroffenen Annahmen sind beide Signale unkorreliert und das Rauschsignal ist mittelwertfrei, sodass nach dem Verschiebungssatz gilt:

$$\begin{aligned} \mathrm{E}(\boldsymbol{v}(k)) &= \mathbf{0}, \\ \mathrm{E}(\mathbf{u}(k)\boldsymbol{v}(k)^T) &= \mathbf{0}. \end{aligned} \tag{3.18}$$

Für lange Datensequenzen ($j \to \infty$) kann der Erwartungswert durch den Mittelwert wie folgt ersetzt werden

$$\lim_{j\to\infty} \frac{1}{j} \sum_{k=1}^{j} \mathbf{u}(k)\boldsymbol{v}(k)^T = \lim_{j\to\infty} \mathbf{U}_j \boldsymbol{\Upsilon}_j^T = \mathbf{0} \tag{3.19}$$

wobei die Matrizen $\mathbf{U}_j$ und $\boldsymbol{\Upsilon}_j$ definiert sind als

$$\mathbf{U}_j = \begin{bmatrix} \mathbf{u}(1) & \cdots & \mathbf{u}(j) \end{bmatrix}, \boldsymbol{\Upsilon}_j = \begin{bmatrix} \boldsymbol{v}(1) & \cdots & \boldsymbol{v}(j) \end{bmatrix}. \tag{3.20}$$

Aus Gleichung (3.19) folgt, dass $\mathbf{U}_j \boldsymbol{\Upsilon}_j^T = \mathbf{0}$ für $j \to \infty$ gilt. Dies bedeutet, dass die Zeilenräume der Matrizen $\mathbf{U}_j$ und $\boldsymbol{\Upsilon}_j$ für sehr große j orthogonal zueinander sind. Somit lässt sich das Rauschen durch eine Projektion auf das Eingangssignal gemäß $\boldsymbol{\Upsilon}_j / \mathbf{U}_j = \mathbf{0}$ entsprechend eliminieren. Diese Eigenschaft, dass für genügend lange Zeitsequenzen das Rauschsignal einen eigenen, orthogonalen Zeilenraum aufspannt, wird in der 4SID häufig ausgenutzt.

3.2.3 Datenmodell und Schätzung der Subspace Matrizen

Mit Hilfe der in Abschnitt 3.2.1 und 3.2.2 eingeführten Werkzeuge, soll in diesem Abschnitt das Identifikationsverfahren zusammengefasst werden. Für die 4SID-Algorithmen wird in der Regel angenommen, dass eine ausreichende Anzahl an Ein- und Ausgangsmessdaten $\mathbf{u}$ und $\mathbf{y}$ zur Verfügung stehen. Diese Ein-Ausgangsmessdaten können über eine sogenanntes Ein-Ausgangs Datenmodell in Beziehung gesetzt werden. Dafür werden die Messdaten in spezieller Form in sogenannten Hankelmatrizen angeordnet. Diese Form der Modellierung und die dazugehörige Notation wird in diesem Abschnitt eingeführt.

Gegeben sei eine beliebige Messung $\mathbf{f}(k) \in \mathbb{R}^{\epsilon}$ zum Abtastzeitpunkt k. Im folgenden wird mit der Notation $\mathbf{f}_s(k)$ der zusammengesetzte Datenvektor, bestehend aus den Messungen zum Zeitpunkt k bis $k+s$, wie folgt eingeführt

$$\mathbf{f}_s(k) = \begin{bmatrix} \mathbf{f}(k) \\ \vdots \\ \mathbf{f}(k+s) \end{bmatrix} \in \mathbb{R}^{(s+1)\epsilon}. \tag{3.21}$$

Die Zusammenfassung verschiedener zeitversetzter Datenvektoren $\mathbf{f}_s(k)$ in Form einer Hankelmatrix wird wie folgt notiert

$$\mathbf{F}_s^N(k) = \begin{bmatrix} \mathbf{f}_s(k) & \cdots & \mathbf{f}_s(k+N-1) \end{bmatrix} \in \mathbb{R}^{(s+1)\cdot\epsilon\times N}. \tag{3.22}$$

In der 4SID ist es üblich, die vorhandenen Messdaten in vergangene und zukünftige Messdaten zu unterteilen. Die Sequenzlänge der vergangenen Messdaten und der zukünfigen Messdaten wird dabei mit s_p und s_f bezeichnet. Die Indizes p und f stehen dabei jeweils für vergangene (engl. past) und zukünftige (engl. future) Messdaten. Somit lassen sich für die Messdaten $\mathbf{u}$ und $\mathbf{y}$ die folgenden Datenmatrizen definieren

$$\mathbf{Z}_\mathrm{p} = \begin{bmatrix}\mathbf{U}_\mathrm{p}\\ \mathbf{Y}_\mathrm{p}\end{bmatrix} = \begin{bmatrix}\mathbf{U}_{s_\mathrm{p}}^N(k-s_\mathrm{p}-1)\\ \mathbf{Y}_{s_\mathrm{p}}^N(k-s_\mathrm{p}-1)\end{bmatrix}, \mathbf{Z}_\mathrm{f} = \begin{bmatrix}\mathbf{U}_\mathrm{f}\\ \mathbf{Y}_\mathrm{f}\end{bmatrix} = \begin{bmatrix}\mathbf{U}_{s_\mathrm{f}}^N(k)\\ \mathbf{Y}_{s_\mathrm{f}}^N(k)\end{bmatrix}. \tag{3.23}$$

Mit dieser Definition und durch iterative Verwendung der Zustandsraumdarstellung (3.1) lässt sich das folgende Datenmodell formulieren

$$\mathbf{Y}_\mathrm{p} = \mathbf{\Gamma}_{s_\mathrm{p}}\mathbf{X}_\mathrm{p} + \mathbf{H}_{\mathbf{u},s_\mathrm{p}}\mathbf{U}_\mathrm{p} + \mathbf{H}_{\boldsymbol{\xi},s_\mathrm{p}}\mathbf{\Xi}_\mathrm{p} + \mathbf{\Upsilon}_\mathrm{p} \tag{3.24}$$

$$\mathbf{Y}_\mathrm{f} = \mathbf{\Gamma}_{s_\mathrm{f}}\mathbf{X}_\mathrm{f} + \mathbf{H}_{\mathbf{u},s_\mathrm{f}}\mathbf{U}_\mathrm{f} + \mathbf{H}_{\boldsymbol{\xi},s_\mathrm{f}}\mathbf{\Xi}_\mathrm{f} + \mathbf{\Upsilon}_\mathrm{f} \tag{3.25}$$

wobei die Matrizen $\mathbf{\Gamma}_s, \mathbf{H}_{\mathbf{u},s}, \mathbf{H}_{\boldsymbol{\xi},s}, \mathbf{\Xi}_\mathrm{p}, \mathbf{\Xi}_\mathrm{f}, \mathbf{\Upsilon}_\mathrm{p}, \mathbf{\Upsilon}_\mathrm{f}, \mathbf{X}_\mathrm{p}$ und $\mathbf{X}_\mathrm{f}$ definiert sind als

$$\mathbf{\Gamma}_\mathrm{s} = \begin{bmatrix}\mathbf{C}\\ \mathbf{CA}\\ \vdots\\ \mathbf{CA}^s\end{bmatrix}, \mathbf{H}_{\mathbf{u},s} = \begin{bmatrix}\mathbf{D} & \mathbf{0} & \cdots & \mathbf{0}\\ \mathbf{CB} & \mathbf{D} & \ddots & \vdots\\ \vdots & \ddots & \ddots & \mathbf{0}\\ \mathbf{CA}^{s-1}\mathbf{B} & \cdots & \mathbf{CB} & \mathbf{D}\end{bmatrix}, \mathbf{H}_{\boldsymbol{\xi},s} = \begin{bmatrix}\mathbf{0} & \mathbf{0} & \cdots & \mathbf{0}\\ \mathbf{C} & \mathbf{0} & \ddots & \vdots\\ \vdots & \ddots & \ddots & \mathbf{0}\\ \mathbf{CA}^{s-1} & \cdots & \mathbf{C} & \mathbf{0}\end{bmatrix}, \tag{3.26}$$

$$\mathbf{N}_\mathrm{p} = \begin{bmatrix}\mathbf{\Xi}_\mathrm{p}\\ \mathbf{\Upsilon}_\mathrm{p}\end{bmatrix} = \begin{bmatrix}\mathbf{\Xi}_{s_\mathrm{p}}^N(k-s_\mathrm{p}-1)\\ \mathbf{\Upsilon}_{s_\mathrm{p}}^N(k-s_\mathrm{p}-1)\end{bmatrix}, \mathbf{N}_\mathrm{f} = \begin{bmatrix}\mathbf{\Xi}_\mathrm{f}\\ \mathbf{\Upsilon}_\mathrm{f}\end{bmatrix} = \begin{bmatrix}\mathbf{\Xi}_{s_\mathrm{f}}^N(k)\\ \mathbf{\Upsilon}_{s_\mathrm{f}}^N(k)\end{bmatrix}, \bar{\mathbf{N}} = \begin{bmatrix}\mathbf{N}_\mathrm{p}\\ \mathbf{N}_\mathrm{f}\end{bmatrix} \tag{3.27}$$

$$\mathbf{X}_\mathrm{p} = \begin{bmatrix}\mathbf{x}(k-s_\mathrm{p}-1) & \cdots & \mathbf{x}(k-s_\mathrm{p}+N-2)\end{bmatrix}, \mathbf{X}_\mathrm{f} = \begin{bmatrix}\mathbf{x}(k) & \cdots & \mathbf{x}(k+N-1)\end{bmatrix}. \tag{3.28}$$

Dabei bezeichnen $\mathbf{\Xi}_s^N$ und $\mathbf{\Upsilon}_s^N$ die Hankelmatrizen gemäß der Definition in Gleichung (3.22) für das Prozessrauschen $\boldsymbol{\xi}$ und das Messrauschen $\boldsymbol{\upsilon}$. Durch iterative Verwendung der Zustandsgleichung (3.1) kann darüber hinaus der folgende Zusammenhang für die Zustandsgrößen gefunden werden

$$\mathbf{X}_\mathrm{f} = \mathbf{A}^{s_\mathrm{p}+1}\mathbf{X}_\mathrm{p} + \mathbf{\Delta}_{\mathbf{u},s_\mathrm{p}}\mathbf{U}_\mathrm{p} + \mathbf{\Delta}_{\boldsymbol{\xi},s_\mathrm{p}}\mathbf{\Xi}_p \tag{3.29}$$

wobei $\mathbf{\Delta}_{\mathbf{u},s} = \begin{bmatrix}\mathbf{A}^s\mathbf{B} & \mathbf{A}^{s-1}\mathbf{B} & \cdots & \mathbf{B}\end{bmatrix}$ und $\mathbf{\Delta}_{\boldsymbol{\xi},s} = \begin{bmatrix}\mathbf{A}^s & \mathbf{A}^{s-1} & \cdots & \mathbf{I}\end{bmatrix}$ gilt. Umformen von Gleichung (3.24) nach $\mathbf{X}_\mathrm{p}$ und einsetzen in Gleichung (3.29) ergibt den folgenden Zusammenhang

$$\begin{aligned}\mathbf{X}_\mathrm{f} = &\begin{bmatrix}(\mathbf{\Delta}_{\mathbf{u},s_\mathrm{p}} - \mathbf{A}^{s_\mathrm{p}+1}\mathbf{\Gamma}_{s_\mathrm{p}}^\dagger\mathbf{H}_{\mathbf{u},s_\mathrm{p}}) & \mathbf{A}^{s_\mathrm{p}+1}\mathbf{\Gamma}_{s_\mathrm{p}}^\dagger\end{bmatrix}\mathbf{Z}_\mathrm{p}\\ &+ \begin{bmatrix}(\mathbf{\Delta}_{\boldsymbol{\xi},s_\mathrm{p}} - \mathbf{A}^{s_\mathrm{p}+1}\mathbf{\Gamma}_{s_\mathrm{p}}^\dagger\mathbf{H}_{\boldsymbol{\xi},s_\mathrm{p}}) & -\mathbf{A}^{s_\mathrm{p}+1}\mathbf{\Gamma}_{s_\mathrm{p}}^\dagger\end{bmatrix}\mathbf{N}_\mathrm{p}.\end{aligned} \tag{3.30}$$

Eine Schätzung des zukünftigen Zustandsvektors $\hat{\mathbf{X}}_\mathrm{f}$ ohne den Einfluss der Rauschterme kann dementsprechend wie folgt definiert werden

$$\hat{\mathbf{X}}_\mathrm{f} = \begin{bmatrix}(\mathbf{\Delta}_{\mathbf{u},s_\mathrm{p}} - \mathbf{A}^{s_\mathrm{p}+1}\mathbf{\Gamma}_{s_\mathrm{p}}^\dagger\mathbf{H}_{\mathbf{u},s_\mathrm{p}}) & \mathbf{A}^{s_\mathrm{p}+1}\mathbf{\Gamma}_{s_\mathrm{p}}^\dagger\end{bmatrix}\mathbf{Z}_\mathrm{p}. \tag{3.31}$$

Zusammen mit Gleichung (3.25) erhält man somit für die zukünftige Ausgangsgröße

$$\mathbf{Y}_\mathrm{f} = \mathbf{L}_{\mathbf{Z}_\mathrm{p}}\mathbf{Z}_\mathrm{p} + \mathbf{L}_{\mathbf{U}_\mathrm{f}}\mathbf{U}_\mathrm{f} + \mathbf{L}_{\bar{\mathbf{N}}}\bar{\mathbf{N}}, \tag{3.32}$$

wobei die sogenannten Subspace Matrizen $\mathbf{L}_{\mathbf{Z}_\mathrm{p}}, \mathbf{L}_{\mathbf{U}_\mathrm{f}}$ und die zusammengefasste Rauschmatrix $\mathbf{L}_{\bar{\mathbf{N}}}$ definiert sind als

$$\begin{aligned}
\mathbf{L}_{\mathbf{Z}_\mathrm{p}} &= \mathbf{\Gamma}_{s_\mathrm{f}}\left[(\mathbf{\Delta}_{\mathbf{u},s_\mathrm{p}} - \mathbf{A}^{s_\mathrm{p}+1}\mathbf{\Gamma}^{\dagger}_{s_\mathrm{p}}\mathbf{H}_{\mathbf{u},s_\mathrm{p}}) \quad \mathbf{A}^{s_\mathrm{p}+1}\mathbf{\Gamma}^{\dagger}_{s_\mathrm{p}}\right],\\
\mathbf{L}_{\mathbf{U}_\mathrm{f}} &= \mathbf{H}_{\mathbf{u},s_\mathrm{f}},\\
\mathbf{L}_{\bar{\mathbf{N}}} &= \left[\mathbf{\Gamma}_{s_\mathrm{f}}(\mathbf{\Delta}_{\boldsymbol{\xi},s_\mathrm{p}} - \mathbf{A}^{s_\mathrm{p}+1}\mathbf{\Gamma}^{\dagger}_{s_\mathrm{p}}\mathbf{H}_{\boldsymbol{\xi},s_\mathrm{p}}) \quad -\mathbf{\Gamma}_{s_\mathrm{f}}\mathbf{A}^{s_\mathrm{p}+1}\mathbf{\Gamma}^{\dagger}_{s_\mathrm{p}} \quad \mathbf{H}_{\boldsymbol{\xi},s_\mathrm{f}} \quad \mathbf{I}\right].
\end{aligned} \tag{3.33}$$

Unter den zuvor getroffenen Annahmen der statistischen Unabhängigkeit von Mess- und Prozessrauschen vom Eingangssignal $\mathbf{u}$ und einer genügend großen Anzahl an Messdaten ist der Zeilenraum der erweiterten Matrix $\mathcal{R}(\begin{bmatrix}\mathbf{Z}_\mathrm{p}^T & \mathbf{U}_\mathrm{f}^T\end{bmatrix}^T)$ orthogonal zu dem Zeilenraum $\mathcal{R}(\bar{\mathbf{N}})$ der Matrix $\bar{\mathbf{N}}$ (siehe Überlegungen in Abschnitt 3.2.2). Somit kann mit Hilfe einer schiefen Projektion (siehe Abschnitt 3.2.1) die Matrix $\mathbf{Y}_\mathrm{f}$ zerlegt werden in drei Anteile. Die ersten beiden Anteile werden jeweils über den Zeilenraum der Matrix $\mathbf{Z}_\mathrm{p}$ bzw. $\mathbf{U}_\mathrm{f}$ beschrieben. Der dritte Anteil ist orthogonal zu dem gemeinsamen Zeilenraum von $\mathbf{Z}_\mathrm{p}$ und $\mathbf{U}_\mathrm{f}$ und entspricht somit gemäß der vorherigen Überlegungen dem Rauschen

$$\mathbf{Y}_\mathrm{f} = \mathbf{Y}_\mathrm{f}/_{\mathbf{U}_\mathrm{f}}\mathbf{Z}_\mathrm{p} + \mathbf{Y}_\mathrm{f}/_{\mathbf{Z}_\mathrm{p}}\mathbf{U}_\mathrm{f} + \mathbf{Y}_\mathrm{f}/\begin{bmatrix}\mathbf{Z}_\mathrm{p}\\ \mathbf{U}_\mathrm{f}\end{bmatrix}^{\perp}. \tag{3.34}$$

Die Subspace Matrizen $\mathbf{L}_{\mathbf{Z}_\mathrm{p}}, \mathbf{L}_{\mathbf{U}_\mathrm{f}}$ können dabei nicht nur aus den Zustandsraummatrizen $\mathbf{A}, \mathbf{B}, \mathbf{C}, \mathbf{D}$ gemäß Gleichung (3.33), sondern auch direkt über die Lösung des folgenden Least Square Problems

$$\begin{aligned}
\begin{bmatrix}\mathbf{L}_{\mathbf{Z}_\mathrm{p}} & \mathbf{L}_{\mathbf{U}_\mathrm{f}}\end{bmatrix} &= \arg\min_{\bar{\mathbf{L}}_1,\bar{\mathbf{L}}_2}\left(\sum_{c=1}^{N}\left\|\mathbf{Y}_\mathrm{f}(:,c) - \begin{bmatrix}\bar{\mathbf{L}}_1 & \bar{\mathbf{L}}_2\end{bmatrix}\begin{bmatrix}\mathbf{Z}_\mathrm{p}(:,c)\\ \mathbf{U}_\mathrm{f}(:,c)\end{bmatrix}\right\|_2^2\right)\\
&= \arg\min_{\bar{\mathbf{L}}_1,\bar{\mathbf{L}}_2}\left\|\mathbf{Y}_\mathrm{f} - \begin{bmatrix}\bar{\mathbf{L}}_1 & \bar{\mathbf{L}}_2\end{bmatrix}\begin{bmatrix}\mathbf{Z}_\mathrm{p}\\ \mathbf{U}_\mathrm{f}\end{bmatrix}\right\|_\mathrm{F}^2
\end{aligned} \tag{3.35}$$

berechnet werden. Eine direkte Lösung kann dabei über die LQ-Zerlegung der gesammelten Messdaten gefunden werden

$$\begin{aligned}
\mathbf{L}_{\mathbf{Z}\mathrm{p}} &- \mathbf{L}_{31}\mathbf{L}_{11}^{\dagger} - \mathbf{L}_{32}\mathbf{L}_{22}^{\dagger}\mathbf{L}_{21}\mathbf{L}_{11}^{\dagger}\\
\mathbf{L}_{\mathbf{U}_\mathrm{f}} &= \mathbf{L}_{32}\mathbf{L}_{22}^{\dagger}.
\end{aligned} \tag{3.36}$$

mit

$$\begin{bmatrix}\mathbf{Z}_\mathrm{p}\\ \mathbf{U}_\mathrm{f}\\ \mathbf{Y}_\mathrm{f}\end{bmatrix} = \begin{bmatrix}\mathbf{L}_{11} & 0 & 0\\ \mathbf{L}_{21} & \mathbf{L}_{22} & 0\\ \mathbf{L}_{31} & \mathbf{L}_{32} & \mathbf{L}_{33}\end{bmatrix}\begin{bmatrix}\mathbf{Q}_1\\ \mathbf{Q}_2\\ \mathbf{Q}_3\end{bmatrix}, \tag{3.37}$$

wobei $\mathbf{L}_{11}, \mathbf{L}_{22}$ und $\mathbf{L}_{33}$ jeweils quadratische Matrizen der Dimension $(k_\mathrm{u} + k_\mathrm{y})(s_\mathrm{p} + 1), k_\mathrm{u}(s_\mathrm{f} + 1)$ und $k_\mathrm{y}(s_\mathrm{f} + 1)$ sind und alle anderen Matrizen entsprechende Dimensionen aufweisen. Eine rauschfreie Schätzung des Ausgangssignals $\mathbf{Y}$ kann wie folgt berechnet werden

$$\hat{\mathbf{Y}}_\mathrm{f} = \mathbf{Y}_\mathrm{f}/_{\mathbf{U}_\mathrm{f}}\mathbf{Z}_\mathrm{p} + \mathbf{Y}_\mathrm{f}/_{\mathbf{Z}_\mathrm{p}}\mathbf{U}_\mathrm{f} = \mathbf{L}_{\mathbf{Z}_\mathrm{p}}\mathbf{Z}_\mathrm{p} + \mathbf{L}_{\mathbf{U}_\mathrm{f}}\mathbf{U}_f. \tag{3.38}$$

Für den Rauschterm gilt entsprechend

$$\mathbf{L}_{\bar{\mathbf{N}}}\bar{\mathbf{N}} = \mathbf{Y}_\mathrm{f} / \begin{bmatrix} \mathbf{Z}_\mathrm{p} \\ \mathbf{U}_\mathrm{f} \end{bmatrix}^{\perp} = \mathbf{L}_{33}\mathbf{Q}_3. \tag{3.39}$$

Aus den Überlegungen in dem Abschnitt 3.2.2 und diesem Abschnitt wird die Annahme 3.1 wie folgt ergänzt.

Annahme 3.2. *Für die zuvor genutzen statistischen Eigenschaften der Projektion und die in diesem Abschnitt angenommene Identifizierbarkeit des Zeilenraums der erweiterten Beobachtbarkeitsmatrix $\mathcal{R}(\Gamma_s)$ wurden die folgenden Annahmen gemacht:*

A6) Die Anzahl der Messwerte ist groß, sodass $N \to \infty$ und $N >> s_\mathrm{p}$ und $N >> s_\mathrm{f}$.

A7) Die Länge der zukünftigen und vergangenen Messsequenzen ist größer als die Systemordnung n des Prozesses $\mathbf{G}_\mathrm{p}$, sodass $s_\mathrm{p} > n$ und $s_\mathrm{f} > n$.

3.2.4 Identifikation des Zustandsraummodells

Mit Hilfe der in Gleichung (3.36) berechneten Subspace Matrizen $\mathbf{L}_{\mathbf{Z}_\mathrm{p}}, \mathbf{L}_{\mathbf{U}_\mathrm{f}}$ lassen sich die Systemmatrizen $(\mathbf{A}, \mathbf{B}, \mathbf{C}, \mathbf{D})$ des Prozesses $\mathbf{G}_\mathrm{p}$ berechnen. Ein Vergleich von Gleichung (3.25) mit (3.32) unter Vernachlässigung der Rauschterme zeigt, dass der folgende Zusammenhang gilt

$$\mathbf{Y}_\mathrm{f}/_{\mathbf{U}_\mathrm{f}}\mathbf{Z}_\mathrm{p} = \mathbf{L}_{\mathbf{Z}_\mathrm{p}}\mathbf{Z}_\mathrm{p} = \mathbf{\Gamma}_{s_\mathrm{f}}\mathbf{X}_\mathrm{f}. \tag{3.40}$$

Sind die Annahmen 3.1 und 3.2 erfüllt, so lässt sich für die Matrixunterräume zeigen (Katayama, 2006)(Van Overshee und De Moor, 1996), dass gilt

$$\begin{aligned} \mathrm{rang}(\mathbf{Y}_\mathrm{f}/_{\mathbf{U}_\mathrm{f}}\mathbf{Z}_\mathrm{p}) &= n \\ \mathcal{C}(\mathbf{Y}_\mathrm{f}/_{\mathbf{U}_\mathrm{f}}\mathbf{Z}_\mathrm{p}) &= \mathcal{C}(\mathbf{\Gamma}_{s_\mathrm{f}}) \\ \mathcal{R}(\mathbf{Y}_\mathrm{f}/_{\mathbf{U}_\mathrm{f}}\mathbf{Z}_\mathrm{p}) &= \mathcal{R}(\mathbf{X}_\mathrm{f}) \end{aligned} \tag{3.41}$$

Mit Hilfe einer SVD lässt sich die aus der LQ-Zerlegung gewonnene Projektionsmatrix $(\mathbf{Y}_\mathrm{f}/_{\mathbf{U}_\mathrm{f}}\mathbf{Z}_\mathrm{p})$ somit aufteilen in die erweiterte Beobachtbarkeitsmatrix $\mathbf{\Gamma}_{s_\mathrm{f}}$ und die Zustandsmatrix $\mathbf{X}_\mathrm{f}$.

Definition 3.5 (Singulärwertzerlegung)**.** Die SVD einer beliebigen Matrix $\mathbf{A} \in \mathbb{R}^{m \times n}$ ist wie folgt definiert

$$\mathbf{A} = \mathbf{U}\mathbf{\Sigma}\mathbf{V}^T = \begin{bmatrix} \mathbf{U}_1 & \mathbf{U}_2 \end{bmatrix} \begin{bmatrix} \mathbf{\Sigma}_1 & \mathbf{0} \\ \mathbf{0} & \mathbf{0} \end{bmatrix} \begin{bmatrix} \mathbf{V}_1^T \\ \mathbf{V}_2^T \end{bmatrix} \tag{3.42}$$

wobei die Matrizen $\mathbf{U} \in \mathbb{R}^{m \times m}$ und $\mathbf{V} \in \mathbb{R}^{n \times n}$ unitäre Matrizen sind und $\mathbf{\Sigma} \in \mathbb{R}^{m \times n}$ eine Rechteckmatrix ist, deren Diagonalelemente $\Sigma_{ii} = \sigma_i$ den Singulärwerten der Matrix $\mathbf{A}$ entsprechen.

Bemerkung 3.1. Anschaulich stellt die Singulärwertzerlegung eine Zerlegung einer Matrix in die in Kapitel 3.2.1 eingeführten vier fundamentalen Matrixunterräume dar. Dabei ist der Zusammenhang zwischen den Matrixunterräumen und der SVD in Tabelle 3.1 zusammengefasst.

Unterraum	Formelzeichen	Orthogonale Basis
Zeilenraum	$\mathcal{R}(\mathbf{A})$	$\mathbf{V}_1^T$
Spaltenraum	$\mathcal{C}(\mathbf{A})$	$\mathbf{U}_1$
Linker Nullraum	$\mathcal{N}_l(\mathbf{A})$	$\mathbf{U}_2^T$
Rechter Nullraum	$\mathcal{N}_r(\mathbf{A})$	$\mathbf{V}_2$

Tabelle 3.1: Beziehung Matrixunterräume und SVD

Wird also die folgende Singulärwertzerlegung durchgeführt

$$\mathbf{Y}_\mathrm{f}/_{\mathbf{U}_\mathrm{f}}\mathbf{Z}_\mathrm{p} = \begin{bmatrix}\mathbf{U}_1 & \mathbf{U}_2\end{bmatrix}\begin{bmatrix}\mathbf{\Sigma}_1 & \mathbf{0}\\ \mathbf{0} & \mathbf{\Sigma}_2 \approx \mathbf{0}\end{bmatrix}\begin{bmatrix}\mathbf{V}_1^T\\ \mathbf{V}_2^T\end{bmatrix} \tag{3.43}$$

dann gilt auf Grund von (3.41) und den Zusammenhängen in der Tabelle 3.1

$$\begin{aligned}\mathbf{\Gamma}_{s_\mathrm{f}} &= \mathbf{U}_1\mathbf{\Sigma}_1^{-1/2}\\ \mathbf{X}_\mathrm{f} &= \mathbf{\Sigma}_1^{-1/2}\mathbf{V}_1^T.\end{aligned} \tag{3.44}$$

Der Eintrag $\mathbf{\Sigma} \approx \mathbf{0}$ soll dabei andeuten, dass in der Praxis die Bedingungen 3.1 und 3.2 nicht immer voll erfüllt sind, sodass die Anzahl der signifikanten Singulärwerte und somit die Systemordung n des identifizierten Systems abgeschätzt werden muss (siehe z.B. Huang und Kadali (2008) für ein geeignetes Verfahren). Häufig wird vor der Singulärwertzerlegung noch eine Gewichtung der Messdaten durchgeführt, worauf aber im Folgenden verzichtet wird(Van Overshee und De Moor, 1996; Qin, 2006). Für die Bestimmung der Systemmatrizen gibt es in der Literatur zwei Ansätze, welche im Folgenden kurz angedeutet, aber nicht genauer beschrieben werden, da Sie für den Rest der Arbeit nicht verwendet werden.

Bestimmung der Systemmatrizen über die erweiterte Beobachtbarkeitsmatrix

Zur Bestimmung der Systemmatrizen aus der erweiterten Beobachtbarkeitsmatrix werden zunächst die folgenden Matrizen definiert

$$\overline{\mathbf{\Gamma}}_{s_\mathrm{f}} = \mathbf{\Gamma}_{s_\mathrm{f}}(k_y+1:(s_\mathrm{f}+1)k_y,:),\ \underline{\mathbf{\Gamma}}_{s_\mathrm{f}} = \mathbf{\Gamma}_{s_\mathrm{f}}(1:s_\mathrm{f}k_y,:) \tag{3.45}$$

wobei $\overline{\mathbf{\Gamma}}_{s_\mathrm{f}}$ bzw. $\underline{\mathbf{\Gamma}}_{s_\mathrm{f}}$ jeweils durch Streichung der ersten bzw. letzten k_y Zeilen von $\mathbf{\Gamma}_{s_\mathrm{f}}$ erreicht wird. Dann gilt für die Schätzung von $\mathbf{A}$ und $\mathbf{B}$

$$\begin{aligned}\hat{\mathbf{A}} &= \underline{\mathbf{\Gamma}}_{s_\mathrm{f}}^\dagger\overline{\mathbf{\Gamma}}_{s_\mathrm{f}},\\ \hat{\mathbf{C}} &= \mathbf{\Gamma}_{s_\mathrm{f}}(1:k_\mathrm{y},:).\end{aligned} \tag{3.46}$$

Für die Bestimmung einer Schätzung von $\mathbf{B}$ und $\mathbf{D}$ kann z.B. die erste Spalte der Matrix $\mathbf{L}_{\mathbf{U}_\mathrm{f}} = \mathbf{H}_{\mathrm{u},s_\mathrm{f}}$ verwendet werden, sodass man die folgende Schätzung erhält

$$\begin{aligned}\hat{\mathbf{D}} &= \mathbf{L}_{\mathbf{U}_\mathrm{f}}(1:k_\mathrm{y},1:k_\mathrm{u})\\ \hat{\mathbf{B}} &= \underline{\mathbf{\Gamma}}_{s_\mathrm{f}}^\dagger\mathbf{L}_{\mathbf{U}_\mathrm{f}}(k_\mathrm{y}+1:(s_\mathrm{f}+1)k_\mathrm{y},1:k_\mathrm{u}).\end{aligned} \tag{3.47}$$

Bestimmung der Systemmatrizen über die Zustände

Es kann gezeigt werden, dass mit Hilfe der erweiterten Beobachtbarkeitsmatrix und der bereits berechhneten Zustandsraumsequenz $\mathbf{X}_\mathrm{f}$ eine Schätzung für zwei aufeinander folgende Zustandssequenzen $\hat{\mathbf{X}}_i$ und $\hat{\mathbf{X}}_{i+1}$ im gleichen Zustandsraum berechnet werden kann. Damit lässt sich mit den gegebenen Eingangs- und Ausgangsmessdaten $\mathbf{U}_i$ und $\mathbf{Y}_i$ anschaulich das folgende Optimierungsproblem formulieren

$$\begin{bmatrix} \hat{\mathbf{A}} & \hat{\mathbf{B}} \\ \hat{\mathbf{C}} & \hat{\mathbf{D}} \end{bmatrix} = \arg \min_{\mathbf{A},\mathbf{B},\mathbf{C},\mathbf{D}} \left\| \begin{bmatrix} \hat{\mathbf{X}}_{i+1} \\ \hat{\mathbf{Y}}_i \end{bmatrix} - \begin{bmatrix} \mathbf{A} & \mathbf{B} \\ \mathbf{C} & \mathbf{D} \end{bmatrix} \begin{bmatrix} \hat{\mathbf{X}}_i \\ \hat{\mathbf{U}}_i \end{bmatrix} \right\| . \tag{3.48}$$

Dieses Optimierungsproblem lässt sich in der Regel leicht über einen Least-Square Ansatz lösen.

3.3 Realisierung einer datenbasierten SKR

In diesem Abschnitt soll zunächst eine Definition für eine datenbasierte Realisierung einer SKR gegeben werden. Gemäß der Zusammenhänge, welche in Theorem 2.2 für den modellbasierten Fall gegeben werden, ist die Kernel Representation im Wesentlichen ein Residuengenerator für das Ein- und Ausgangssignal des Systems $\mathbf{G}_\mathrm{p}$. Im datenbasierten Fall werden die Signale durch kurze Ein- und Ausgangssequenzen ersetzt und entsprechend kann eine datenbasierte SKR gemäß der nachfolgenden Definition angegeben werden.

Definition 3.6 (Datenbasierte Realisierung der SKR). Gegeben sei das System $\mathbf{G}_\mathrm{p}$ gemäß Gleichung (3.1) mit $\boldsymbol{\xi}(k) = \mathbf{0}$ und $\boldsymbol{v}(k) = \mathbf{0}$. Die Matrix $\mathcal{K}_\mathrm{d}$ wird datenbasierte Realisierung der SKR genannt, wenn für beliebige natürliche Zahlen s_p bzw. s_f der folgende Zusammenhang gilt

$$\forall \mathbf{u}_s(k), \mathbf{x}(0), \mathbf{r}_\mathrm{f}(k) = \mathcal{K}_\mathrm{d} \begin{bmatrix} \mathbf{r}_\mathrm{p}(k) \\ \mathbf{z}_\mathrm{p}(k) \\ \mathbf{z}_\mathrm{f}(k) \end{bmatrix} = \mathbf{0}, \tag{3.49}$$

mit

$$\begin{aligned} \mathbf{r}_\mathrm{p}(k) &= \mathbf{r}_{s_\mathrm{p}}(k - s_\mathrm{p} - 1), \quad \mathbf{r}_\mathrm{f}(k) = \mathbf{r}_{s_\mathrm{f}}(k), \\ \mathbf{z}_\mathrm{p}(k) &= \begin{bmatrix} \mathbf{u}_{s_\mathrm{p}}(k - s_\mathrm{p} - 1) \\ \mathbf{y}_{s_\mathrm{p}}(k - s_\mathrm{p} - 1) \end{bmatrix}, \mathbf{z}_\mathrm{f}(k) = \begin{bmatrix} \mathbf{u}_{s_\mathrm{f}}(k) \\ \mathbf{y}_{s_\mathrm{f}}(k) \end{bmatrix}. \end{aligned} \tag{3.50}$$

Dabei bezeichnen $\mathbf{u}_s(k)$ und $\mathbf{y}_s(k)$ jeweils vom System $\mathbf{G}_\mathrm{p}$ gemessene Ein- und Ausgangssequenzen der Länge s. Der Vektor $\mathbf{r}_s$ bezeichnet die daraus resultierenden Sequenzen des Residuensignals.

Bemerkung 3.2. Es ist anzumerken, dass die datenbasierte Realisierungsform der SKR bzw. der SIR (siehe Abschnitt 3.4) keine Übertragungsfunktion im eigentlichen Sinne mehr ist, sondern eine Matrix mit konstanten Einträgen.

Die Idee hinter Definition 3.6 ist relativ einfach. Da das System $\mathbf{G}_\mathrm{p}$ als beobachtbar angenommen wurde, kann aus den vergangenen Ein- und Ausgangswerten des Residuengenerators $(\mathbf{r}_\mathrm{p}, \mathbf{z}_p)$ der aktuelle Systemzustand geschätzt werden, wenn die Sequenzlängen lang genug gewählt werden. Daraus ergibt sich die freie Antwort des Systems, wenn in der Zukunft keine weiteren Eingangsgrößen angelegt werden. Aus den zukünftigen Eingangssignalen des Residuengenerators ($\mathbf{z}_\mathrm{f}$) ergibt sich dann die erzwungene Antwort des Systems. Aus der Überlagerung der freien und der erzwungenen Antwort des Systems ergibt sich die Gesamtantwort ($\mathbf{r}_\mathrm{f}$) des Residuengenerators. Ähnlich wie bei der Betrachtung im modellbasierten Fall soll auch hier eine Normalisierungsgbedingung angegeben werden.

Definition 3.7 (Normalisierte datenbasierte SKR). Für die normalisierte, datenbasierte SKR wird die Antwort des Systems betrachtet, wenn angenommen wird, dass die vergangenen Residuensignale $\mathbf{r}_\mathrm{p}$ gleich Null sind. Die datenbasierte SKR wird daher als normalisiert bezeichnet, wenn die folgende Bedingung erfüllt wird

$$\mathcal{K}_{\mathrm{d,uy}}\mathcal{K}_{\mathrm{d,uy}}^T = \mathbf{I} \tag{3.51}$$

mit

$$\mathcal{K}_{\mathrm{d,uy}} = \mathcal{K}_\mathrm{d}(:,(s_\mathrm{p}+1)k_y+1:\mathrm{end}). \tag{3.52}$$

Dabei bedeutet normalisiert in diesem Zusammenhang, dass die Darstellung für finite Zeitsequenzen normalisiert ist. Dies wird in Zukunft nicht explizit erwähnt. Die normalisierte, datenbasierte SKR wird zur besseren Unterscheidbarkeit mit $\bar{\mathcal{K}}_d = \mathcal{K}_{\mathrm{d,uy}}$ bezeichnet.

Aufbauend auf den Vorüberlegungen aus Abschnitt 3.2 können die folgenden Theoreme für die Berechnung einer datenbasierten SKR und einer normalisierten, datenbasierten SKR hergeleitet werden.

Theorem 3.1 (Berechnung datenbasierte SKR). *Gegeben sei die folgende LQ Zerlegung der Ein- und Ausgangsmessdaten des Systems* $\mathbf{G}_p$ *gemäß Gleichung* (3.1)

$$\begin{bmatrix}\mathbf{Z}_\mathrm{p}\\ \mathbf{U}_\mathrm{f}\\ \mathbf{Y}_\mathrm{f}\end{bmatrix} = \begin{bmatrix}\mathbf{L}_{11} & 0 & 0\\ \mathbf{L}_{21} & \mathbf{L}_{22} & 0\\ \mathbf{L}_{31} & \mathbf{L}_{32} & \mathbf{L}_{33}\end{bmatrix}\begin{bmatrix}\mathbf{Q}_1\\ \mathbf{Q}_2\\ \mathbf{Q}_3\end{bmatrix}, \tag{3.53}$$

dann kann die datenbasierte SKR gemäß Definition 3.6 berechnet werden als

$$\mathcal{K}_\mathrm{d} = \begin{bmatrix}\mathbf{L}_{\mathbf{Y}_\mathrm{p}} & -\mathbf{L}_{\mathbf{Z}_\mathrm{p}} & -\mathbf{L}_{\mathbf{U}_\mathrm{f}} & \mathbf{I}_{(s_\mathrm{f}+1)k_\mathrm{y}}\end{bmatrix} \tag{3.54}$$

mit

$$\begin{aligned}
\mathbf{L}_{\mathbf{Z}_\mathrm{p}} &= \mathbf{L}_{31}\mathbf{L}_{11}^\dagger - \mathbf{L}_{32}\mathbf{L}_{22}^\dagger\mathbf{L}_{21}\mathbf{L}_{11}^\dagger = \begin{bmatrix}\mathbf{L}_{\mathbf{U}_\mathrm{p}} & \mathbf{L}_{\mathbf{Y}_\mathrm{p}}\end{bmatrix}\\
\mathbf{L}_{\mathbf{U}_\mathrm{f}} &= \mathbf{L}_{32}\mathbf{L}_{22}^\dagger\\
\mathbf{L}_{\mathbf{U}_\mathrm{p}} &= \mathbf{L}_{\mathbf{Z}_\mathrm{p}}(:,1:(s_\mathrm{p}+1)k_\mathrm{u})\\
\mathbf{L}_{\mathbf{Y}_\mathrm{p}} &= \mathbf{L}_{\mathbf{Z}_\mathrm{p}}(:,(s_\mathrm{p}+1)k_\mathrm{u}+1:\mathrm{end})\,.
\end{aligned} \tag{3.55}$$

Beweis. Von den aus Abschnitt 3.2 aufgeführten 4SID Methoden ist bekannt, dass die Signal-Hankelmatrix $\mathbf{Y}_\mathrm{f}$ wie folgt zerlegt werden kann

$$\mathbf{Y}_\mathrm{f} = \mathbf{L}_{\mathbf{Z}_\mathrm{p}}\mathbf{Z}_p + \mathbf{L}_{\mathbf{U}_\mathrm{f}}\mathbf{U}_\mathrm{f} + \mathbf{L}_{33}\mathbf{Q}_3. \tag{3.56}$$

Nach den Überlegungen aus Abschnitt 2.3 kann die SKR als ein beobachterbasierter Residuengenerator für das System (3.1) aufgefasst werden. Ein entsprechender Beobachter $\mathbf{G}_{\text{obs}}$ ist gegeben durch

$$\mathbf{G}_{\text{obs}} : \begin{cases} \hat{\mathbf{x}}(k+1) = \mathbf{A}\hat{\mathbf{x}}(k) + \mathbf{B}\mathbf{u}(k) + \mathbf{L}(\mathbf{y}(k) - \hat{\mathbf{y}}(k)) \\ \hat{\mathbf{y}}(k) = \mathbf{C}\hat{\mathbf{x}}(k) + \mathbf{D}\mathbf{u}(k) \end{cases} \tag{3.57}$$

mit $\hat{\mathbf{x}}$ und $\hat{\mathbf{y}}$ als Schätzung für Zustands- und Ausgangsgröße des Systems $\mathbf{G}$ und $\mathbf{L}$ als Rückführmatrix. Für den Schätzfehler $\mathbf{e}(k) = \mathbf{x}(k) - \hat{\mathbf{x}}(k)$ ergibt sich dann die Dynamik

$$\mathbf{e}(k+1) = (\mathbf{A} - \mathbf{L}\mathbf{C})\mathbf{e}(k). \tag{3.58}$$

Daraus wird sofort ersichtlich, dass bei geeigneter Wahl von $\mathbf{L}$ die Dynamik des Schätzfehlers stabil ist und somit für $\mathbf{k} \to \infty$ der Schätzfehler gegen Null geht. Zu Beginn dieses Kapitels wurde angenommen, dass der Prozess $\mathbf{G}_{\text{p}}$ stabil ist. Daher kann die Rückführmatrix auch zu $\mathbf{L} = 0$ gesetzt werden um die Stabilität der Fehlerdynamik zu gewährleisten. Entsprechend ergibt sich für das Datenmodell des Beobachters analog zu (3.56)

$$\hat{\mathbf{Y}}_{\text{f}} = \mathbf{L}_{\mathbf{Z}_{\text{p}}} \begin{bmatrix} \mathbf{U}_{\text{p}} \\ \hat{\mathbf{Y}}_{\text{p}} \end{bmatrix} + \mathbf{L}_{\mathbf{U}_{\text{f}}} \mathbf{U}_{\text{f}}. \tag{3.59}$$

Somit gilt für das vergangene und zukünftige Residuensignal

$$\begin{aligned} \mathbf{R}_{\text{p}} &= \mathbf{Y}_{\text{p}} - \hat{\mathbf{Y}}_{\text{p}} \Leftrightarrow \hat{\mathbf{Y}}_{\text{p}} = \mathbf{Y}_{\text{p}} - \mathbf{R}_{\text{p}} \\ \mathbf{R}_{\text{f}} &= \mathbf{Y}_{\text{f}} - \hat{\mathbf{Y}}_{\text{f}}. \end{aligned} \tag{3.60}$$

Das zukünftige Residuensignal kann dann, durch Einsetzen von (3.54), umgeschrieben werden zu

$$\begin{aligned} \mathbf{R}_{\text{f}} &= \mathbf{Y}_{\text{f}} - \mathbf{L}_{\mathbf{Z}_{\text{p}}} \begin{bmatrix} \mathbf{U}_{\text{p}} \\ \hat{\mathbf{Y}}_{\text{p}} \end{bmatrix} - \mathbf{L}_{\mathbf{U}_{\text{f}}} \mathbf{U}_{\text{f}} \\ &= \mathbf{Y}_{\text{f}} - \begin{bmatrix} \mathbf{L}_{\mathbf{U}_{\text{p}}} & \mathbf{L}_{\mathbf{Y}_{\text{p}}} \end{bmatrix} \begin{bmatrix} \mathbf{U}_{\text{p}} \\ \mathbf{Y}_{\text{p}} - \mathbf{R}_{\text{p}} \end{bmatrix} - \mathbf{L}_{\mathbf{U}_{\text{f}}} \mathbf{U}_{\text{f}} \\ &= \begin{bmatrix} \mathbf{L}_{\mathbf{Y}_{\text{p}}} & -\mathbf{L}_{\mathbf{Z}_{\text{p}}} & -\mathbf{L}_{\mathbf{U}_{\text{f}}} & \mathbf{I}_{(s_{\text{f}}+1)k_{\text{y}}} \end{bmatrix} \begin{bmatrix} \mathbf{R}_{\text{p}} \\ \mathbf{Z}_{\text{p}} \\ \mathbf{Z}_{\text{f}} \end{bmatrix}. \end{aligned} \tag{3.61}$$

Um zu zeigen, dass es sich um eine datenbasierte Realisierung der SKR handelt wird angenommen, dass die Anfangszustände von Beobachter und Strecke identisch sind (Standardannahme) und keinerlei unbekannte Störungen vorliegen. In diesem Fall gilt

$$\mathbf{R}_{\text{f}} = \mathbf{L}_{33}\mathbf{Q}_3. \tag{3.62}$$

Da für die Definition der datenbasierten SKR angenommen wurde, dass kein Rauschen auftritt, gilt $\mathbf{R}_{\text{f}} = \mathbf{0}$. Somit ist $\mathcal{K}_{\text{d}}$ gemäß Gleichung (3.54) eine datenbasierte Realisierung der SKR. □

Theorem 3.2 (Berechnung normalisierte, datenbasierte SKR). *Gegeben sei eine datenbasierte Realisierung* $\mathcal{K}_\mathrm{d}$ *der SKR des Systems* $\mathbf{G}_\mathrm{p}$ *gemäß Definition 3.6 mit der folgenden Zerlegung*

$$\mathcal{K}_\mathrm{d} = \begin{bmatrix}\mathcal{K}_\mathrm{d,r} & \mathcal{K}_\mathrm{d,uy}\end{bmatrix} \tag{3.63}$$

und

$$\begin{aligned}\mathcal{K}_\mathrm{d,r} &= \mathcal{K}_\mathrm{d}(:, 1:(s_\mathrm{p}+1)k_\mathrm{y}) \\ \mathcal{K}_\mathrm{d,uy} &= \mathcal{K}_\mathrm{d}(:, (s_\mathrm{p}+1)k_\mathrm{y}+1:\mathrm{end}).\end{aligned} \tag{3.64}$$

Dann kann eine normalisierte, datenbasierte Realisierung der SKR $\bar{\mathcal{K}}_\mathrm{d}$ *angegeben werden als*

$$\bar{\mathcal{K}}_\mathrm{d} = \left(\mathbf{R}_\mathcal{K}^T\right)^{-1}\mathcal{K}_\mathrm{d,uy} \tag{3.65}$$

mit $\mathbf{R}_\mathcal{K}$ *als Cholesky Faktor der folgenden Cholesky Zerlegung*

$$\mathcal{K}_\mathrm{d,uy}\mathcal{K}_\mathrm{d,uy}^T = \mathbf{R}_\mathcal{K}^T\mathbf{R}_\mathcal{K} \tag{3.66}$$

Beweis. Bei der Normalisierung der Matrix $\mathcal{K}_\mathrm{d,uy}$ ist es wichtig, den Zeilenraum $\mathcal{R}(\mathcal{K}_\mathrm{d,uy})$ der Matrix $\mathcal{K}_\mathrm{d,uy}$ nicht zu verändern. Um dies zu garantieren, kann $\mathcal{K}_\mathrm{d,uy}$ von links mit einer regulären Matrix multipliziert werden. Da $\mathcal{K}_\mathrm{d,uy}$ vollen Zeilenrang hat, existiert die Cholesky-Zerlegung (3.66). Damit lässt sich die Transformationsmatrix $\mathbf{T} = \left(\mathbf{R}_\mathcal{K}^T\right)^{-1}$ betrachten und eine neue Residuenmatrix $\bar{\mathbf{R}}_\mathrm{f}$ einführen

$$\bar{\mathbf{R}}_\mathrm{f} = \mathbf{T}\mathbf{R}_\mathrm{f} = \mathbf{T}\mathcal{K}_\mathrm{d,uy}\begin{bmatrix}\mathbf{Z}_\mathrm{p}\\ \mathbf{Z}_\mathrm{f}\end{bmatrix} = \bar{\mathcal{K}}_\mathrm{d}\begin{bmatrix}\mathbf{Z}_\mathrm{p}\\ \mathbf{Z}_\mathrm{f}\end{bmatrix}. \tag{3.67}$$

Da die Matrix $\mathbf{R}_\mathcal{K}$ regulär ist, ist $\mathbf{T}$ eine bijektive Abbildung. Daher gilt, dass $\bar{\mathbf{R}}_\mathrm{f} = \mathbf{0}$ genau dann, wenn $\mathbf{R}_\mathrm{f} = \mathbf{0}$ ist. Somit ist $\bar{\mathcal{K}}_\mathrm{d} = \mathbf{T}\mathcal{K}_\mathrm{d,uy}$ eine datenbasiere Realisierung der SKR mit $\mathbf{r}_p = \mathbf{0}$. Darüberhinaus ist $\bar{\mathcal{K}}_\mathrm{d}$ auch gemäß Definition 3.7 normalisiert

$$\bar{\mathcal{K}}_\mathrm{d}\bar{\mathcal{K}}_\mathrm{d}^T = \left(\mathbf{R}_\mathcal{K}^T\right)^{-1}\mathcal{K}_\mathrm{d,uy}\mathcal{K}_\mathrm{d,uy}^T\mathbf{R}_\mathcal{K}^{-1} = \left(\mathbf{R}_\mathcal{K}^T\right)^{-1}\mathbf{R}_\mathcal{K}^T\mathbf{R}_\mathcal{K}\mathbf{R}_\mathcal{K}^{-1} = \mathbf{I}. \tag{3.68}$$

□

An dieser Stelle soll betont werden, dass es sich bei der Herleitung der normalisierten, datenbasierten Realisierung der SKR lediglich um Matrixmanipulationen handelt. Dies erlaubt jede finite Zeitsequenz von möglichen Residuensignalen in normalisierter Form darzustellen. In diesem Fall ist die Transformationsmatrix $\mathbf{T}$ kausal, besitzt aber dennoch keine physikalische Interpretation und eignet sich nicht für eine iterative Verwendung. Dennoch ist diese Form der Normalisierung für einige Approximationen regelungstechnischer Größen geeignet. Wie bereits in der Einleitung dieses Kapitels in Abbildung 3.1 angedeutet, ist also ersichtlich, dass die Berechnung der datenbasierten SKR lediglich auf dem Projektionsschritt der 4SID Verfahren und den daraus resultierenden Subspace Matrizen beruht. Das komplette Verfahren zur Berechnung der SKR ist in Algorithmus 3.1 zusammengefasst. Die in Definition 3.6 vorgestellte Form ist lediglich geeignet, um finite Residuensequenzen mit begrenzter Zeitdauer für das System $\mathbf{G}_\mathrm{p}$ zu erzeugen. Für die spätere Betrachtung ist es aber auch von Bedeutung, unendlich lange Sequenzen rekursiv erzeugen zu können. Daher soll im Folgenden, basierend auf den vorherigen Betrachtungen, eine iterative Form der datenbasierten SKR angegeben werden.

Algorithmus 3.1 Berechnung der (normalisierten), datenbasierten SKR für stabile Strecken ohne Rückführungen

1: Sammle die Ein- und Ausgangsmessdaten $\mathbf{u}$ bzw. $\mathbf{y}$ des Systems $\mathbf{G}_\mathrm{p}$, beschrieben durch Gleichung (3.1) bei ausreichender Anregung
2: Forme die Signal Hankelmatrizen $\mathbf{Z}_\mathrm{p}, \mathbf{U}_\mathrm{f}, \mathbf{U}_\mathrm{p}$ für gegebene natürliche Zahlen s_p und s_f gemäß Gleichungen (3.23)
3: Führe die LQ-Zerlegung gemäß Gleichung (3.53) aus
4: Berechne die datenbasierte SKR $\mathcal{K}_\mathrm{d}$ gemäß Theorem 3.1
5: **(optional):** Führe die Cholesky-Zerlegung (3.66) aus und berechne die normalisierte SKR $\bar{\mathcal{K}}_\mathrm{d}$ gemäß Gleichung (3.65)

Korollar 3.1 (Rekursive, datenbasierte SKR). *Gegeben sei eine SKR gemäß Definition 3.6. Ohne Beschränkung der Allgemeinheit soll angenommen werden, dass $s_\mathrm{p} = s_\mathrm{f} = s$ gilt. Dann ist eine rekursive Darstellungsform der SKR $\tilde{\mathcal{K}}_\mathrm{d}$ gegeben als*

$$\tilde{\mathcal{K}}_\mathrm{d} : \begin{cases} \mathbf{x}_\mathrm{e}(k+1) = \tilde{\mathcal{K}}_\mathrm{d,p}\mathbf{x}_\mathrm{e}(k) + \tilde{\mathcal{K}}_\mathrm{d,f}\mathbf{u}_\mathrm{e}(k) \\ \mathbf{r}_\mathrm{e}(k) = \mathcal{K}_\mathrm{d,p}\mathbf{x}_\mathrm{e}(k) + \mathcal{K}_\mathrm{d,f}\mathbf{u}_\mathrm{e}(k) \end{cases} \tag{3.69}$$

mit der Zerlegung der datenbasierten SKR $\mathcal{K}_\mathrm{d}$ gemäß

$$\begin{aligned} \mathcal{K}_\mathrm{d} &= \begin{bmatrix} \mathcal{K}_\mathrm{d,p} & \mathcal{K}_\mathrm{d,f} \end{bmatrix} \\ &= \begin{bmatrix} \mathcal{K}_\mathrm{d}(:, 1 : (s+1)(k_\mathrm{u} + 2k_\mathrm{y})) & \mathcal{K}_\mathrm{d}(:, (s+1)(k_\mathrm{u} + 2k_\mathrm{y}) + 1 : \mathrm{end}) \end{bmatrix} \end{aligned} \tag{3.70}$$

und der Definition der Matrizen

$$\tilde{\mathcal{K}}_\mathrm{d,p} = \begin{bmatrix} \mathcal{K}_\mathrm{d,p} \\ \mathbf{0}_{(s+1)(k_\mathrm{u}+k_\mathrm{y}),\,(s+1)(k_\mathrm{u}+2k_\mathrm{y})} \end{bmatrix}, \quad \tilde{\mathcal{K}}_\mathrm{d,f} = \begin{bmatrix} \mathcal{K}_\mathrm{d,f} \\ \mathbf{I}_{(s+1)(k_\mathrm{u}+k_\mathrm{y})} \end{bmatrix}. \tag{3.71}$$

Dabei werden die erweiterten Zeitsequenzvektoren $\mathbf{x}_\mathrm{e}, \mathbf{u}_\mathrm{e}$ und $\mathbf{r}_\mathrm{e}$ wie folgt definiert

$$\mathbf{x}_\mathrm{e}(k) = \begin{bmatrix} \mathbf{r}_s((k-1)(s+1)) \\ \mathbf{u}_s((k-1)(s+1)) \\ \mathbf{y}_s((k-1)(s+1)) \end{bmatrix}, \quad \mathbf{u}_\mathrm{e}(k) = \begin{bmatrix} \mathbf{u}_s(k(s+1)) \\ \mathbf{y}_s(k(s+1)) \end{bmatrix}, \quad \mathbf{r}_\mathrm{e}(k) = \mathbf{r}_s(k(s+1)). \tag{3.72}$$

Im Folgenden sollen Algorithmus 3.1 und die Eigenschaften der datenbasierten Realisierung der SKR an einer einfachen Simulation verdeutlicht werden.

Beispiel 3.1 (Simulation datenbasierte Realisierung der SKR). *Gegeben sei eine Strecke $\mathbf{G}_\mathrm{p}$ erster Ordnung, welche durch Zustandsraumdarstellung* (3.1) *beschrieben werden kann, wobei*

$$\mathbf{A} = 0.9515, \mathbf{B} = 0.048, \mathbf{C} = 1, \mathbf{D} = 0, \boldsymbol{\xi} = 0. \tag{3.73}$$

gilt und es sich bei dem Messrauschen $\boldsymbol{v}$ um weißes Rauschen mit einer Varianz von 0.01 *handelt. Das System wurde am Eingang ausreichend angeregt und aus insgesamt jeweils* 1000 *Messwerten des Ein- bzw. Ausgangssignals wurde gemäß Algorithmus 3.1*

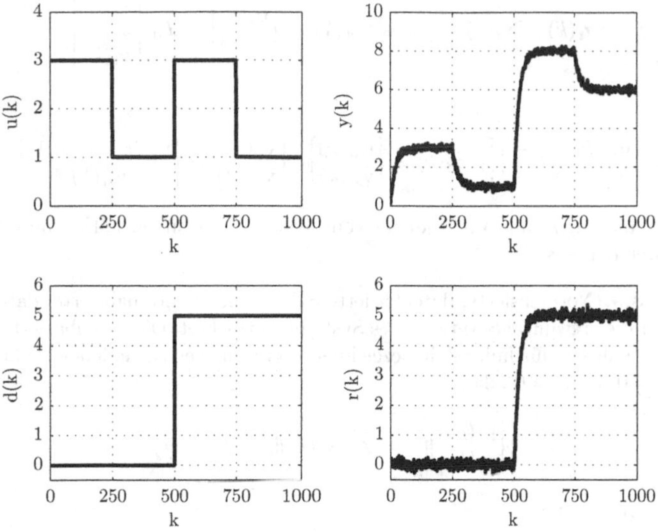

Abbildung 3.3: Simulationsergebnisse Verifikation datenbasierte SKR

eine datenbasierte Realisierung der SKR $\mathcal{K}_\mathrm{d}$ *berechnet. Mit weiteren* 1000 *Ein- und Ausgangsmessdaten des Systems* $\mathbf{G}_\mathrm{p}$ *wurde die so gefundene datenbasierte SKR in rekursiver Form gemäß Korollar 3.1 verwendet, um das resultierende Residuensignal zu berechnen. Die Simulationsergebnisse sind in Abbildung 3.3 dargestellt. Um die Korrektheit der datenbasierten SKR zu prüfen, wurde zusätzlich eine Eingangsstörung* $d(k)$ *an das System angelegt. Es ist zu erkennen, dass das Residuensignal* $r(k)$*, genau wie in Definition 3.6 gefordert, lediglich die Einflüsse des Rauschens und der Störgröße* $d(k)$ *enthält und für das normale Systemverhalten ansonsten gleich Null ist.*

3.4 Realisierung einer datenbasierten SIR

Ähnlich wie im vorherigen Abschnitt bereits für die SKR, soll in diesem Abschnitt eine datenbasierte Realisierung der SIR vorgestellt werden. Im modellbasierten Fall erlaubt die SIR alle stabilen Ein- und Ausgangspaare des Systems $\mathbf{G}_p$ über das stabile Eingangssignal zu adressieren. Wie zuvor für die datenbasierte Realisierung der SKR werden auch in diesem Abschnitt die Zeitsignale durch kurze Ein- und Ausgangssequenzen ersetzt. Entsprechend kann eine datenbasierte SIR gemäß der nachfolgenden Definition angegeben werden.

Definition 3.8 (Datenbasierte Realisierung der SIR). Gegeben sei das System $\mathbf{G}_\mathrm{p}$ gemäß Gleichung (3.1) mit $\boldsymbol{\xi}(k) = \mathbf{0}$ und $\boldsymbol{\upsilon}(k) = \mathbf{0}$. Die Matrix $\mathcal{I}_\mathrm{d}$ wird datenbasierte Realisierung der SIR genannt, wenn für beliebige natürliche Zahlen s_p bzw. s_f und für alle

Anfangsbedingungen $\mathbf{x}(0)$ der folgende Zusammenhang gilt

$$\forall \mathbf{z}_\mathrm{f}(k) \quad \exists \mathbf{v}_\mathrm{f}(k) \quad \text{sodass} \quad \mathbf{z}_\mathrm{f}(k) = \begin{bmatrix} \mathbf{u}_\mathrm{f}(k) \\ \mathbf{y}_\mathrm{f}(k) \end{bmatrix} = \mathcal{I}_\mathrm{d} \begin{bmatrix} \mathbf{v}_\mathrm{p}(k) \\ \mathbf{z}_\mathrm{p}(k) \\ \mathbf{v}_\mathrm{f}(k) \end{bmatrix} \tag{3.74}$$

mit

$$\mathbf{z}_\mathrm{p}(k) = \begin{bmatrix} \mathbf{u}_{s_\mathrm{p}}(k - s_\mathrm{p} - 1) \\ \mathbf{y}_{s_\mathrm{p}}(k - s_\mathrm{p} - 1) \end{bmatrix}, \mathbf{z}_\mathrm{f}(k) = \begin{bmatrix} \mathbf{u}_{s_\mathrm{f}}(k) \\ \mathbf{y}_{s_\mathrm{f}}(k) \end{bmatrix}, \begin{bmatrix} \mathbf{v}_\mathrm{p}(k) \\ \mathbf{v}_\mathrm{f}(k) \end{bmatrix} = \begin{bmatrix} \mathbf{v}_{s_\mathrm{p}}(k - s_\mathrm{p} - 1) \\ \mathbf{v}_{s_\mathrm{f}}(k) \end{bmatrix}. \tag{3.75}$$

Dabei bezeichnen $\mathbf{u}_s(k)$ und $\mathbf{y}_s(k)$ jeweils vom System $\mathbf{G}_\mathrm{p}$ gemessene Ein- und Ausgangssequenzen der Länge s.

Definition 3.9 (Normalisierte, datenbasierte SIR). Für die normalisierte, datenbasierte SIR wird nur die erzwungene Antwort des Systems betrachtet. Die datenbasierte SIR wird dabei als normalisiert für finite Zeit bezeichnet, wenn für verschwindende Anfangsbedingung $\mathbf{z}_\mathrm{p}(k) = \mathbf{0}, \mathbf{v}_\mathrm{p}(k) = \mathbf{0}$ gilt

$$\left\| \begin{bmatrix} \mathbf{u}_\mathrm{f}(k) \\ \mathbf{y}_\mathrm{f}(k) \end{bmatrix} \right\|_2 = \left\| \mathcal{I}_\mathrm{d,f} \mathbf{v}_\mathrm{f}(k) \right\|_2 = \left\| \mathbf{v}_\mathrm{f}(k) \right\|_2 \tag{3.76}$$

oder äquivalent, wenn gilt

$$\mathcal{I}_\mathrm{d,f}^T \mathcal{I}_\mathrm{d,f} = \mathbf{I} \tag{3.77}$$

mit

$$\mathcal{I}_\mathrm{d,f} = \mathcal{I}_\mathrm{d}(:, (s_\mathrm{p} + 1)(2k_\mathrm{u} + k_\mathrm{y}) + 1 : \mathrm{end}). \tag{3.78}$$

Die normalisierte, datenbasierte SIR wird zur besseren Unterscheidbarkeit mit $\bar{\mathcal{I}}_d = \mathcal{I}_\mathrm{d,f}$ bezeichnet.

Theorem 3.3 (Berechnung datenbasierte SIR). *Gegeben sei die folgende LQ Zerlegung der Ein- und Ausgangsmessdaten des Systems* $\mathbf{G}_p$ *gemäß Gleichung* (3.1)

$$\begin{bmatrix} \mathbf{Z}_\mathrm{p} \\ \mathbf{U}_\mathrm{f} \\ \mathbf{Y}_\mathrm{f} \end{bmatrix} = \begin{bmatrix} \mathbf{L}_{11} & \mathbf{0} & \mathbf{0} \\ \mathbf{L}_{21} & \mathbf{L}_{22} & \mathbf{0} \\ \mathbf{L}_{31} & \mathbf{L}_{32} & \mathbf{L}_{33} \end{bmatrix} \begin{bmatrix} \mathbf{Q}_1 \\ \mathbf{Q}_2 \\ \mathbf{Q}_3 \end{bmatrix}, \tag{3.79}$$

dann kann die datenbasierte SIR gemäß Definition 3.8 berechnet werden als

$$\mathcal{I}_\mathrm{d} = \begin{bmatrix} \mathbf{0}_{(s_\mathrm{f}+1)k_\mathrm{u},\,(s_\mathrm{p}+1)k_\mathrm{u}} & \mathbf{0}_{(s_\mathrm{f}+1)k_\mathrm{u},\,(s_\mathrm{p}+1)(k_\mathrm{u}+k_\mathrm{y})} & \mathbf{I}_{(s_\mathrm{f}+1)k_\mathrm{u}} \\ \mathbf{0}_{(s_\mathrm{f}+1)k_\mathrm{y},\,(s_\mathrm{p}+1)k_\mathrm{u}} & \mathbf{L}_{\mathbf{Z}_\mathrm{p}} & \mathbf{L}_{\mathbf{U}_\mathrm{f}} \end{bmatrix} \tag{3.80}$$

mit

$$\begin{aligned} \mathbf{L}_{\mathbf{Z}_\mathrm{p}} &= \mathbf{L}_{31}\mathbf{L}_{11}^{\dagger} - \mathbf{L}_{32}\mathbf{L}_{22}^{\dagger}\mathbf{L}_{21}\mathbf{L}_{11}^{\dagger} \\ \mathbf{L}_{\mathbf{U}_\mathrm{f}} &= \mathbf{L}_{32}\mathbf{L}_{22}^{\dagger}. \end{aligned} \tag{3.81}$$

Beweis. In den Abschnitten 2.1 und 2.2 wurde der Zusammenhang zwischen der SIR und der rechtskoprimen Faktorisierung hergestellt. Da das System $\mathbf{G}_\mathrm{p}$ stabil ist, kann die rechtskoprime Faktorisierung aus Lemma 2.1 stark vereinfacht werden. Weil die Systemmatrix $\mathbf{A}$ bereits eine Schurmatrix ist, wird keine Rückführmatrix $\mathbf{F}$ benötigt. Gemäß der Zustandsraumformeln für die koprime Faktorisierung können die rechtskoprimen Faktoren somit zu $\mathbf{M}(z) = \mathbf{I}$ und $\mathbf{N}(z) = \mathbf{G}_\mathrm{p}(z)$ berechnet werden. Übertragen auf den datenbasierten Fall gilt somit

$$\mathbf{V}_\mathrm{f} = \mathbf{U}_\mathrm{f} \tag{3.82}$$

$$. \tag{3.83}$$

und entsprechend gilt für $\mathbf{Y}_\mathrm{f}$ gemäß den Überlegungen aus Abschnitt 3.2 unter der Annahme in Definition 3.8, dass kein Prozess- und Messrauschen vorhanden ist

$$\mathbf{Y}_f = \mathbf{L}_{\mathbf{U}_\mathrm{f}} \mathbf{V}_\mathrm{f} + \mathbf{L}_{\mathbf{Z}_\mathrm{p}} \mathbf{Z}_\mathrm{p} \tag{3.84}$$

Damit ist $\boldsymbol{\mathcal{I}}_\mathrm{d}$ gemäß Gleichung (3.80) eine datenbasierte Realisierung der SIR. □

Bemerkung 3.3. An dieser Stelle soll noch einmal deutlich gemacht werden, dass im offenen Regelkreis aus den genannten Gründen keine Abhängigkeit von den vergangenen Eingangsgrößen $\mathbf{v}_p(k)$ besteht, da der betrachtete Prozess bereits ohne Rückführung als stabil angenommen wurde. Für die Implementierung und in dem später folgenden Beispiel würde dementsprechend auf die Nullspalten in der berechneten, datenbasierten SIR verzichtet. Darüber hinaus wird auch hier deutlich, dass die Realisierung der datenbasierten SIR in Form einer Matrix stattfindet.

Theorem 3.4 (Berechnung normalisierte, datenbasierte SIR). *Gegeben sei eine datenbasierte Realisierung $\boldsymbol{\mathcal{I}}_\mathrm{d}$ der SIR des Systems $\mathbf{G}_\mathrm{p}$ gemäß Definition 3.8 mit der folgenden Zerlegung*

$$\boldsymbol{\mathcal{I}}_\mathrm{d} = \begin{bmatrix} \boldsymbol{\mathcal{I}}_\mathrm{d,p} & \boldsymbol{\mathcal{I}}_\mathrm{d,f} \end{bmatrix} \tag{3.85}$$

und

$$\begin{aligned} \boldsymbol{\mathcal{I}}_\mathrm{d,p} &= \boldsymbol{\mathcal{I}}_\mathrm{d}(:, 1 : (s_\mathrm{p}+1)(2k_\mathrm{u}+k_\mathrm{y})) \\ \boldsymbol{\mathcal{I}}_\mathrm{d,f} &= \boldsymbol{\mathcal{I}}_\mathrm{d}(:, (s_\mathrm{p}+1)(2k_\mathrm{u}+k_\mathrm{y})+1 : \mathrm{end}). \end{aligned} \tag{3.86}$$

Dann ist eine datenbasierte, normalisierte SIR gegeben als

$$\bar{\boldsymbol{\mathcal{I}}}_\mathrm{d} = \boldsymbol{\mathcal{I}}_\mathrm{d,f} \mathbf{R}_{\boldsymbol{\mathcal{I}}}^{-1} \tag{3.87}$$

mit $\mathbf{R}_{\boldsymbol{\mathcal{I}}}^{-1}$ als Cholesky Faktor der folgenden Cholesky Zerlegung

$$\boldsymbol{\mathcal{I}}_\mathrm{d,f}^T \boldsymbol{\mathcal{I}}_\mathrm{d,f} = \mathbf{R}_{\boldsymbol{\mathcal{I}}}^T \mathbf{R}_{\boldsymbol{\mathcal{I}}}. \tag{3.88}$$

Beweis. Sämtliche Ein- und Ausgangssequenzen des Systems $\mathbf{G}_\mathrm{p}$ liegen im Spaltenraum $\mathcal{C}(\boldsymbol{\mathcal{I}}_\mathrm{d,f})$ der datenbasierten SIR. Entsprechend muss eine Normalisierung so durchgeführt werden, dass keine Änderung des Spaltenraums stattfindet. Dafür wird die folgende Transformationsmatrix betrachtet $\mathbf{T} = \mathbf{R}_{\boldsymbol{\mathcal{I}}}^{-1}$. Da $\boldsymbol{\mathcal{I}}_\mathrm{d,f}$ vollen Spaltenrang besitzt, existiert die

Algorithmus 3.2 Berechnung der (normalisierten), datenbasierten SIR für stabile Strecken ohne Rückführungen

1: Sammle die Ein- und Ausgangsmessdaten $\mathbf{u}$ bzw. $\mathbf{y}$ des Systems $\mathbf{G}_\mathrm{p}$, beschrieben durch Gleichung (3.1) bei ausreichender Anregung
2: Forme die Signal Hankelmatrizen $\mathbf{Z}_p, \mathbf{U}_f, \mathbf{U}_p$ für gegebene natürliche Zahlen s_p und s_f gemäß Gleichungen (3.23)
3: Führe die LQ-Zerlegung gemäß Gleichung (3.79) aus
4: Berechne die datenbasierte SIR $\mathcal{I}_\mathrm{d}$ gemäß Theorem 3.3
5: **(optional):** Führe die Cholesky-Zerlegung (3.88) aus und berechne die normalisierte SIR $\bar{\mathbf{I}}_\mathrm{d}$ gemäß Gleichungen (3.87)

entsprechende Cholesky-Zerlegung in Gleichung (3.88) und $\mathbf{T}$ ist eine bijektive Abbildung. Mit der Transformation $\mathbf{v}(k) = \mathbf{T}\bar{\mathbf{v}}(k)$

$$\mathcal{I}_{\mathrm{d,f}}\mathbf{v}_\mathrm{f}(k) = \mathcal{I}_{\mathrm{d,f}}\mathbf{T}\bar{\mathbf{v}}(k) = \bar{\mathcal{I}}_\mathrm{d}\bar{\mathbf{v}}(k). \tag{3.89}$$

Da $\mathcal{C}(\mathcal{I}_{\mathrm{d,f}}) = \mathcal{C}(\bar{\mathcal{I}}_\mathrm{d})$ gilt, kann jede Ein- Ausgangsdatensequenz über entsprechende Wahl von $\bar{\mathbf{v}}(k)$ erreicht werden und erlaubt somit die Erzeugung jeder freien Antwort des Systems. Darüber hinaus ist $\bar{\mathcal{I}}_\mathrm{d}$ normalisiert

$$\bar{\mathcal{I}}_\mathrm{d}^T\bar{\mathcal{I}}_\mathrm{d} = (\mathbf{R}_\mathcal{I}^{-1})^T\mathcal{I}_{\mathrm{d,f}}^T\mathcal{I}_{\mathrm{d,f}}\mathbf{R}_\mathcal{I}^{-1} = (\mathbf{R}_\mathcal{I}^{-1})^T\mathbf{R}_\mathcal{I}^T\mathbf{R}_\mathcal{I}\mathbf{R}_\mathcal{I}^{-1} = \mathbf{I}. \tag{3.90}$$

Dies zeigt, dass $\bar{\mathcal{I}}_\mathrm{d}$ gemäß Gleichung (3.87) eine normalisierte, datenbasierte Realisierung der SIR ist. □

Bemerkung 3.4. Das übliche Vorgehen für die Normalisierung im modellbasierten Ansatz ist es, die freie Antwort der SIR, basierend auf der Anfangsbedingung, und die erzwungene Antwort des Systems, basierend auf dem Eingang $\mathbf{v}$, zu orthogonalisieren. Für verschwindende Anfangsbedingungen hängt die Energie bzw. die 2-Norm des Ausgangs der SIR dann lediglich von der Energie des Eingangssignals ab. Es kann gezeigt werden, dass diese Orthogonalisierung durch den Entwurf eines LQR Zustandsrückführreglers erreicht werden kann(Meyer und Franklin, 1987). Auch wenn hier eine ähnliche Idee verwendet wurde, soll betont werden, dass die Transformationsmatrix $\mathbf{T}$ nicht kausal ist und daher keinerlei physikalische Bedeutung besitzt. Aus diesem Grund kann diese Art der Darstellung nicht für eine iterative Berechnung verwendet werden, ist aber für Ansätze mit finiter Zeit dennoch relevant.

Die Rechenschritte zur Berechnung der SIR sind in Algorithmus 3.2 zusammengefasst. Ähnlich wie zuvor schon für die SKR eignet sich die in Definition 3.8 angegebene Form der datenbasierten SIR für die Berechnung von finiten Zeitsequenzen. Für eine rekursive Berechnung unendlich langer Zeitsignale kann, basierend auf den vorherigen Ergebnissen, eine rekursive Form der SIR gemäß dem nachfolgenden Korollar gefunden werden.

Korollar 3.2 (Rekursive, datenbasierte SIR). *Gegeben sei eine SIR gemäß Definition 3.8. Ohne Beschränkung der Allgemeinheit soll angenommen werden, dass $s_\mathrm{p} = s_\mathrm{f} = s$ gilt. Dann ist eine rekursive Darstellungsform der SIR $\tilde{\mathcal{I}}_\mathrm{d}$ gegeben als*

$$\tilde{\mathcal{I}}_\mathrm{d} : \begin{cases} \mathbf{x}_\mathrm{e}(k+1) = \tilde{\mathcal{I}}_{\mathrm{d,p}}\mathbf{x}_\mathrm{e}(k) + \tilde{\mathcal{I}}_{\mathrm{d,f}}\mathbf{v}_\mathrm{e}(k) \\ \mathbf{z}_\mathrm{e}(k) = \mathcal{I}_{\mathrm{d,p}}\mathbf{x}_\mathrm{e}(k) + \mathcal{I}_{\mathrm{d,f}}\mathbf{v}_\mathrm{e}(k) \end{cases} \tag{3.91}$$

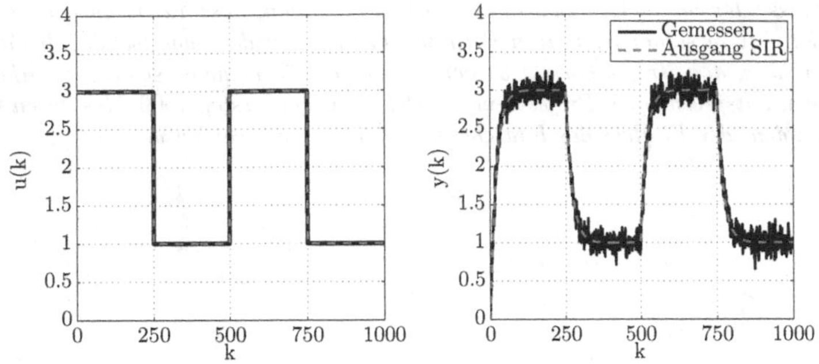

Abbildung 3.4: Simulationsergebnisse Verifikation datenbasierte SIR

mit der Zerlegung der datenbasierten SIR $\mathcal{I}_\mathrm{d}$ *gemäß*

$$\begin{aligned}\mathcal{I}_\mathrm{d} &= \begin{bmatrix}\mathcal{I}_\mathrm{d,p} & \mathcal{I}_\mathrm{d,f}\end{bmatrix}\\ &= \begin{bmatrix}\mathcal{I}_\mathrm{d}(:,1:(s+1)(2k_\mathrm{u}+k_\mathrm{y})) & \mathcal{I}_\mathrm{d}(:,(s+1)(2k_\mathrm{u}+k_\mathrm{y})+1:\mathrm{end})\end{bmatrix}\end{aligned} \tag{3.92}$$

und der Definition der Matrizen

$$\tilde{\mathcal{I}}_\mathrm{d,p} = \begin{bmatrix}\mathbf{0}_{(s+1)(k_\mathrm{u}),\,(s+1)(2k_\mathrm{u}+k_\mathrm{y})}\\ \mathcal{I}_\mathrm{d,p}\end{bmatrix}, \quad \tilde{\mathcal{I}}_\mathrm{d,f} = \begin{bmatrix}\mathbf{I}_{(s+1)k_\mathrm{u}}\\ \mathcal{I}_\mathrm{d,f}\end{bmatrix}. \tag{3.93}$$

Dabei werden die erweiterten Zeitsequenzvektoren $\mathbf{x}_\mathrm{e}, \mathbf{z}_\mathrm{e}$ *und* $\mathbf{v}_\mathrm{e}$ *wie folgt definiert*

$$\mathbf{x}_\mathrm{e}(k) = \begin{bmatrix}\mathbf{v}_s((k-1)(s+1))\\ \mathbf{u}_s((k-1)(s+1))\\ \mathbf{y}_s((k-1)(s+1))\end{bmatrix}, \quad \mathbf{z}_\mathrm{e}(k) = \begin{bmatrix}\mathbf{u}_s(k(s+1))\\ \mathbf{y}_s(k(s+1))\end{bmatrix}, \quad \mathbf{v}_\mathrm{e}(k) = \mathbf{v}_s(k(s+1)). \tag{3.94}$$

Die bisher beschriebenen Methoden zur Generierung einer datenbasierten SIR sollen in dem folgenden Beispiel veranschaulicht werden.

Beispiel 3.2 (Simulation datenbasierte Realisierung der SIR). *Gegeben sei eine Strecke* $\mathbf{G}_\mathrm{p}$ *erster Ordnung, welche durch Zustandsraumdarstellung* (3.1) *beschrieben werden kann, wobei*

$$\mathbf{A} = 0.9515,\ \mathbf{B} = 0.048, \mathbf{C} = 1, \mathbf{D} = 0, \boldsymbol{\xi} = 0. \tag{3.95}$$

gilt und es sich bei dem Messrauschen $\boldsymbol{\upsilon}$ *um weißes Rauschen mit einer Varianz von* 0.01 *handelt. Das System wurde am Eingang ausreichend angeregt und aus insgesamt jeweils* 1000 *Messwerten des Ein- bzw. Ausgangssignals wurde gemäß Algorithmus 3.2 eine datenbasierte Realisierung der SIR* $\mathcal{I}_\mathrm{d}$ *berechnet. Mit weiteren* 1000 *Ein- und Ausgangsmessdaten des Systems* $\mathbf{G}_\mathrm{p}$ *wurde der Ausgang der so gefundenen SIR mit den Ein- und Ausgangsmessdaten des Systems* $(\mathbf{u}, \mathbf{y})$ *für entsprechend gewählten Eingang* $\mathbf{v} = \mathbf{u}$ *gemäß der rekursiven Implementierungsform aus Korollar 3.2 verglichen. In Abbildung 3.4 sind die Ergebnisse der Simulation zu sehen. Es ist zu erkennen, dass die datenbasierte Realisierung der SIR in seiner rekursiven Form wie erwartet in der Lage ist, das dynamsiche Systemverhalten der Strecke korrekt wiederzugeben. Darüberhinaus ist auch zu erkennen, dass bei den entsprechenden Projektionen, welche mit den ersten* 1000 *Messdaten durchgeführt wurden, der Einfluss des Rauschens erfolgreich entfernt wurde.*

4 Identifikation einer datenbasierten SIR/SKR im geschlossenen Regelkreis

In den folgenden Ausführungen wird ein Verfahren vorgestellt, welches die Identifikation der in Kapitel 3 definierten, datenbasierten SKR bzw SIR auch basierend auf Messdaten im geschlossenen Regelkreis erlaubt. Der wesentliche Beitrag dieses Kapitels besteht darin, den Standardregelkreis in einem ersten Schritt in einer funktionalisierten Implementierungsform zu realisieren. In einem zweiten Schritt kann darauf aufbauend gezeigt werden, dass in dieser Implementierungsform alle Signale vorhanden sind, um die datenbasierte Realisierung der SKR bzw. SIR im Sinne eines Identifikationsproblems im offenen Regelkreises zu berechnen.

4.1 Motivation und Problemformulierung

In der bisher vorgestellten Form lässt sich die datenbasierte SKR bzw. SIR aus Messdaten berechnen. Das Problem ist, dass die Messdaten von einem Prozess $\mathbf{G}_\mathrm{p}$ gemäß Gleichung (3.1) stammen müssen, welcher keinerlei Rückführungen enthält. In der industriellen Praxis hat dies jedoch zwei entscheidende Nachteile. Zum einen kann es vorkommen, dass die betrachteten industriellen Prozesse nicht stabil sind. Das bedeutet, um diese Prozesse überhaupt zu verwenden und Messdaten zu erhalten, ist eine Rückführung in Form eines geschlossenen Regelkreises zur Stabilisierung notwendig. Zum anderen werden auch die allermeisten stabilen Prozesse zur Erreichung eines bestimmten Sollwerts oder für die Störunterdrückung in der Praxis geregelt. Ein weiterer Aspekt ist auch, dass ein späteres Ziel dieser Arbeit die Adaption von Reglern und die Berechnung weiterer Größen, basierend auf der adaptiven Berechnung der SKR bzw. SIR, ist und somit zwangsläufig Messdaten aus dem geschlossenen Regelkreis verwendet werden. Ausgangspunkt für die Betrachtungen bezüglich der Identifikation ist der in Abbildung 4.1 dargestellte Regelkreis. In Abbildung 4.1 ist eine Regelung in einer so genannten Zwei-Freiheitsgrade-Struktur zu

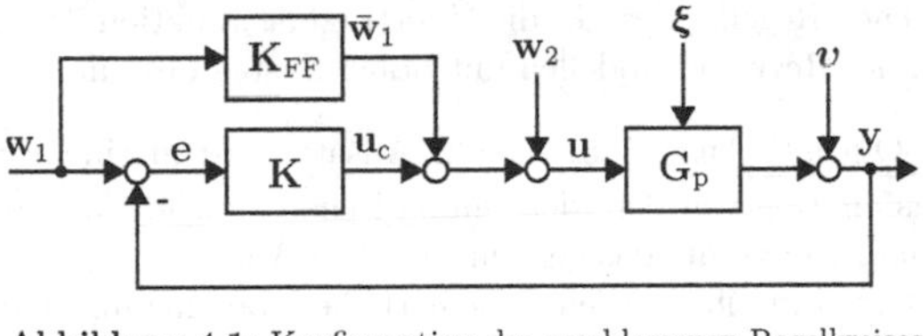

Abbildung 4.1: Konfiguration des geschlossenen Regelkreises

sehen, die den Prozess $\mathbf{G}_\mathrm{p}$ regelt, welcher wie in dem vorherigen Kapitel gemäß Gleichung (3.1) beschrieben wird. Ein wichtiger Unterschied in diesem Kapitel ist jedoch, dass der betrachtete Prozess $\mathbf{G}_\mathrm{p}$ auch instabil sein kann. Das Signal $\mathbf{w}_1$ beschreibt den Sollwert der Regelung und das Signal $\mathbf{w}_2$ beschreibt einen externen Eingang, um das System anregen zu können. Beide Größen werden als deterministisch und somit als unkorreliert zu dem statistischen Mess- und Systemrauschen angenommen. Die zwei Freiheitsgrade in der Struktur beziehen sich darauf, dass Sollwertfolge bzw. Störunterdrückung mehr oder weniger unabhängig voneinander über die Vorsteuerung $\mathbf{K}_{FF}$ bzw. den Regler $\mathbf{K}$ eingestellt werden können. Es wird dabei angenommen, dass der geschlossene Regelkreis intern stabil ist. Aus der Abbildung ist bereits ersichtlich, dass durch die Rückführung des Ausgangs $\mathbf{y}$ über den Regler $\mathbf{K}$ eine Abhängigkeit zwischen Prozess- und Messrauschen und dem Eingangssignal $\mathbf{u}$ entsteht. Beide Größen können nicht mehr als unkorreliert angenommen werden und somit gehen die in Abschnitt 3.2.2 zusammengefassten, statistischen Eigenschaften der Projektion verloren. Dies hat zur Folge, dass die Systemdynamik nicht mehr korrekt geschätzt werden kann, was bedeutet, dass die in Kapitel 3 vorgestellten Verfahren für die datenbasierte Realisierung der SKR bzw. SIR in der bisher vorgestellten Form nicht verwendet werden können. Eine ausführliche Übersicht über diese Problematik und zu den möglichen Ansätzen für eine erfolgreiche Identifikation im geschlossenen Regelkreis können z.B. (Ljung, 1998; Forssell und Ljung, 1999; Van Den Hof und Schrama, 1995; Katayama, 2006) entnommen werden. Im Folgenden sollen nur die wichtigsten Verfahrensklassen zusammengefasst werden. Im Wesentlichen werden drei Ansätze für die Identifikation im geschlossenen Regelkreis unterschieden, welche alle unterschiedliche Vor- und Nachteile besitzen.

1. Direkter Ansatz:
   Der direkte Ansatz ist der einfachste von den drei Ansätzen, da die vorhandene Rückführung durch den Regler ignoriert wird und die Identifikation anhand der Ein- und Ausgangsmessdaten des zu identifizierenden Systems erfolgt. Ohne weitere Vorkehrungen führt dieser Ansatz zu Abweichungen in den geschätzten Modellen, auf Grund der Vernachlässigung der Korrelation zwischen Rauschen und dem Eingangssignal $\mathbf{u}$.

2. Indirekter Ansatz:
   Der indirekte Ansatz ist ein Zweischritt-Verfahren. In einem ersten Schritt wird die Übertragungsfunktion des geschlossenen Regelkreises $\mathbf{G}_{\text{cl}}$ mit den Eingangsgrößen $\mathbf{w}_1$ und $\mathbf{w}_2$ und der Ausgangsgröße $\mathbf{y}$ identifiziert. Da $\mathbf{w}_1$ und $\mathbf{w}_2$ deterministisch und unkorreliert mit den Rauschtermen sind, handelt es sich um ein Identifikationsproblem im offenen Kreis. In einem zweiten Schritt wird dann mit Hilfe der als bekannt angenommenen Übertragungsfunktion des Reglers $\mathbf{K}$ und der Übertragungsfunktion des geschlossenen Regelkreises $\mathbf{G}_{\text{cl}}$ die Übertragungsfunktion der Strecke berechnet. Dies führt in der Regel zu Modellen mit hoher Systemordnung.

3. „Joint Input-Output"-Ansatz: In diesem Ansatz wird in einem ersten Schritt die Übertragungsfunktion von dem deterministischen Eingang $\mathbf{w}$, welcher sich aus $\mathbf{w}_1$ und $\mathbf{w}_2$ zusammensetzt, auf das gemeinsame Ein-Ausgangssignal $(\mathbf{u}, \mathbf{y})$ identifiziert. Anschließend wird in einem zweiten Schritt die Übertragungsfunktion von $\mathbf{u}$ nach $\mathbf{y}$ aus der zuvor identifizierten Übertragungsfunktion berechnet.

Das im Laufe dieses Kapitels vorgestellte Verfahren für die Identifikation der datenbasierten SKR bzw. SIR basiert dabei auf einem Ansatz, welcher auf einer koprimen Faktorisierung des Systems bzw. der Youla Parametrierung beruht. Diese Art der Identifikation wird unter anderem in (Hansen und Franklin, 1988; Van den Hof u. a., 1995) beschrieben und zu der Klasse der indirekten Identifikationsmethoden gezählt, da das Wissen über den Regler verwendet wird. Die Problemstellung dieses Kapitels ist es, den Regler so zu implementieren, dass mit entsprechender Anpassung der zuvor genannten Methoden eine Identifikation der SKR bzw SIR direkt aus den messbaren Daten möglich ist. Entsprechend lassen sich die Probleme, welche in diesem Kapitel behandelt werden, wie folgt zusammenfassen:

- Es soll eine funktionalisierte Implementierungsform der Zwei-Freiheitsgrade Struktur des geschlossenen Regelkreises aus Abbildung 4.1 aufgestellt und hergeleitet werden.

- Basierend auf den verfügbaren Signalen der funktionalisierten Implementierungsform soll eine datenbasierte Realisierung der SKR bzw. SIR im geschlossenen Regelkreis hergeleitet werden, gemäß der Definitionen 3.6 bzw. 3.8.

- In einem letzten Schritt soll ein Verfahren für ein iteratives Update der SIR bzw. SKR angegeben werden, sowohl mit als auch ohne Rückführung des Ausgangssignals durch einen Regler.

Der letzte Punkt dient vor allem dazu, ein Framework zur Verfügung zu stellen, welches auch die Berechnung der datenbasierten SKR bzw. SIR adaptiv und im laufenden Prozess erlaubt. Dies bildet die Basis für die in den nachfolgenden Kapiteln aufgeführten Verfahren zu Berechnung von Reglern oder regelungstechnischen Größen, basierend auf der SKR bzw. SIR.

4.2 Funktionalisierte Regler-Architektur

In diesem Abschnitt soll eine Struktur vorgestellt werden, welche eine alternative Implementierungsform des Reglers inklusive der Vorsteuerung aus Abbildung 4.1 darstellt. Die Struktur in diesem Abschnitt ist dabei eine Erweiterung der in (Ding, 2014a) angegeben Reglerrealisierung auf eine Zwei-Freiheitsgrad-Struktur mit nicht verschwindenden Sollwerten und wird in Anlehnung an die zitierte Literatur im Folgenden als Funktionalisierte Regler-Architektur (FRA) bezeichnet. Ziel der FRA ist es eine klare Trennung der Funktionen der Regelung zu erhalten. Das bedeutet eine klare Trennung des Reglers in Bestandteile, welche für die Sollwertfolge verantwortlich sind, von den Teilen, welche die Störunterdrückung beeinflussen. Das dies z.B. in der Struktur in Abbildung 4.1 nicht der Fall ist, lässt sich anhand des Reglers $\mathbf{K}$ erkennen. Dieser hat den Regelfehler $\mathbf{e}$ als Eingang und reagiert somit sowohl auf Störungen als auch auf Sollwertänderungen. Folglich beeinflusst der Regler sowohl Sollwertfolge als auch Störunterdrückung. Darüber hinaus ermöglicht die FRA die Messung aller wichtigen Signale für die in den nachfolgenden Abschnitten betrachtete datenbasierte Realisierung der SKR bzw. SIR.

Ausgangspunkt für die Betrachtungen ist die Übertragungsfunktion des geschlossenen Regelkreises, welcher als intern stabil angenommen wird. In diesem Abschnitt wird zusätzlich noch angenommen, dass das System $\mathbf{G}_\text{p}$ bekannt ist und die Rauschterme $\boldsymbol{\xi}$ und $\boldsymbol{v}$ Null sind. Ausgehend von der Youla-Parametrierung des Reglers $\mathbf{K}$ und unter

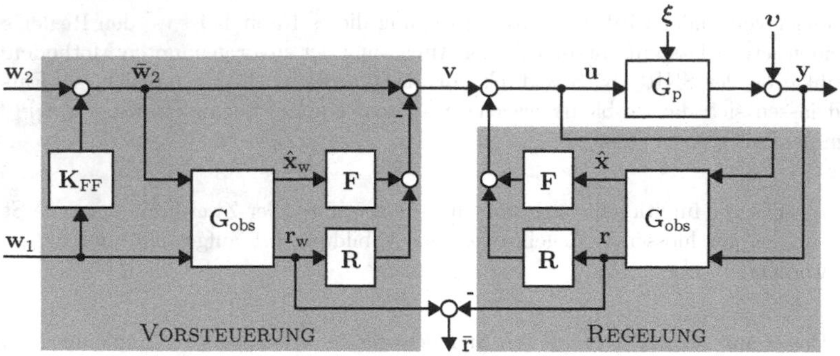

Abbildung 4.2: Implementierungsform der funktionalisierten Regler-Architektur

Berücksichtigung, dass $-\mathbf{y}$ zurückgeführt wird ergibt sich somit

$$\begin{aligned} \mathbf{u}_c(z) &= \left(\mathbf{X}(z) - \mathbf{Q}(z)\hat{\mathbf{N}}(z)\right)^{-1}\left(\mathbf{Y}(z) + \mathbf{Q}(z)\hat{\mathbf{M}}(z)\right)\mathbf{e}(z) \\ \Leftrightarrow \left(\left[\mathbf{X}(z) \quad \mathbf{Y}(z)\right] - \mathbf{R}(z)\left[-\hat{\mathbf{N}}(z) \quad \hat{\mathbf{M}}(z)\right]\right) &\begin{bmatrix} \mathbf{u}(z) - \mathbf{w}_2(z) - \mathbf{K}_{\mathrm{ff}}(z)\mathbf{w}_1(z) \\ \mathbf{y}(z) - \mathbf{w}_1(z) \end{bmatrix} = \mathbf{0}, \end{aligned} \tag{4.1}$$

wobei $\mathbf{R}(z) = -\mathbf{Q}(z)$ gilt. Unter Berücksichtigung der Tatsache, dass $[\mathbf{X}(z) \quad \mathbf{Y}(z)]$ eine SKR für einen beobachterbasierten Zustandsrückführregler ist und das $[-\hat{\mathbf{N}}(z) \quad \hat{\mathbf{M}}(z)]$ eine SKR des Systems $\mathbf{G}_\mathrm{p}$ ist, kann die Gleichung wie folgt umgeformt werden

$$\mathbf{u}(z) = \mathbf{F}\hat{\mathbf{x}}(z) + \mathbf{R}(z)\mathbf{r}(z) + \mathbf{v}(z) \tag{4.2}$$

mit

$$\begin{aligned} \mathbf{v}(z) &= \left(\left[\mathbf{X}(z) \quad \mathbf{Y}(z)\right] - \mathbf{R}(z)\left[-\hat{\mathbf{N}}(z) \quad \hat{\mathbf{M}}(z)\right]\right)\begin{bmatrix} \mathbf{w}_2(z) + \mathbf{K}_{\mathrm{ff}}(z)\mathbf{w}_1(z) \\ \mathbf{w}_1(z) \end{bmatrix} \\ &= \mathbf{K}_{\mathrm{ff}}(z)\mathbf{w}_1(z) + \mathbf{w}_2(z) - \mathbf{F}\hat{\mathbf{x}}_\mathrm{w}(z) - \mathbf{R}(z)\mathbf{r}_\mathrm{w}(z) \\ &= \bar{\mathbf{w}}_2 - \mathbf{F}\hat{\mathbf{x}}_\mathrm{w}(z) - \mathbf{R}(z)\mathbf{r}_\mathrm{w}(z). \end{aligned} \tag{4.3}$$

Mit diesen Überlegungen ergibt sich die in Abbildung 4.2 dargestellte Implementierungsform der FRA. Der Beobachter wird dabei durch die nachfolgende Zustandsraumdarstellung

$$\mathbf{G}_\mathrm{obs} : \begin{cases} \hat{\mathbf{x}}(k+1) = (\mathbf{A} - \mathbf{LC})\hat{\mathbf{x}}(k) + (\mathbf{B} - \mathbf{LD})\mathbf{u}(k) + \mathbf{Ly}(k) \\ \mathbf{r}(k) = \mathbf{y}(k) - (\mathbf{C}\hat{\mathbf{x}}(k) + \mathbf{Du}(k)) \end{cases} \tag{4.4}$$

bzw.

$$\mathbf{G}_\mathrm{obs} : \begin{cases} \hat{\mathbf{x}}_\mathrm{w}(k+1) = (\mathbf{A} - \mathbf{LC})\hat{\mathbf{x}}_\mathrm{w}(k) + (\mathbf{B} - \mathbf{LD})\bar{\mathbf{w}}_2(k) + \mathbf{Lw}_1(k) \\ \mathbf{r}_\mathrm{w}(k) = \mathbf{w}_1(k) - (\mathbf{C}\hat{\mathbf{x}}_\mathrm{w}(k) + \mathbf{D}\bar{\mathbf{w}}_2(k)). \end{cases} \tag{4.5}$$

beschrieben. Werden $\mathbf{F}$ und $\mathbf{L}$ so gewählt, dass $\mathbf{A} - \mathbf{BF}$ bzw. $\mathbf{A} - \mathbf{LC}$ Schurmatrizen sind und wird der Youla-Parameter $\mathbf{R}$ für den gegebenen Regler $\mathbf{K}$ gemäß Lemma 2.5

gewählt, dann ist die Struktur aus Abbildung 4.2 äquivalent zu der ursprünglichen Zwei-Freiheitsgrad-Struktur aus Abbildung 4.1.

Im Folgenden wird auf die Eigenschaften der FRA eingegangen. Es ist zu erkennen, dass die FRA eine genaue Trennung zwischen Vorsteuerung und Regelung erlaubt. Eine solche Trennung ist mit der herkömmlichen Struktur aus Abbildung 4.1 in der Regel nicht so einfach möglich, vor allem dann nicht, wenn der Regler $\mathbf{K}$ selbst instabil ist. Die Funktion der Vorsteuerung ist es in diesem Fall, ein gewünschtes Führungsverhalten zu erzeugen. In der Struktur ist dies über die geeignete Wahl von $\mathbf{K}_{\mathrm{ff}}$ möglich. Die Funktion der Regelung wird in der FRA in zwei Anteile zerlegt. Über die Rückführung der geschätzten Zustandsgröße mit der Matrix $\mathbf{F}$ kann die Dynamik des Systems gezielt beeinflusst werden, um die Stabilität des Prozesses $\mathbf{G}_{\mathrm{p}}$ zu gewährleisten. Das Residuensignal $\mathbf{r}(z)$ enthält hingegen alle Informationen über mögliche Ein- und Ausgangsstörungen und erlaubt somit durch geeignete Wahl des Youla-Parameters $\mathbf{R}(z)$ eine Verbesserung der Störunterdrückung. Die Rückführung des Residuensignals kann das System dabei nicht destabilisieren, solange $\mathbf{R}(z)$ stabil ist. Darüber hinaus enthält das Residuensignal auch alle Informationen über mögliche Modellunsicherheiten, welche sich z.B. aus einer fehlerbedingten Änderung der Streckendynamik oder aus Abweichungen zwischen Modell und realem Prozess ergeben. Entsprechend kann über die Rückführung des Residuensignals $\mathbf{r}(z)$ über den Youla-Parameter $\mathbf{R}(z)$ auch die Robustheit des Systems beeinflusst werden. Neben der reinen Trennung in die Funktionen für Sollwertfolge, Störunterdrückung/Robustheit und Stabilisierung besitzt die FRA den Vorteil, dass diese stets nur aus stabilen Übertragungsfunktionen besteht, im Gegensatz zu vielen Reglern, welche z.B. einen Integralanteil besitzen. Weiterhin bietet die Struktur durch ihre Realisierung in Beobachterform auch einen direkten Zugriff auf verschiedene relevante Signale, welche sich in der klassischen Implementierungsform nicht wiederfinden. Dies wird in den nachfolgenden Abschnitten für die datenbasierte Realisierung der SKR bzw. SIR von Bedeutung sein. Die Signale lassen sich aber auch anderweitig nutzen. So erlaubt z.B. der direkte Zugang zu dem Residuensignal eine direkte Auswertung für modellbasierte und datenbasierte Fehlerdiagnose Ansätze (Ding, 2013; Ding, 2014a). Auch Fehlertolerante Regelungsansätze lassen sich in der FRA realisieren, indem entweder der Youla-Parameter optimiert, oder der Beobachter rekonfiguriert wird. Für Details dazu wird auf Kapitel 7 verwiesen.

4.3 Realisierung einer datenbasierten SKR im geschlossenen Regelkreis

Im vorherigen Abschnitt wurde eine FRA vorgestellt. Es ist das Ziel, in diesem Abschnitt darauf aufbauend ein Verfahren zur datenbasierten Realisierung der SKR herzuleiten. Die FRA basiert in der bisher vorgestellten Form direkt auf einer beobachterbasierten Implementierungsform der Youla-Parametrierung. Für die Realisierung des Beobachters ist jedoch das Wissen über den Prozess $\mathbf{G}_{\mathrm{p}}$ und dessen Dynamik z.B. in Form der Systemmatrizen $\mathbf{A}, \mathbf{B}, \mathbf{C}, \mathbf{D}$ nötig. Wenn dieses Wissen vorhanden wäre, könnte die SKR bzw. SIR auch direkt auf modellbasiertem Wege berechnet werden und eine Identifikation wäre somit unnötig. Ziel soll es jedoch sein, eine datenbasierte SKR bzw. SIR, wie bereits im letzten Kapitel beschrieben, ohne bzw. nur mit geringem Vorwissen über den Prozess direkt aus den Messdaten zu berechnen. Aus diesem Grund wird der Prozess $\mathbf{G}_{\mathrm{p}}$ als unbekannt angenommen. Darüber hinaus werden in diesem Kapitel auch wieder die Rauschterme für Prozess- und Messrauschen berücksichtigt. Startpunkt für die Betrachtung soll daher zunächst wieder die Zwei-Freiheitsgrad-Struktur aus Abbildung 4.1 sein.

Theorem 4.1 (SKR im geschlossenen Kreis). *Gegeben sei der Prozess $\mathbf{G}_\mathrm{p}(z)$, ein beliebiges Modell $\mathbf{G}_\mathrm{m}(z)$ mit der Zustandsraumdarstellung $\mathbf{G}_\mathrm{m} = (\mathbf{A}_\mathrm{m}, \mathbf{B}_\mathrm{m}, \mathbf{C}_\mathrm{m}, \mathbf{D}_\mathrm{m})$ und ein Regler $\mathbf{K}(z)$, der sowohl $[\mathbf{G}_\mathrm{p}, \mathbf{K}]$ als auch $[\mathbf{G}_\mathrm{m}, \mathbf{K}]$ intern stabilisiert. Dann ist die Übertragungsfunktion in der FRA gemäß Abbildung 4.2 von den Anregungssignalen $\bar{\mathbf{w}} = \begin{bmatrix}\bar{\mathbf{w}}_2^T & \mathbf{w}_1^T\end{bmatrix}^T$ zu dem Residuensignal $\bar{\mathbf{r}}$ eine SKR des Prozesses $\mathbf{G}_\mathrm{p}(z)$, wenn gilt:*

- *Die Matrizen $\mathbf{F}$ und $\mathbf{L}$ werden so gewählt, dass $\mathbf{A}_\mathrm{m} - \mathbf{L}\mathbf{C}_\mathrm{m}$ und $\mathbf{A}_\mathrm{m} + \mathbf{B}_\mathrm{m}\mathbf{F}$ Schurmatrizen sind.*
- *Der Youla-Parameter $\mathbf{R}$ wird für $[\mathbf{G}_\mathrm{m}, \mathbf{K}]$ gemäß Lemma 2.5 berechnet.*
- *Die Zustandsraumdarstellung des Residuengenerators lautet $\mathbf{G}_\mathrm{obs} = \left(\mathbf{A}_\mathrm{m} - \mathbf{L}\mathbf{C}_\mathrm{m}, \begin{bmatrix}\mathbf{B}_\mathrm{m} - \mathbf{L}\mathbf{D}_\mathrm{m} & \mathbf{L}\end{bmatrix}, -\mathbf{C}_\mathrm{m}, \begin{bmatrix}-\mathbf{D}_\mathrm{m} & \mathbf{I}\end{bmatrix}\right)$.*

Beweis. Angenommen wird, dass der Regler $\mathbf{K}(z)$ den Regelkreis $[\mathbf{G}_\mathrm{p}, \mathbf{K}]$ intern stabilisiert. Dann gilt mit $\bar{\mathbf{w}}_2(z) = \bar{\mathbf{w}}_1(z) + \mathbf{w}_2(z)$

$$\begin{bmatrix}\mathbf{u}_\mathrm{c}(z)\\ \mathbf{e}(z)\end{bmatrix} = \begin{bmatrix}\mathbf{K}(z)\\ \mathbf{I}\end{bmatrix}(\mathbf{I} + \mathbf{G}_\mathrm{p}(z)\mathbf{K}(z))^{-1}\begin{bmatrix}\mathbf{I} & -\mathbf{G}_\mathrm{p}(z)\end{bmatrix}\begin{bmatrix}\mathbf{w}_1(z)\\ \bar{\mathbf{w}}_2(z)\end{bmatrix} + \begin{bmatrix}\bar{\boldsymbol{v}}_\mathrm{u}(z)\\ \bar{\boldsymbol{v}}_\mathrm{y}(z)\end{bmatrix}. \tag{4.6}$$

Dabei bezeichnen $\bar{\boldsymbol{v}}_\mathrm{u}(z)$ und $\bar{\boldsymbol{v}}_\mathrm{y}(z)$ die zusammengefassten Rauschterme

$$\begin{bmatrix}\bar{\boldsymbol{v}}_\mathrm{u}(z)\\ \bar{\boldsymbol{v}}_\mathrm{y}(z)\end{bmatrix} = -\begin{bmatrix}\mathbf{K}(z)\\ \mathbf{I}\end{bmatrix}(\mathbf{I} + \mathbf{G}_\mathrm{p}(z)\mathbf{K}(z))^{-1}\begin{bmatrix}\mathbf{I} & \mathbf{G}_{\mathbf{y}\boldsymbol{\xi}}(z)\end{bmatrix}\begin{bmatrix}\boldsymbol{v}(z)\\ \boldsymbol{\xi}(z)\end{bmatrix} \tag{4.7}$$

mit der Übertragungsfunktion

$$\mathbf{G}_{\mathbf{y}\boldsymbol{\xi}}(z) = \mathbf{C}\,(z\mathbf{I} - A)^{-1}\,\mathbf{I}. \tag{4.8}$$

Angenommen eine LCF des Prozesses $\mathbf{G}_\mathrm{p}(z) = \hat{\mathbf{M}}_\mathrm{p}^{-1}(z)\hat{\mathbf{N}}_\mathrm{p}(z)$ und eine RCF des Reglers $\mathbf{K}(z) = \mathbf{U}(z)\mathbf{V}^{-1}(z)$ seien gegeben. Dann kann die Übertragungsfunktion des geschlossenen Regelkreises gemäß Gleichung (4.6) umgeformt werden

$$\begin{aligned}\begin{bmatrix}\mathbf{u}_\mathrm{c}(z)\\ \mathbf{e}(z)\end{bmatrix} = &\begin{bmatrix}\mathbf{U}(z)\\ \mathbf{V}(z)\end{bmatrix}\left(\hat{\mathbf{M}}_\mathrm{p}(z)\mathbf{V}(z) + \hat{\mathbf{N}}_\mathrm{p}(z)\mathbf{U}(z)\right)^{-1}\begin{bmatrix}-\hat{\mathbf{N}}_\mathrm{p}(z) & \hat{\mathbf{M}}_\mathrm{p}(z)\end{bmatrix}\begin{bmatrix}\bar{\mathbf{w}}_2(z)\\ \mathbf{w}_1(z)\end{bmatrix}\\ &+ \begin{bmatrix}\tilde{\boldsymbol{v}}_\mathrm{u}(z)\\ \tilde{\boldsymbol{v}}_\mathrm{y}(z)\end{bmatrix}\end{aligned} \tag{4.9}$$

Mit dem Youla-Parameter aus Lemma 2.5

$$\mathbf{R}(z) = (\mathbf{X}_\mathrm{m}(z)\mathbf{U}(z) + \mathbf{Y}_\mathrm{m}(z))\left(\hat{\mathbf{M}}_\mathrm{m}(z)\mathbf{V}(z) - \hat{\mathbf{N}}_\mathrm{m}(z)\mathbf{U}(z)\right)^{-1} \tag{4.10}$$

können die Faktoren $\mathbf{U}(z)$ und $\mathbf{V}(z)$ gemäß Theorem 2.3 durch eine Youla-Parametrierung bezüglich der Strecke $\mathbf{G}_\mathrm{m}$ ersetzt werden, sodass gilt

$$\begin{aligned}\mathbf{U}(z) &= \hat{\mathbf{Y}}_\mathrm{m}(z) - \mathbf{M}_\mathrm{m}(z)\mathbf{R}(z)\\ \mathbf{V}(z) &= \hat{\mathbf{X}}_\mathrm{m}(z) + \mathbf{N}_\mathrm{m}(z)\mathbf{R}(z).\end{aligned} \tag{4.11}$$

Einsetzen in Gleichung (4.9) ergibt für die Übertragungsfunktion des geschlossenen Kreises

$$\begin{bmatrix}\mathbf{u}_c(z)\\ \mathbf{e}(z)\end{bmatrix} = \begin{bmatrix}\hat{\mathbf{Y}}_m(z) - \mathbf{M}_m(z)\mathbf{R}(z)\\ \hat{\mathbf{X}}_m(z) + \mathbf{N}_m(z)\mathbf{R}(z)\end{bmatrix} \mathbf{Q}(z) \begin{bmatrix}-\hat{\mathbf{N}}_p(z) & \hat{\mathbf{M}}_p(z)\end{bmatrix} \begin{bmatrix}\bar{\mathbf{w}}_2(z)\\ \mathbf{w}_1(z)\end{bmatrix} + \begin{bmatrix}\bar{\boldsymbol{\upsilon}}_u(z)\\ \bar{\boldsymbol{\upsilon}}_y(z)\end{bmatrix}. \quad (4.12)$$

Dabei ist $\mathbf{Q}(z)$ definiert als

$$\mathbf{Q}(z) = \left(\begin{bmatrix}-\hat{\mathbf{N}}_p(z) & \hat{\mathbf{M}}_p(z)\end{bmatrix}\left(\begin{bmatrix}-\hat{\mathbf{Y}}_m(z)\\ \hat{\mathbf{X}}_m(z)\end{bmatrix} + \begin{bmatrix}\mathbf{M}_m(z)\\ \mathbf{N}_m(z)\end{bmatrix}\mathbf{R}(z)\right)\right)^{-1}. \quad (4.13)$$

Eine Linksmultiplikation von Gleichung (4.12) mit dem Faktor $\begin{bmatrix}\hat{\mathbf{N}}_m(z) & \hat{\mathbf{M}}_m(z)\end{bmatrix}$ führt unter Berücksichtigung der Bezout-Identität zu der endgültigen Form

$$\begin{aligned}\begin{bmatrix}\hat{\mathbf{N}}_m(z) & \hat{\mathbf{M}}_m(z)\end{bmatrix}\begin{bmatrix}\mathbf{u}(z) - \bar{\mathbf{w}}_2(z)\\ \mathbf{w}_1(z) - \mathbf{y}(z)\end{bmatrix} &= \mathbf{Q}(z)\begin{bmatrix}-\hat{\mathbf{N}}_p(z) & \hat{\mathbf{M}}_p(z)\end{bmatrix}\bar{\mathbf{w}}(z) + \bar{\boldsymbol{\upsilon}}_r(z)\\ \Leftrightarrow \mathbf{r}_w(z) - \mathbf{r}(z) &= \mathbf{Q}(z)\begin{bmatrix}-\hat{\mathbf{N}}_p(z) & \hat{\mathbf{M}}_p(z)\end{bmatrix}\bar{\mathbf{w}}(z) + \bar{\boldsymbol{\upsilon}}_r(z)\\ \Leftrightarrow \bar{\mathbf{r}}(z) &= \mathbf{Q}(z)\boldsymbol{\mathcal{K}}(z)\bar{\mathbf{w}}(z) + \bar{\boldsymbol{\upsilon}}_r(z)\end{aligned} \quad (4.14)$$

wobei für den Rauschterm gilt

$$\bar{\boldsymbol{\upsilon}}_r(z) = \begin{bmatrix}\hat{\mathbf{N}}_m(z) & \hat{\mathbf{M}}_m(z)\end{bmatrix}\begin{bmatrix}\mathbf{K}(z)\\ \mathbf{I}\end{bmatrix}(\mathbf{I} + \mathbf{G}_p(z)\mathbf{K}(z))^{-1}\begin{bmatrix}\mathbf{I} & \mathbf{G}_{y\xi}(z)\end{bmatrix}\begin{bmatrix}\boldsymbol{\upsilon}(z)\\ \boldsymbol{\xi}(z)\end{bmatrix}. \quad (4.15)$$

Angenommen Prozess und Modell stimmen überein, also $\mathbf{G}_p(z) = \mathbf{G}_m(z)$, dann gilt entsprechend der Bezout-Identität, dass $\mathbf{Q}(z)$ laut Gleichung (4.13) eine Einheitsmatrix ist und entsprechend die Übertragungsfunktion von $\bar{\mathbf{w}}$ nach $\bar{\mathbf{r}}$ der SKR $\boldsymbol{\mathcal{K}}$ des Prozesses $\mathbf{G}_p$ entspricht. Für den Fall $\mathbf{G}_p(z) \neq \mathbf{G}_m(z)$ gilt, dass $\mathbf{Q}(z)$ gemäß Gleichung (4.13) stabil sein muss, da $\mathbf{K}(z)$ den Regelkreis $[\mathbf{G}_p, \mathbf{K}]$, dessen Übertragungsfunktion in Gleichung (4.12) beschrieben wird, intern stabilisiert. Darüber hinaus ist leicht zu erkennen, dass $\mathbf{Q}^{-1}(z)$ ebenfalls stabil sein muss, da sich die Übertragungsfunktion nur aus den stabilen Übertragungsgliedern der doppelten koprimen Faktorisierung zusammensetzt. Da somit $\mathbf{Q}(z), \mathbf{Q}^{-1}(z) \in \mathcal{RH}_\infty$ gilt, ist $\tilde{\boldsymbol{\mathcal{K}}}(z) = \mathbf{Q}(z)\boldsymbol{\mathcal{K}}(z)$ gemäß Korollar 2.2 ebenfalls eine SKR des Prozesses $\mathbf{G}_p(z)$. Somit gilt auch für diesen Fall, dass die Übertragungsfunktion von $\bar{\mathbf{w}}$ nach $\bar{\mathbf{r}}$ eine SKR des Prozesses $\mathbf{G}_p$ ist. □

Auch wenn man für die beobachterbasierte Implementierungsform in der FRA normalerweise bereits die Informationen über die Dynamik des Prozesses $\mathbf{G}_p$ benötigt, um den Beobachter zu realisieren, besagt das Theorem 4.1, dass man auch ohne diese Kenntnis die Dynamik der SKR in der FRA bestimmen kann. Dies ist z.B. von Bedeutung, wenn man einen Beobachter implementiert hat und der Prozess sich anschließend ändert. Für das Modell $\mathbf{G}_m$, welches in dem Beobachter der FRA implementiert wird, gibt es zwei Möglichkeiten. Entweder man verwendet ein einfaches Modell des Prozesses $\mathbf{G}_p$, wenn man bereits Vorkenntnisse über den Prozess hat. Existieren keinerlei Informationen über den Prozess $\mathbf{G}_p$, so kann das Modell $\mathbf{G}_m$ auch automatisiert mit Hilfe der dualen Youla-Parametrierung bestimmt werden (Tay, Mareels und Moore, 1997). Die duale Youla-Parametrierung erlaubt für einen gegebenen Regler alle Strecken zu bestimmen, welche durch diesen intern stabilisiert werden. Damit lässt sich ein Modell $\mathbf{G}_m$ erzeugen, welches den Anforderungen in Theorem 4.1 genügt.

Aufbauend auf Theorem 4.1 lässt sich eine datenbasierte Realisierung der SKR auch im geschlossenen Regelkreis erreichen.

Theorem 4.2 (Berechnung datenbasierte SKR im geschlossenen Regelkreis). *Gegeben sei die LQ Zerlegung des Residuensignals* $\bar{\mathbf{r}}$ *und des Referenz- bzw. Anregungssignals* $\bar{\mathbf{w}} = \begin{bmatrix}\bar{\mathbf{w}}_2^T & \mathbf{w}_1^T\end{bmatrix}^T = \begin{bmatrix}\bar{\mathbf{u}}^T & \bar{\mathbf{y}}^T\end{bmatrix}^T$ *des Prozesses* $\mathbf{G}_\mathrm{p}$ *in der FRA gemäß Abschnitt 4.2*

$$\begin{bmatrix}\bar{\mathbf{Z}}_\mathrm{p}\\ \bar{\mathbf{W}}_f\\ \bar{\mathbf{R}}_\mathrm{f}\end{bmatrix} = \begin{bmatrix}\mathbf{L}_{11} & 0 & 0\\ \mathbf{L}_{21} & \mathbf{L}_{22} & 0\\ \mathbf{L}_{31} & \mathbf{L}_{32} & \mathbf{L}_{33}\end{bmatrix}\begin{bmatrix}\mathbf{Q}_1\\ \mathbf{Q}_2\\ \mathbf{Q}_3\end{bmatrix}, \tag{4.16}$$

dann kann die datenbasierte SKR gemäß Definition 3.6 berechnet werden als

$$\mathcal{K}_\mathrm{d} = \begin{bmatrix}\mathbf{L}_{\bar{\mathbf{Z}}_\mathrm{p}} & \mathbf{L}_{\bar{\mathbf{W}}_\mathrm{f}}\end{bmatrix} \tag{4.17}$$

mit

$$\bar{\mathbf{Z}}_\mathrm{p} = \left[\frac{\bar{\mathbf{R}}_\mathrm{p}}{\bar{\mathbf{W}}_\mathrm{p}}\right] = \left[\begin{array}{c}\bar{\mathbf{R}}_{s_\mathrm{p}}^N(k-s_\mathrm{p}-1)\\ \hline \bar{\mathbf{U}}_{s_\mathrm{p}}^N(k-s_\mathrm{p}-1)\\ \bar{\mathbf{Y}}_{s_\mathrm{p}}^N(k-s_\mathrm{p}-1)\end{array}\right], \ \bar{\mathbf{Z}}_\mathrm{f} = \left[\frac{\bar{\mathbf{R}}_\mathrm{f}}{\bar{\mathbf{W}}_\mathrm{f}}\right] = \left[\begin{array}{c}\bar{\mathbf{R}}_{s_\mathrm{f}}^N(k)\\ \hline \bar{\mathbf{U}}_{s_\mathrm{f}}^N(k)\\ \bar{\mathbf{Y}}_{s_\mathrm{f}}^N(k)\end{array}\right] \tag{4.18}$$

und

$$\mathbf{L}_{\bar{\mathbf{Z}}_\mathrm{p}} = \mathbf{L}_{31}\mathbf{L}_{11}^\dagger - \mathbf{L}_{32}\mathbf{L}_{22}^\dagger\mathbf{L}_{21}\mathbf{L}_{11}^\dagger,\ \mathbf{L}_{\bar{\mathbf{W}}_\mathrm{f}} = \mathbf{L}_{32}\mathbf{L}_{22}^\dagger. \tag{4.19}$$

Beweis. Ausgangspunkt ist die Übertragungsfunktion $\tilde{\mathcal{K}}(z) = \mathbf{Q}(z)\mathbf{K}(z)$, deren Zustandsraumdarstellung unter Berücksichtigung von Prozess- und Messrauschen gegeben ist als

$$\tilde{\mathcal{K}}: \begin{cases}\mathbf{x}_{\tilde{\mathcal{K}}}(k+1) = \mathbf{A}_{\tilde{\mathcal{K}}}\mathbf{x}(k) + \begin{bmatrix}\mathbf{B}_{\tilde{\mathcal{K}}_\bar{\mathrm{u}}} & \mathbf{B}_{\tilde{\mathcal{K}}_\bar{\mathrm{y}}}\end{bmatrix}\bar{\mathbf{w}}(k)\\ \bar{\mathbf{r}}(k) = \mathbf{C}_{\tilde{\mathcal{K}}}\mathbf{x}(k) + \begin{bmatrix}\mathbf{D}_{\tilde{\mathcal{K}}_\mathrm{u}} & \mathbf{D}_{\tilde{\mathcal{K}}_\mathrm{y}}\end{bmatrix}\bar{\mathbf{w}}(k) + \bar{\boldsymbol{v}}_\mathrm{r}(k)\end{cases} \tag{4.20}$$

wobei der Rauschterm $\bar{\boldsymbol{v}}_\mathrm{r}(k)$ gemäß Gleichung (4.15) angenommen wird und in diesem Fall also als Messrauschen modelliert wird. Gemäß Gleichung (4.20) kann dann gezeigt werden, dass für das Datenmodell gilt

$$\bar{\mathbf{R}}_\mathrm{f} = \mathbf{L}_{\bar{\mathbf{Z}}_\mathrm{p}}\bar{\mathbf{Z}}_\mathrm{p} + \mathbf{L}_{\bar{\mathbf{W}}_\mathrm{f}}\bar{\mathbf{W}}_\mathrm{f} + \mathbf{L}_{\bar{\mathbf{N}}_\bar{\mathrm{r}}}\bar{\mathbf{N}}_{\bar{\mathrm{r}}}, \tag{4.21}$$

mit

$$\begin{aligned}\mathbf{L}_{\bar{\mathbf{Z}}_\mathrm{p}} &= \boldsymbol{\Gamma}_{s_\mathrm{f}}\left[\mathbf{A}_{\tilde{\mathcal{K}}}^{s_\mathrm{p}+1}\boldsymbol{\Gamma}_{s_\mathrm{p}}^\dagger \quad (\boldsymbol{\Delta}_{\bar{\mathrm{u}},s_\mathrm{p}} - \mathbf{A}_{\tilde{\mathcal{K}}}^{s_\mathrm{p}+1}\boldsymbol{\Gamma}_{s_\mathrm{p}}^\dagger\mathbf{H}_{\bar{\mathrm{u}},s_\mathrm{p}}) \quad (\boldsymbol{\Delta}_{\bar{\mathrm{y}},s_\mathrm{p}} - \mathbf{A}_{\tilde{\mathcal{K}}}^{s_\mathrm{p}+1}\boldsymbol{\Gamma}_{s_\mathrm{p}}^\dagger\mathbf{H}_{\bar{\mathrm{y}},s_\mathrm{p}})\right],\\ \mathbf{L}_{\bar{\mathbf{W}}_\mathrm{f}} &= \begin{bmatrix}\mathbf{H}_{\bar{\mathrm{u}},s_\mathrm{f}} & \mathbf{H}_{\bar{\mathrm{y}},s_\mathrm{f}}\end{bmatrix},\\ \mathbf{L}_{\bar{\mathbf{N}}_\bar{\mathrm{r}}} &= \begin{bmatrix}-\boldsymbol{\Gamma}_{s_\mathrm{f}}\mathbf{A}^{s_\mathrm{p}+1}\boldsymbol{\Gamma}_{s_\mathrm{p}}^\dagger & \mathbf{I}\end{bmatrix}.\end{aligned} \tag{4.22}$$

und

$$\boldsymbol{\Gamma}_s = \begin{bmatrix}\mathbf{C}_{\tilde{\mathcal{K}}}\\ \mathbf{C}_{\tilde{\mathcal{K}}}\mathbf{A}_{\tilde{\mathcal{K}}}\\ \vdots\\ \mathbf{C}_{\tilde{\mathcal{K}}}\mathbf{A}_{\tilde{\mathcal{K}}}^s\end{bmatrix},\ \mathbf{H}_{\alpha,s} = \begin{bmatrix}\mathbf{D}_{\tilde{\mathcal{K}}_\alpha} & 0 & \cdots & 0\\ \mathbf{C}_{\tilde{\mathcal{K}}}\mathbf{B}_{\tilde{\mathcal{K}}_\alpha} & \mathbf{D}_{\tilde{\mathcal{K}}_\alpha} & \ddots & \vdots\\ \vdots & \ddots & \ddots & 0\\ \mathbf{C}_{\tilde{\mathcal{K}}}\mathbf{A}_{\tilde{\mathcal{K}}}^{s-1}\mathbf{B}_{\tilde{\mathcal{K}}_\alpha} & \cdots & \mathbf{C}_{\tilde{\mathcal{K}}}\mathbf{B}_{\tilde{\mathcal{K}}_\alpha} & \mathbf{D}_{\tilde{\mathcal{K}}_\alpha}\end{bmatrix}, \tag{4.23}$$

$$\bar{\mathbf{N}}_{\bar{\mathrm{r}}} = \begin{bmatrix}\boldsymbol{\Upsilon}_{\bar{\mathrm{r}},s_\mathrm{p}}^N(k-s_\mathrm{p}-1)\\ \boldsymbol{\Upsilon}_{\bar{\mathrm{r}},s_\mathrm{f}}^N(k)\end{bmatrix},\ \boldsymbol{\Delta}_{\alpha,s} = \begin{bmatrix}\mathbf{A}_{\tilde{\mathcal{K}}}^s\mathbf{B}_{\tilde{\mathcal{K}}_\alpha} & \mathbf{A}_{\tilde{\mathcal{K}}}^{s-1}\mathbf{B}_{\tilde{\mathcal{K}}_\alpha} & \cdots & \mathbf{B}_{\tilde{\mathcal{K}}_\alpha}\end{bmatrix}. \tag{4.24}$$

Algorithmus 4.1 Berechnung der (normalisierten), datenbasierten SKR im geschlossenen Regelkreis

1: Sammle die Residuen- und Anregungsmessdaten $\bar{\mathbf{r}}$ bzw. $\bar{\mathbf{w}}$ des Systems $\mathbf{G}_\mathrm{p}$ in der FRA gemäß Abbildung 4.2 bei ausreichender Anregung
2: Forme die Signal-Hankelmatrizen $\bar{\mathbf{Z}}_p, \bar{\mathbf{W}}_f, \bar{\mathbf{R}}_f$ für gegebene natürliche Zahlen s_p und s_f gemäß Gleichungen (4.18)
3: Berechne die datenbasierte SKR $\boldsymbol{\mathcal{K}}_\mathrm{d}$ gemäß Theorem 4.2
4: **(optional):** Führe die Cholesky-Zerlegung (3.66) aus und berechne die normalisierte SKR $\bar{\boldsymbol{\mathcal{K}}}_\mathrm{d}$ gemäß Gleichung (3.65)

Dabei ist α ein Platzhalter für $\bar{\mathbf{u}}$ bzw. $\bar{\mathbf{y}}$. Da es sich bei dem Referenzsignal $\bar{\mathbf{w}}$ um ein deterministisches Signal handelt, welches keinerlei Rückführungen von Prozess- und Messrauschen aus dem Regelkreis besitzt, ist dieses Signal unkorreliert mit dem Rauschterm $\bar{\boldsymbol{v}}_\mathrm{r}$. Da sowohl Prozess- als auch Messrauschen als mittelwertfrei angenommen wurden, ist auch $\bar{\mathbf{v}}$ gemäß Gleichung (4.15) mittelwertfrei. Somit spannt die Hankelmatrix $\bar{\mathbf{N}}_\mathrm{f}$ einen eigenen Zeilenraum auf, welcher sich durch Projektion gemäß den Überlegungen in den Abschnitten 3.2.1 und 3.2.2 von dem gemeinsamen Zeilenraum der übrigen Signale trennen lässt. Die Projektion lässt sich mit Hilfe der LQ-Zerlegung (4.16) realisieren und somit können die Matrizen $\mathbf{L}_{\bar{\mathbf{Z}}_\mathrm{p}}, \mathbf{L}_{\bar{\mathbf{W}}_\mathrm{f}}$ und $\mathbf{L}_{\bar{\mathbf{N}}_\mathrm{f}}$ direkt aus den Messdaten berechnet werden. Da $\tilde{\boldsymbol{\mathcal{K}}}(z)$ gemäß Theorem 4.1 eine SKR des Prozesses $\mathbf{G}_\mathrm{p}$ ist, gilt somit unter Vernachlässigung des Rauschens $\bar{\boldsymbol{v}}$

$$\bar{\mathbf{R}}_\mathrm{f} = \mathbf{L}_{\bar{\mathbf{Z}}_\mathrm{p}} \begin{bmatrix} \bar{\mathbf{R}}_\mathrm{p} \\ \mathbf{U}_\mathrm{p} \\ \mathbf{Y}_\mathrm{p} \end{bmatrix} \bar{\mathbf{Z}}_\mathrm{p} + \mathbf{L}_{\bar{\mathbf{W}}_\mathrm{f}} \begin{bmatrix} \mathbf{U}_\mathrm{f} \\ \mathbf{Y}_\mathrm{f} \end{bmatrix} = 0. \tag{4.25}$$

Dabei bezeichnen $\mathbf{u}$ und $\mathbf{y}$ das Ein- und Ausgangssignal des Prozesses $\mathbf{G}_\mathrm{p}$ und $\mathbf{U}_\mathrm{p}, \mathbf{Y}_\mathrm{p}, \mathbf{U}_\mathrm{f}, \mathbf{Y}_\mathrm{f}$ die entsprechenden Hankelmatrizen gemäß Gleichung (3.23). Entsprechend ist (4.17) eine datenbasierte Realisierung der SKR gemäß Definition 3.6. □

Mit den vorangegangen Überlegungen lässt sich die Berechnung der datenbasierten SKR im geschlossenen Regelkreis in Algorithmus 4.1 zusammenfassen.

4.4 Realisierung einer datenbasierten SIR im geschlossenen Regelkreis

Ähnlich wie im vorangegangenen Abschnitt ist es das Ziel, in diesem Abschnitt eine datenbasierte Realisierung der SIR zu finden. Die datenbasierte SIR soll dabei wieder lediglich aus dem Wissen über den Regler und den Messdaten hergeleitet werden. Der Prozess $\mathbf{G}_\mathrm{p}$ wird als unbekannt angenommen. Dafür soll auch hier wieder gezeigt werden, dass sich die Zwei-Freiheitsgrad-Struktur des Reglers aus Abbildung 4.1 in die FRA überführen lässt und dann bereits alle nötigen Signale für die Realisierung der datenbasierten SIR vorliegen. Das nachfolgende Theorem fasst dafür die zentralen Ergebnisse zusammen.

Theorem 4.3 (Berechnung datenbasierte SIR im geschlossenen Regelkreis). *Gegeben sei der Prozess $\mathbf{G}_\mathrm{p}(z)$, ein beliebiges Modell $\mathbf{G}_\mathrm{m}(z)$ mit der Zustandsraumdarstellung $\mathbf{G}_\mathrm{m} = (\mathbf{A}_\mathrm{m}, \mathbf{B}_\mathrm{m}, \mathbf{C}_\mathrm{m}, \mathbf{D}_\mathrm{m})$ und ein Regler $\mathbf{K}(z)$, der sowohl $[\mathbf{G}_\mathrm{p}, \mathbf{K}]$, als auch $[\mathbf{G}_\mathrm{m}, \mathbf{K}]$ intern stabilisiert. Dann ist die Übertragungsfunktion in der FRA gemäß Abbildung 4.2 von dem*

Signal $\mathbf{v}$ *zu dem Ein- und Ausgangssignals* $\mathbf{u}$ *bzw.* $\mathbf{y}$ *eine SIR des Prozesses* $\mathbf{G}_\mathrm{p}(z)$*, wenn gilt:*

- *Die Matrizen* $\mathbf{F}$ *und* $\mathbf{L}$ *werden so gewählt, dass* $\mathbf{A}_\mathrm{m} - \mathbf{L}\mathbf{C}_\mathrm{m}$ *und* $\mathbf{A}_\mathrm{m} + \mathbf{B}_\mathrm{m}\mathbf{F}$ *Schurmatrizen sind.*
- *Der Youla-Parameter* $\mathbf{R}$ *wird für* $[\mathbf{G}_\mathrm{m}, \mathbf{K}]$ *gemäß Lemma 2.5 berechnet.*
- *Die Zustandsraumdarstellung des Residuengenerators lautet* $\mathbf{G}_\mathrm{obs} = \left(\mathbf{A}_\mathrm{m} - \mathbf{L}\mathbf{C}_\mathrm{m}, \left[\mathbf{B}_\mathrm{m} - \mathbf{L}\mathbf{D}_\mathrm{m} \;\; \mathbf{L}\right], -\mathbf{C}_\mathrm{m}, \left[-\mathbf{D}_\mathrm{m} \;\; \mathbf{I}\right]\right)$.

Beweis. Angenommen wird, dass der Regler $\mathbf{K}(z)$ den Regelkreis $[\mathbf{G}_\mathrm{p}, \mathbf{K}]$ intern stabilisiert. Dann gilt gemäß Abbildung 4.1 mit $\bar{\mathbf{w}}_2(z) = \bar{\mathbf{w}}_1(z) + \mathbf{w}_2(z)$

$$\begin{bmatrix}\mathbf{u}(z)\\ \mathbf{y}(z)\end{bmatrix} = \begin{bmatrix}\mathbf{I}\\ \mathbf{G}_\mathrm{p}(z)\end{bmatrix} (\mathbf{I} + \mathbf{K}(z)\mathbf{G}_\mathrm{p}(z))^{-1} \begin{bmatrix}\mathbf{K}(z) & \mathbf{I}\end{bmatrix} \begin{bmatrix}\mathbf{w}_1(z)\\ \bar{\mathbf{w}}_2(z)\end{bmatrix} + \begin{bmatrix}\tilde{\boldsymbol{v}}_\mathrm{u}(z)\\ \tilde{\boldsymbol{v}}_\mathrm{y}(z)\end{bmatrix}. \tag{4.26}$$

Dabei bezeichnen $\tilde{\boldsymbol{v}}_\mathrm{u}(z)$ und $\tilde{\boldsymbol{v}}_\mathrm{y}(z)$ die zusammengefassten Rauschterme

$$\begin{bmatrix}\tilde{\boldsymbol{v}}_\mathrm{u}(z)\\ \tilde{\boldsymbol{v}}_\mathrm{y}(z)\end{bmatrix} = -\begin{bmatrix}\mathbf{I}\\ \mathbf{G}_\mathrm{p}(z)\end{bmatrix} (\mathbf{I} + \mathbf{K}(z)\mathbf{G}_\mathrm{p}(z))^{-1} \begin{bmatrix}\mathbf{K}(z) & \mathbf{K}(z)\mathbf{G}_{\mathbf{y}\boldsymbol{\xi}}(z)\end{bmatrix} \begin{bmatrix}\boldsymbol{v}(z)\\ \boldsymbol{\xi}(z)\end{bmatrix} \tag{4.27}$$

mit der Übertragungsfunktion

$$\mathbf{G}_{\mathbf{y}\boldsymbol{\xi}}(z) = \mathbf{C}\,(z\mathbf{I} - A)^{-1}\,\mathbf{I}. \tag{4.28}$$

Angenommen eine RCF des Prozesses $\mathbf{G}_\mathrm{p}(z) = \mathbf{N}_\mathrm{p}(z)\mathbf{M}_\mathrm{p}^{-1}(z)$ und eine LCF des Reglers $\mathbf{K}(z) = \hat{\mathbf{V}}^{-1}(z)\hat{\mathbf{U}}(z)$ seien gegeben. Dann kann die Übertragungsfunktion des geschlossenen Regelkreises gemäß Gleichung (4.26) umgeschrieben werden

$$\begin{aligned}\begin{bmatrix}\mathbf{u}(z)\\ \mathbf{y}(z)\end{bmatrix} &= \begin{bmatrix}\mathbf{M}_\mathrm{p}(z)\\ \mathbf{N}_\mathrm{p}(z)\end{bmatrix} \left(\hat{\mathbf{V}}(z)\mathbf{M}_\mathrm{p}(z) + \hat{\mathbf{U}}(z)\mathbf{N}_\mathrm{p}(z)\right)^{-1} \begin{bmatrix}\hat{\mathbf{U}}(z) & \hat{\mathbf{V}}(z)\end{bmatrix} \begin{bmatrix}\mathbf{w}_1(z)\\ \bar{\mathbf{w}}_2(z)\end{bmatrix}\\ &\quad + \begin{bmatrix}\tilde{\boldsymbol{v}}_\mathrm{u}(z)\\ \tilde{\boldsymbol{v}}_\mathrm{y}(z)\end{bmatrix}\end{aligned} \tag{4.29}$$

Mit dem Youla-Parameter aus Lemma 2.5

$$\mathbf{R}(z) = \left(\hat{\mathbf{V}}(z)\mathbf{M}_\mathrm{m}(z) - \hat{\mathbf{U}}(z)\mathbf{N}_\mathrm{m}(z)\right)^{-1}\left(\hat{\mathbf{V}}(z)\hat{\mathbf{Y}}_\mathrm{m}(z) + \hat{\mathbf{U}}(z)\hat{\mathbf{X}}_\mathrm{m}(z)\right). \tag{4.30}$$

können die Faktoren $\hat{\mathbf{U}}(z)$ und $\hat{\mathbf{V}}(z)$ gemäß Theorem 2.3 durch eine Youla-Parametrierung bezüglich der Strecke $\mathbf{G}_\mathrm{m}$ ersetzt werden, sodass gilt

$$\begin{aligned}\hat{\mathbf{U}}(z) &= \mathbf{Y}_\mathrm{m}(z) - \mathbf{R}(z)\hat{\mathbf{M}}_\mathrm{m}(z)\\ \hat{\mathbf{V}}(z) &= \mathbf{X}_\mathrm{m}(z) + \mathbf{R}(z)\hat{\mathbf{N}}_\mathrm{m}(z).\end{aligned} \tag{4.31}$$

Einsetzen in Gleichung (4.29) ergibt für die Übertragungsfunktion des geschlossenen Kreises

$$\begin{aligned}\begin{bmatrix}\mathbf{u}(z)\\ \mathbf{y}(z)\end{bmatrix} =& \begin{bmatrix}\mathbf{M}_\mathrm{p}(z)\\ \mathbf{N}_\mathrm{p}(z)\end{bmatrix}\mathbf{Q}(z)\left\{\begin{bmatrix}\mathbf{X}_\mathrm{m}(z) & \mathbf{Y}_\mathrm{m}(z)\end{bmatrix} - \mathbf{R}(z)\begin{bmatrix}-\mathbf{N}_\mathrm{m}(z) & \mathbf{M}_\mathrm{m}(z)\end{bmatrix}\right\}\begin{bmatrix}\bar{\mathbf{w}}_2(z)\\ \mathbf{w}_1(z)\end{bmatrix}\\ &+ \begin{bmatrix}\bar{\boldsymbol{v}}_\mathrm{u}(z)\\ \bar{\boldsymbol{v}}_\mathrm{y}(z)\end{bmatrix}.\\ =&\mathcal{I}(z)\mathbf{Q}(z)\left(\bar{\mathbf{w}}_2(z) - \mathbf{F}\mathbf{x}_\mathrm{w}(z) - \mathbf{R}(z)\mathbf{r}_\mathrm{w}(z)\right) + \begin{bmatrix}\bar{\boldsymbol{v}}_\mathrm{u}(z)\\ \bar{\boldsymbol{v}}_\mathrm{y}(z)\end{bmatrix}\\ =&\mathcal{I}(z)\mathbf{Q}(z)\mathbf{v}(z) + \begin{bmatrix}\bar{\boldsymbol{v}}_\mathrm{u}(z)\\ \bar{\boldsymbol{v}}_\mathrm{y}(z)\end{bmatrix}.\end{aligned} \tag{4.32}$$

Dabei ist $\mathbf{Q}(z)$ definiert als

$$\mathbf{Q}(z) = \left(\left(\begin{bmatrix}\mathbf{X}_\mathrm{m}(z) & \mathbf{Y}_\mathrm{m}(z)\end{bmatrix} - \mathbf{R}(z)\begin{bmatrix}-\hat{\mathbf{N}}_\mathrm{m}(z) & \hat{\mathbf{M}}_\mathrm{m}(z)\end{bmatrix}\right)\begin{bmatrix}\mathbf{M}_\mathrm{p}(z)\\ \mathbf{N}_\mathrm{p}(z)\end{bmatrix}\right)^{-1}. \tag{4.33}$$

Angenommen Prozess und Modell stimmen überein, also $\mathbf{G}_\mathrm{p}(z) = \mathbf{G}_\mathrm{m}(z)$, dann gilt entsprechend der Bezout-Identität, dass $\mathbf{Q}(z)$ laut Gleichung (4.33) eine Einheitsmatrix ist und entsprechend die Übertragungsfunktion von $\mathbf{v}$ auf das Ein-Ausgangssignal einer SIR $\mathcal{I}$ des Prozesses $\mathbf{G}_\mathrm{p}$ entspricht. Für den Fall $\mathbf{G}_\mathrm{p}(z) \neq \mathbf{G}_\mathrm{m}(z)$ gilt, dass $\mathbf{Q}(z)$ gemäß Gleichung (4.33) stabil sein muss, da $\mathbf{K}(z)$ den Regelkreis $[\mathbf{G}_\mathrm{p}, \mathbf{K}]$, dessen Übertragungsfunktion in Gleichung (4.32) beschrieben wird, intern stabilisiert. Darüber hinaus ist leicht zu erkennen, dass $\mathbf{Q}^{-1}(z)$ ebenfalls stabil sein muss, da sich die Übertragungsfunktion nur aus den stabilen Übertragungsgliedern der doppelten koprimen Faktorisierung zusammensetzt. Da somit $\mathbf{Q}(z), \mathbf{Q}^{-1}(z) \in \mathcal{RH}_\infty$ gilt, ist $\tilde{\mathcal{I}}(z) = \mathcal{I}(z)\mathbf{Q}(z)$ gemäß Korollar 2.3 ebenfalls eine SIR des Prozesses $\mathbf{G}_\mathrm{p}$. Somit gilt auch für diesen Fall, dass die Übertragungsfunktion von $\mathbf{v}$ zum Ein-Ausgangssignal eine SIR des Prozesses $\mathbf{G}_\mathrm{p}$ ist. □

Theorem 4.4 (Berechnung datenbasierte SIR im geschlossenen Regelkreis). *Gegeben sei die LQ Zerlegung des Referenzsignals v und des Ein- und Ausgangssignals* $\mathbf{u}$ *bzw.* $\mathbf{y}$ *des Prozesses* $\mathbf{G}_\mathrm{p}$ *in der FRA gemäß Abschnitt 4.2*

$$\begin{bmatrix}\bar{\mathbf{Z}}_\mathrm{p}\\ \mathbf{V}_f\\ \mathbf{Z}_\mathrm{f}\end{bmatrix} = \begin{bmatrix}\mathbf{L}_{11} & 0 & 0\\ \mathbf{L}_{21} & \mathbf{L}_{22} & 0\\ \mathbf{L}_{31} & \mathbf{L}_{32} & \mathbf{L}_{33}\end{bmatrix}\begin{bmatrix}\mathbf{Q}_1\\ \mathbf{Q}_2\\ \mathbf{Q}_3\end{bmatrix}, \tag{4.34}$$

dann kann die datenbasierte SIR gemäß Definition 3.8 berechnet werden als

$$\mathcal{I}_\mathrm{d} = \begin{bmatrix}\mathbf{L}_{\bar{\mathbf{Z}}_\mathrm{p}} & \mathbf{L}_{\mathbf{V}_\mathrm{f}}\end{bmatrix} \tag{4.35}$$

mit

$$\bar{\mathbf{Z}}_\mathrm{p} = \left[\frac{\mathbf{V}_\mathrm{p}}{\mathbf{Z}_\mathrm{p}}\right] = \begin{bmatrix}\mathbf{V}^N_{s_\mathrm{p}}(k - s_\mathrm{p} - 1)\\ \hline \mathbf{U}^N_{s_\mathrm{p}}(k - s_\mathrm{p} - 1)\\ \mathbf{Y}^N_{s_\mathrm{p}}(k - s_\mathrm{p} - 1)\end{bmatrix}, \quad \bar{\mathbf{Z}}_\mathrm{f} = \left[\frac{\mathbf{V}_\mathrm{f}}{\mathbf{Z}_\mathrm{f}}\right] = \begin{bmatrix}\mathbf{V}^N_{s_\mathrm{f}}(k)\\ \hline \mathbf{U}^N_{s_\mathrm{f}}(k)\\ \mathbf{Y}^N_{s_\mathrm{f}}(k)\end{bmatrix} \tag{4.36}$$

und

$$\mathbf{L}_{\bar{\mathbf{Z}}_\mathrm{p}} = \mathbf{L}_{31}\mathbf{L}_{11}^\dagger - \mathbf{L}_{32}\mathbf{L}_{22}^\dagger\mathbf{L}_{21}\mathbf{L}_{11}^\dagger, \; \mathbf{L}_{\mathbf{V}_\mathrm{f}} = \mathbf{L}_{32}\mathbf{L}_{22}^\dagger. \tag{4.37}$$

Beweis. Ausgangspunkt ist die Übertragungsfunktion $\tilde{\mathcal{I}}(z) = \mathbf{I}(z)\mathbf{Q}(z)$, deren Zustandsraumdarstellung unter Berücksichtigung von Prozess- und Messrauschen gegeben ist als

$$\tilde{\mathcal{I}}: \begin{cases} \mathbf{x}_{\tilde{\mathcal{I}}}(k+1) = \mathbf{A}_{\tilde{\mathcal{I}}}\mathbf{x}(k) + \mathbf{B}_{\tilde{\mathcal{I}}}\mathbf{v}(k) \\ \begin{bmatrix} \mathbf{u}(k) \\ \mathbf{y}(k) \end{bmatrix} = \begin{bmatrix} \mathbf{C}_{\tilde{\mathcal{I}}_\mathrm{u}} \\ \mathbf{C}_{\tilde{\mathcal{I}}_\mathrm{y}} \end{bmatrix} \mathbf{x}(k) + \begin{bmatrix} \mathbf{D}_{\tilde{\mathcal{I}}_\mathrm{u}} \\ \mathbf{D}_{\tilde{\mathcal{I}}_\mathrm{y}} \end{bmatrix} \mathbf{v}(k) + \begin{bmatrix} \bar{\boldsymbol{v}}_\mathrm{u}(z) \\ \bar{\boldsymbol{v}}_\mathrm{y}(z) \end{bmatrix} \end{cases} \tag{4.38}$$

wobei die Rauschterme $\bar{\boldsymbol{v}}_\mathrm{u}(k)$ bzw. $\bar{\boldsymbol{v}}_\mathrm{y}(k)$ gemäß Gleichung (4.27) angenommen werden und in diesem Fall als Messrauschen modelliert werden. Gemäß Gleichung (4.38) kann dann gezeigt werden, dass für das Datenmodell gilt

$$\begin{bmatrix} \mathbf{U}_\mathrm{f} \\ \mathbf{Y}_\mathrm{f} \end{bmatrix} = \mathbf{L}_{\bar{\mathbf{Z}}_\mathrm{p}}\bar{\mathbf{Z}}_\mathrm{p} + \mathbf{L}_{\mathbf{V}_\mathrm{f}}\mathbf{V}_\mathrm{f} + \mathbf{L}_{\bar{\mathbf{N}}_\mathrm{uy}}\bar{\mathbf{N}}_\mathrm{uy}, \tag{4.39}$$

mit

$$\begin{aligned} \mathbf{L}_{\bar{\mathbf{Z}}_\mathrm{p}} &= \boldsymbol{\Gamma}_{s_\mathrm{f}} \left[(\boldsymbol{\Delta}_{\mathrm{v},s_\mathrm{p}} - \mathbf{A}_{\tilde{\mathcal{I}}}^{s_\mathrm{p}+1}\boldsymbol{\Gamma}_{s_\mathrm{p}}^{\dagger}\mathbf{H}_{v,s_\mathrm{p}}) \quad \mathbf{A}_{\tilde{\mathcal{I}}}^{s_\mathrm{p}+1}\boldsymbol{\Gamma}_{s_\mathrm{p}}^{\dagger} \right], \\ \mathbf{L}_{\mathbf{V}_\mathrm{f}} &= \begin{bmatrix} \mathbf{H}_{\mathrm{v},s_\mathrm{f},\mathrm{u}} \\ \mathbf{H}_{\mathrm{v},s_\mathrm{f},\mathrm{y}} \end{bmatrix}, \\ \mathbf{L}_{\bar{\mathbf{N}}_\mathrm{uy}} &= \left[-\boldsymbol{\Gamma}_{s_\mathrm{f}}\mathbf{A}^{s_\mathrm{p}+1}\boldsymbol{\Gamma}_{s_\mathrm{p}}^{\dagger} \quad \mathbf{I} \right]. \end{aligned} \tag{4.40}$$

und

$$\boldsymbol{\Gamma}_\mathrm{s} = \begin{bmatrix} \boldsymbol{\Gamma}_{\mathrm{s,u}} \\ \boldsymbol{\Gamma}_{\mathrm{s,y}} \end{bmatrix}, \; \boldsymbol{\Gamma}_{\mathrm{s},\alpha} = \begin{bmatrix} \mathbf{C}_{\tilde{\mathcal{I}}_\alpha} \\ \mathbf{C}_{\tilde{\mathcal{I}}_\alpha}\mathbf{A}_{\tilde{\mathcal{I}}} \\ \vdots \\ \mathbf{C}_{\tilde{\mathcal{I}}_\alpha}\mathbf{A}_{\tilde{\mathcal{I}}}^{s} \end{bmatrix}, \; \mathbf{H}_{\mathrm{v},s,\alpha} = \begin{bmatrix} \mathbf{D}_{\tilde{\mathcal{I}}_\alpha} & \mathbf{0} & \cdots & \mathbf{0} \\ \mathbf{C}_{\tilde{\mathcal{I}}_\alpha}\mathbf{B}_{\tilde{\mathcal{I}}} & \mathbf{D}_{\tilde{\mathcal{I}}_\alpha} & \ddots & \vdots \\ \vdots & \ddots & \ddots & \mathbf{0} \\ \mathbf{C}_{\tilde{\mathcal{I}}_\alpha}\mathbf{A}_{\tilde{\mathcal{I}}}^{s-1}\mathbf{B}_{\tilde{\mathcal{I}}} & \cdots & \mathbf{C}_{\tilde{\mathcal{I}}_\alpha}\mathbf{B}_{\tilde{\mathcal{I}}} & \mathbf{D}_{\tilde{\mathcal{I}}_\alpha} \end{bmatrix}, \tag{4.41}$$

$$\bar{\mathbf{N}}_\mathrm{uy} = \begin{bmatrix} \bar{\boldsymbol{\Upsilon}}_{\mathrm{u},s_\mathrm{p}}^{N}(k - s_\mathrm{p} - 1) \\ \bar{\boldsymbol{\Upsilon}}_{\mathrm{y},s_\mathrm{p}}^{N}(k - s_\mathrm{p} - 1) \\ \bar{\boldsymbol{\Upsilon}}_{\mathrm{u},s_\mathrm{f}}^{N}(k) \\ \bar{\boldsymbol{\Upsilon}}_{\mathrm{y},s_\mathrm{f}}^{N}(k) \end{bmatrix}, \; \boldsymbol{\Delta}_{v,s} = \left[\mathbf{A}_{\tilde{\mathcal{I}}}^{s}\mathbf{B}_{\tilde{\mathcal{I}}} \quad \mathbf{A}_{\tilde{\mathcal{I}}}^{s-1}\mathbf{B}_{\tilde{\mathcal{I}}} \quad \cdots \quad \mathbf{B}_{\tilde{\mathcal{I}}} \right]. \tag{4.42}$$

Dabei ist α ein Platzhalter für $\mathbf{u}$ bzw. $\mathbf{y}$. Da es sich bei dem Referenzsignal $\bar{\mathbf{v}}$ um ein deterministisches Signal handelt, welches ohne Rückführung direkt aus den Signalen $\mathbf{w}_1$ bzw. $\mathbf{w}_2$ berechnet wird, ist dieses Signal unkorreliert mit den Rauschtermen $\bar{\boldsymbol{v}}_\mathrm{u}$ bzw. $\bar{\boldsymbol{v}}_\mathrm{y}$. Mit einer ähnlichen Argumentation wie in Theorem 4.1 gilt daher, dass die Hankelmatrix $\bar{\mathbf{N}}_\mathrm{uy}$ einen eigenen Zeilenraum aufspannt. Da $\tilde{\mathcal{I}}(z)$ gemäß Theorem 4.3 eine SIR des Prozesses $\mathbf{G}_\mathrm{p}$ ist, gilt unter Vernachlässigung der Rauschterme

$$\begin{bmatrix} \mathbf{U}_\mathrm{f} \\ \mathbf{Y}_\mathrm{f} \end{bmatrix} = \mathbf{L}_{\bar{\mathbf{Z}}_\mathrm{p}} \begin{bmatrix} \mathbf{V}_\mathrm{p} \\ \mathbf{U}_\mathrm{p} \\ \mathbf{Y}_\mathrm{p} \end{bmatrix} + \mathbf{L}_{\mathbf{V}_\mathrm{f}}\mathbf{V}_\mathrm{f} \tag{4.43}$$

Dabei bezeichnen $\mathbf{u}$ und $\mathbf{y}$ das Ein- und Ausgangssignal des Prozesses $\mathbf{G}_\mathrm{p}$ und $\mathbf{U}_\mathrm{p}, \mathbf{Y}_\mathrm{p}, \mathbf{U}_\mathrm{f}, \mathbf{Y}_\mathrm{f}$ die entsprechenden Hankelmatrizen gemäß Gleichung (3.23). Entsprechend ist (4.35) eine datenbasierte Realisierung der SIR gemäß Definition 3.8. □

Mit den vorangegangen Überlegungen lässt sich die Berechnung der datenbasierten SIR im geschlossenen Regelkreis in Algorithmus 4.2 zusammenfassen.

Algorithmus 4.2 Berechnung der (normalisierten), datenbasierten SIR im geschlossenen Regelkreis

1: Sammle die Anregungs- und Ein-Ausgangsmessdaten $\mathbf{v}, \mathbf{u}$ und $\mathbf{y}$ des Systems $\mathbf{G}_\mathrm{p}$ in der FRA gemäß Abbildung 4.2 bei ausreichender Anregung
2: Forme die Signal-Hankelmatrizen $\bar{\mathbf{Z}}_p, \mathbf{V}_f, \mathbf{Z}_f$ für gegebene natürliche Zahlen s_p und s_f gemäß Gleichungen (4.36)
3: Berechne die datenbasierte SIR $\mathcal{I}_\mathrm{d}$ gemäß Theorem 4.4
4: **(optional):** Führe die Cholesky-Zerlegung (3.88) aus und berechne die normalisierte SIR $\bar{\mathcal{I}}_\mathrm{d}$ gemäß Gleichung (3.87)

4.5 Rekursive Berechnungsmethoden für die Projektionsmatrizen

Die in Kapiteln 3 bzw. 4 vorgestellten Verfahren zur Berechnung der SKR bzw. SIR sind beide in der bisher betrachteten Form als Einschrittverfahren zu sehen. Die SKR bzw. SIR wird dabei mittels einer LQ-Zerlegung aus einer großen Menge von Messdaten, welche über einen langen Zeitraum gesammelt wurden, direkt berechnet. Eine der Stärken von datenbasierten Verfahren ist jedoch häufig auch eine direkte Implementierbarkeit in einem laufenden online Prozess, um z.B. regelungstechnische Bewertungen oder Entwürfe direkt anhand der Messdaten des Prozesses vorzunehmen. Die bisher betrachtete Form der LQ-Zerlegung zur Erzeugung der Projektionsmatrizen erlaubt dies jedoch nicht. Zum einen sind die zu verarbeitenden Datenmengen für die Hankelmatrizen zu groß und zum anderen sind die Anzahl der Rechenoperationen, welche in einem Schritt ausgeführt werden müssen, zu hoch. In der Literatur für die 4SID-Methoden befinden sich bereits einige rekursive Berechnungsansätze, siehe z.B. Lovera, Gustafsson und Verhaegen (2000), Mercere, Lecoeuche und Lovera (2004) und Mercère, Bako und Lecœuche (2008). Der Fokus liegt dabei vor allem darauf, wie auch der Schritt für die Singulärwertzerlegung in den 4SID Verfahren entweder umgangen oder in rekursive Form umgeschrieben werden kann.

Die Motivation in diesem Abschnitt soll es sein, die Berechnung der SKR bzw. SIR so zu ermöglichen, dass die dafür benötigten Projektionsmatrizen rekursiv aus den Messdaten der dynamischen Ein- und Ausgangsdaten eines Prozesses $\mathbf{G}_\mathrm{p}$ wie in Gleichung (3.1) gelernt werden können. Darüber hinaus soll es das Ziel sein, auch während der Prozesslaufzeit auf Veränderungen im Prozess, z.B. ausgelöst durch Fehler, Umschalten von Arbeitspunkten etc., reagieren zu können und die SKR bzw. SIR entsprechend zu adaptieren. Da für die Berechnung der datenbasierten SKR und SIR lediglich eine LQ-Zerlegung nötig ist, liegt der Fokus in diesem Abschnitt auf einem Verfahren zum Update der LQ-Zerlegung, welches im Wesentlichen in Golub und Van Loan (2012) beschrieben wird und welches in diesem Abschnitt zusammengefasst und auf das vorliegende Problem angepasst werden soll. Da das Hauptaugenmerk dieser Arbeit nicht auf der rekursiven Berechnung beruht, soll an dieser Stelle auch auf den Vergleich verschiedener Verfahren verzichtet werden. Ausgangspunkt für die Betrachtungen ist die LQ-Zerlegung, der Daten-Hankel-Matrizen gemäß

$$\mathbf{\Phi} = \begin{bmatrix} \mathbf{Z}_\mathrm{p} \\ \mathbf{U}_\mathrm{f} \\ \mathbf{Y}_\mathrm{f} \end{bmatrix} = \begin{bmatrix} \mathbf{L}_{11} & 0 & 0 \\ \mathbf{L}_{21} & \mathbf{L}_{22} & 0 \\ \mathbf{L}_{31} & \mathbf{L}_{32} & \mathbf{L}_{33} \end{bmatrix} \begin{bmatrix} \mathbf{Q}_1 \\ \mathbf{Q}_2 \\ \mathbf{Q}_3 \end{bmatrix} = \mathbf{LQ}. \tag{4.44}$$

An dieser Stelle sei angemerkt, dass die Matrix $\mathbf{Q}$ aus der LQ-Zerlegung für die Berechnung der datenbasierten SKR bzw. SIR nicht benötigt wird. Aus diesem Grund lässt sich die Berechnung der Matrix L auch über eine Cholesky-Zerlegung gemäß der nachfolgenden Überlegung durchführen

$$\mathbf{\Phi}\mathbf{\Phi}^T = \mathbf{L}\mathbf{Q}\mathbf{Q}^T\mathbf{L}^T = \mathbf{L}\mathbf{L}^T \tag{4.45}$$

wobei auf Grund der unteren Dreiecksform der Matrix $\mathbf{L}$ gilt

$$\mathbf{L} = \mathrm{chol}(\mathbf{\Phi}\mathbf{\Phi}^T). \tag{4.46}$$

Angenommen zu den in $\mathbf{\Phi}$ bereits berücksichtigten Messdaten, kommt eine weitere Messung zu einem neuen Abtastzeitpunkt hinzu. Dann können die neuen Hankelmatrizen $\mathbf{\Phi}_{\mathrm{neu}}$ durch Hinzufügen eine neuen Spalte $\boldsymbol{\varphi}$, welche die neuen Messdaten enthält, gebildet werden gemäß

$$\mathbf{\Phi}_{\mathrm{neu}} = \begin{bmatrix} \mathbf{\Phi} & \boldsymbol{\varphi} \end{bmatrix}. \tag{4.47}$$

Eine Möglichkeit mit den neuen Messdaten umzugehen, wäre eine neue LQ-Zerlegung gemäß $\mathbf{\Phi}_{\mathrm{neu}} = \mathbf{L}_{\mathrm{neu}}\mathbf{Q}_{\mathrm{neu}}$ durchzuführen. Daraus resultieren jedoch viele unnötige Rechenschritte. Zur Reduzierung des Rechenaufwands können stattdessen die bereits vorhandenen Ergebnisse aus der ursprünglichen LQ-Zerlegung $\mathbf{\Phi} = \mathbf{L}\mathbf{Q}$ verwendet werden, um das für die Berechnung der SKR bzw. SIR benötigte $\mathbf{L}_{\mathrm{neu}}$ aus $\mathbf{L}$ und $\boldsymbol{\varphi}$ zu bestimmen. Dafür soll der folgende Zusammenhang betrachtet werden:

$$\begin{aligned} \mathbf{L}_{\mathrm{neu}} &= \mathrm{chol}(\mathbf{\Phi}_{\mathrm{neu}}\mathbf{\Phi}_{\mathrm{neu}}^T) = \mathrm{chol}(\mathbf{\Phi}\mathbf{\Phi}^T + \boldsymbol{\varphi}\boldsymbol{\varphi}^T) \\ &= \mathrm{chol}\left(\begin{bmatrix}\mathbf{L} & \boldsymbol{\varphi}\end{bmatrix}\begin{bmatrix}\mathbf{L} & \boldsymbol{\varphi}\end{bmatrix}^T\right) = \mathrm{chol}\left(\begin{bmatrix}\mathbf{L} & \boldsymbol{\varphi}\end{bmatrix}\mathbf{Q}_{\mathrm{giv}}\mathbf{Q}_{\mathrm{giv}}^T\begin{bmatrix}\mathbf{L} & \boldsymbol{\varphi}\end{bmatrix}^T\right) \\ &= \mathrm{chol}\left(\begin{bmatrix}\mathbf{L}_{\mathrm{neu}} & \mathbf{0}\end{bmatrix}\begin{bmatrix}\mathbf{L}_{\mathrm{neu}} & \mathbf{0}\end{bmatrix}^T\right). \end{aligned} \tag{4.48}$$

wobei $\mathbf{Q}_{\mathrm{giv}}$ eine orthogonale Matrix ist. Somit gilt

$$\left[\ \mathbf{L}_{\mathrm{neu}} \mid \mathbf{0}\ \right] = \left[\ \mathbf{L} \mid \boldsymbol{\varphi}\ \right]\mathbf{Q}_{\mathrm{giv}}. \tag{4.49}$$

Da die Matrix $\mathbf{L}$ bereits eine untere Dreiecksmatrix ist, ist es also das Ziel, für eine einfache Berechnung der Matrix $\mathbf{L}_{\mathrm{neu}}$, eine Rotationsmatrix zu finden, welche die Elemente in der letzten Spalte $\boldsymbol{\varphi}$ zu Null setzt. Genau für diesen Zweck können sogenannte Givens Rotationen eingesetzt werden, welche nachfolgend definiert werden.

Definition 4.1 (Givens Rotation). Die Givens Rotation bezeichnet eine Drehung in einer Ebene, welche durch die beiden Einheitsvektoren $\mathbf{e}_i$ und $\mathbf{e}_k$ aufgespannt wird. Die Transformation lässt sich dabei durch die orthogonale Matrix

$$\mathbf{G}(i,k,\theta) = \begin{bmatrix} 1 & \cdots & 0 & \cdots & 0 & \cdots & 0 \\ \vdots & \ddots & \vdots & & \vdots & & \vdots \\ 0 & \cdots & c & \cdots & s & \cdots & 0 \\ \vdots & & \vdots & \ddots & \vdots & & \vdots \\ 0 & \cdots & -s & \cdots & c & \cdots & 0 \\ \vdots & & \vdots & & \vdots & \ddots & \vdots \\ 0 & \cdots & 0 & \cdots & 0 & \cdots & 1 \end{bmatrix} \begin{matrix} \\ \\ \leftarrow & i \\ \\ \leftarrow & k \\ \\ \\ \end{matrix} \tag{4.50}$$

$$\begin{matrix} \uparrow & \uparrow \\ i & k \end{matrix}$$

(4.51)

Algorithmus 4.3 Faktoren für die Givensrotation (Golub und Van Loan, 2012)

1: **function** GIVENS(a,b)
2:    **if** $b = 0$ **then**
3:       $c \leftarrow 1, \quad s \leftarrow 0$
4:    **else**
5:       **if** $|b| > |a|$ **then**
6:          $\tau \leftarrow -a/b; \quad s \leftarrow 1/\sqrt{1 + \tau^2}; \quad c \leftarrow s\tau;$
7:       **else**
8:          $\tau \leftarrow -b/a; \quad c \leftarrow 1/\sqrt{1 + \tau^2}; \quad s \leftarrow c\tau;$
9:       **end if**
10:   **end if**
11:   **return** c, s
12: **end function**

Algorithmus 4.4 Update Cholesky-Zerlegung

1: **function** CHOLUPDATE($\mathbf{L}, \mathbf{v}$)
2:    $n \leftarrow$ Anzahl der Zeilen des Vektors $\mathbf{v}$
3:    **for** $i \leftarrow 1 : n$ **do**
4:       $[c, s] \leftarrow$ GIVENS($\mathbf{L}(i,i), \mathbf{v}(i)$)   ▷ Siehe Algorithmus 4.3
5:       $\mathbf{A} \leftarrow \begin{bmatrix} \mathbf{L}(:,i) & \mathbf{v} \end{bmatrix} \begin{bmatrix} c & s \\ -s & c \end{bmatrix}$
6:       $\mathbf{L}(:,i) \leftarrow \mathbf{A}(:,1)$
7:       $\mathbf{v} \leftarrow \mathbf{A}(:,2)$
8:    **end for**
9:    **return** $\mathbf{L}$
10: **end function**

---

beschreiben, mit $c = \cos(\theta)$ und $s = \sin(\theta)$, wobei θ den Drehwinkel angibt.

Angenommen, es soll ein Update der Matrix $\mathbf{A} \in \mathbb{R}^{l \times m}$ mit einer Givens Transformation durchgeführt werden gemäß $\mathbf{A} = \mathbf{A}\mathbf{G}(i, k, \theta)$ mit $\mathbf{G}(i, k, \theta) \in \mathbb{R}^{m \times m}$. Auf Grund der einfachen Struktur sind lediglich zwei Spalten der Matrix $\mathbf{A}$ von der Transformation betroffen, sodass man das Update vereinfacht aufschreiben kann als

$$\mathbf{A}(:, [i, k]) = \mathbf{A}(:, [i, k]) \begin{bmatrix} c & s \\ -s & c \end{bmatrix}. \tag{4.52}$$

Die Givens-Transformation kann somit gezielt eingesetzt werden, um einzelne Einträge in einer Matrix zu Null zu setzen. Dabei kann $\mathbf{G}(i, k, \theta)$ so gewählt werden, dass durch $\mathbf{A} = \mathbf{A}\mathbf{G}(i, k, \theta)$ der Eintrag $\mathbf{A}(i, k)$ verschwindet gemäß

$$\begin{bmatrix} a & b \end{bmatrix} \begin{bmatrix} c & s \\ -s & c \end{bmatrix} = \begin{bmatrix} \tilde{a} & 0 \end{bmatrix} \tag{4.53}$$

mit $a = \mathbf{A}(i, i)$ und $b = \mathbf{A}(i, k)$. Algorithmus 4.3 gibt dabei die Berechnungsvorschrift an, wie die Skalare c und s der Givens Transformation dafür zu wählen sind. Um entsprechend alle Einträge in der letzten Spalte φ der Matrix in Gleichung (4.49) zu entfernen, können

Algorithmus 4.5 Update SKR bzw. SIR ohne Rückführungen

Input: $s_\mathrm{p}, s_\mathrm{f}, k_\mathrm{u}, k_\mathrm{y}, \lambda, k_\mathrm{upd}$ ▷ Update SKR/SIR alle k_upd Abtastwerte

Init: $\mathbf{L} \leftarrow \mathbf{0}_{(s_\mathrm{f}+s_\mathrm{p}+2)(k_\mathrm{u}+k_\mathrm{y})}$; $k = 1$ ▷ k : Aktueller Abtastwert

$\mathbf{u}_\mathrm{p} \leftarrow \mathbf{0}_{(s_\mathrm{p}+1)k_\mathrm{u}}$; $\mathbf{y}_\mathrm{p} \leftarrow \mathbf{0}_{(s_\mathrm{p}+1)k_\mathrm{y}}$; $\mathbf{u}_\mathrm{f} \leftarrow \mathbf{0}_{(s_\mathrm{f}+1)k_\mathrm{u}}$; $\mathbf{y}_\mathrm{f} \leftarrow \mathbf{0}_{(s_\mathrm{f}+1)k_\mathrm{y}}$

loop

Messe $\mathbf{u}$ und $\mathbf{y}$ zum Zeitpunkt k: $\mathbf{u}_\mathrm{m} \leftarrow \mathbf{u}$, $\mathbf{y}_\mathrm{m} \leftarrow \mathbf{y}$

$\mathbf{u}_\mathrm{p} \leftarrow \begin{bmatrix} \mathbf{u}_\mathrm{p}(k_\mathrm{u}+1:\mathrm{end}) \\ \mathbf{u}_\mathrm{f}(1:k_\mathrm{u}) \end{bmatrix}$; $\mathbf{y}_\mathrm{p} \leftarrow \begin{bmatrix} \mathbf{y}_\mathrm{p}(k_\mathrm{y}+1:\mathrm{end}) \\ \mathbf{y}_\mathrm{f}(1:k_\mathrm{y}) \end{bmatrix}$

$\mathbf{u}_\mathrm{f} \leftarrow \begin{bmatrix} \mathbf{u}_\mathrm{f}(k_\mathrm{u}+1:\mathrm{end}) \\ \mathbf{u}_\mathrm{m} \end{bmatrix}$; $\mathbf{y}_\mathrm{f} \leftarrow \begin{bmatrix} \mathbf{y}_\mathrm{f}(k_\mathrm{y}+1:\mathrm{end}) \\ \mathbf{y}_\mathrm{m} \end{bmatrix}$

$\mathbf{v} \leftarrow \begin{bmatrix} \mathbf{u}_\mathrm{p}^T & \mathbf{y}_\mathrm{p}^T & \mathbf{u}_\mathrm{f}^T & \mathbf{y}_\mathrm{f}^T \end{bmatrix}^T$

$\mathbf{L} \leftarrow \textsc{cholupdate}(\lambda\mathbf{L}, \mathbf{v})$ ▷ Siehe Algorithmus 4.4

if $\textsc{mod}(k, k_\mathrm{upd})=0$ **then** ▷ Modulo Operator

Berechne $\mathbf{L}_{\mathbf{Z}\mathrm{p}}$, $\mathbf{L}_{\mathbf{Y}\mathrm{p}}$ und $\mathbf{L}_{\mathbf{U}\mathrm{f}}$ aus $\mathbf{L}$ gemäß Gl. (3.55)

Berechne $\boldsymbol{\mathcal{K}}_\mathrm{d}$ bzw. $\boldsymbol{\mathcal{I}}_\mathrm{d}$ gemäß Gl. (3.49) bzw. (3.80)

end if

$k \leftarrow k+1$

end loop

mit $\mathbf{L} \in \mathbb{R}^{l\times l}$ und $l = (s_\mathrm{p} + s_\mathrm{f} + 2)(k_\mathrm{u} + k_\mathrm{y})$ die folgenden Givens Transformationen durchgeführt werden

$$\left[\ \mathbf{L}_\mathrm{neu} \mid \mathbf{0}\ \right] = \left[\ \mathbf{L} \mid \boldsymbol{\varphi}\ \right] \mathbf{Q}_\mathrm{giv} = \left[\ \mathbf{L} \mid \boldsymbol{\varphi}\ \right] \prod_{i=1}^{l} \mathbf{G}(i, l+1). \tag{4.54}$$

Das so beschriebene Verfahren zum Update der $\mathbf{L}$ Matrix mit Hilfe der Cholesky Zerlegung ist in Algorithmus 4.4 zusammengefasst. Mit den beschriebenen Verfahren ist es möglich, für jede neue Messung ein Update der $\mathbf{L}$ Matrix durchzuführen, aus welcher dann die SKR bzw SIR berechnet werden können. Ein ähnliches Verfahren, welches allerdings nicht explizit die Rotationen berechnet, ist z.B. in Kameyama u. a., 2005 beschrieben. Wie bereits zu Beginn des Kapitels angedeutet, soll es nicht nur möglich sein, die SKR bzw. SIR aus den iterativ erzeugten Projektionsmatrizen zu berechnen, sondern auch auf Änderungen im Prozess zu reagieren und die SKR bzw. SIR entsprechend zu adaptieren. Aus diesem Grund wird noch ein zusätzlicher Vergessensfaktor λ eingeführt, welcher in jedem Abtastschritt mit der Matrix $\mathbf{L}$ multipliziert wird, um das alte Systemverhalten „zu vergessen". Klassischerweise wird ein solcher Vergessensfaktor im Intervall $\lambda \in [0.95, 1)$ gewählt. Der vollständige Algorithmus für das Update der SKR bzw. SIR kann somit in Algorithmus 4.5 zusammengefasst werden. Der Algorithmus bezieht sich auf die Berechnung der SKR bzw. SIR ohne Rückführungen durch einen Regler. Dieser kann jedoch leicht angepasst und um die Messungen in der FRA erweitert werden. Aus Gründen der Übersichtlichkeit wird daher auf eine explizite Angabe des Algorithmus für den geschlossenen Reglekreis verzichtet. Algorithmus 4.5 soll anhand des nachfolgenden Beispiels veranschaulicht werden.

Beispiel 4.1 (Adaptive Realisierung der SKR). *Gegeben sei eine Strecke* $\mathbf{G}_\mathrm{p}$ *erster Ord-*

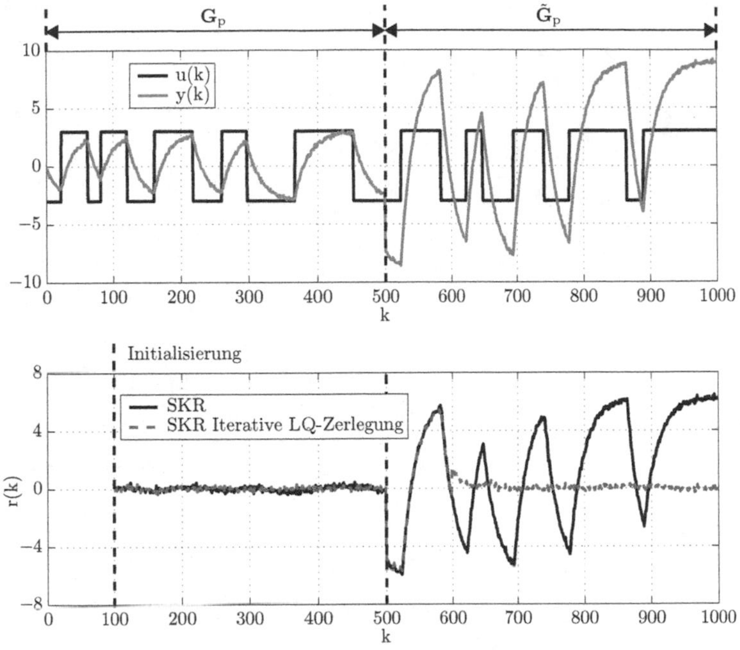

Abbildung 4.3: Simulationsergebnisse adaptive, datenbasierte SKR

nung, welche durch Zustandsraumdarstellung (3.1) *beschrieben werden kann, wobei*

$$\mathbf{A} = 0.9515,\ \mathbf{B} = 0.048, \mathbf{C} = 1, \mathbf{D} = 0, \boldsymbol{\xi} = 0. \tag{4.55}$$

gilt und es sich bei dem Messrauschen $\boldsymbol{v}$ *um weißes Rauschen mit einer Varianz von* 0.01 *handelt. Für die Berechnung und Adaptierung einer datenbasierten Realisierung der SKR wurde Algorithmus 4.5 mit* $s_{\mathrm{p}} = s_{\mathrm{f}} = 7$*, einem Vergessensfaktor von* $\lambda = 0.97$ *und einem Update Intervall von* $k_{\mathrm{upd}} = 100$ *verwendet. Das bedeutet, dass zu Beginn der Simulation keinerlei Informationen über die SKR vorhanden sind. Anhand der Messdaten wird* $\mathbf{L}$ *rekursiv berechnet und alle* 100 *Abtastschritte für die Neuberechnung der SKR verwendet. Das Ergebnis ist in Abbildung 4.3 dargestellt. Die Simulation besteht aus insgesamt* 1000 *simulierten Abtastpunkten. Um die Adaptionsfähigkeit gemäß Algorithmus 4.5 zu testen, wurde das Systemverhalten nach* 500 *Abtastpunkten von* $\mathbf{G}_{\mathrm{p}}$ *umgeschaltet auf* $\tilde{\mathbf{G}}_{\mathrm{p}} = 3\mathbf{G}_{\mathrm{p}}$. *Es wurde somit testweise der konstante Verstärkungsfaktor geändert. Um beurteilen zu können, ob die Adaption der SKR funktioniert hat, wurde zusätzlich das Residuensignal* $\mathbf{r}(k)$ *berechnet. Dabei wurde die SKR aus Beispiel 3.1, welche gemäß Algorithmus 3.1 berechnet wurde, verglichen mit der adaptiven SKR in Bezug auf das Residuensignal. In Abbildung 4.3 wird deutlich, dass es dem adaptiven Verfahren gelingt, das neue Systemverhalten bereits bei dem ersten Update nach* 100 *Messwerten korrekt zu erfassen. Dies lässt sich an dem verschwindenen Residuensignal erkennen.*

5 Datenbasierte Realisierung der Gap-Metrik und des optimalen Stabilitätsradius

In diesem Kapitel werden neuartige, datenbasierte Berechnungsmethoden zur Realisierung der sogenannten Gap-Metrik und des optimalen Stabilitätsradius vorgestellt. Die in der Literatur vorhandenen Berechnungsformen beruhen im Wesentlichen auf modellbasierten Ansätzen. Grundlage für die Betrachtungen in diesem Kapitel sind die zuvor vorgestellten Ergebnisse bezüglich der Realisierung einer datenbasierten SKR bzw. SIR.

5.1 Motivation und Problemformulierung

Das Konzept der Gap-Metrik und des optimalen Stabilitätsradius sind zwei wichtige Werkzeuge im Bereich der Analyse von Regelkreisen, besonders im Bereich der robusten Regelung (Zhou und Doyle, 1997). In einer sehr allgemeinen Form kann die Gap-Metrik als ein Maß für die Distanz zweier abgeschlossener Unterräume eines Hilbertraums angesehen werden (Kato, 1980). Im Kontext der robusten Regelung wurde die Gap-Metrik für theoretische Betrachtungen erstmals von Zames und El-Sakkary (1980) vorgeschlagen. Im regelungstechnischen Zusammenhang dient die Gap-Metrik, vereinfacht ausgedrückt, als ein Maß für die „Distanz“ zweier LTI-Systeme in Bezug auf ihr Verhalten im geschlossenen Regelkreis. Die Größe der „Distanz“ wird dabei über sogenannte Gap-Metrik Unsicherheiten ausgedrückt, welche eine direkte Beziehung zu den zuvor vorgestellten, koprimen Unsicherheiten aufweisen (siehe Abschnitt 2.6). Das Gegenstück zur Gap-Metrik ist der optimale Stabilitätsradius, welcher ein Maß für die Unsicherheit darstellt, die ein LTI-System im geschlossenen Regelkreis tolerieren kann, bevor der geschlossene Regelkreis instabil wird. Neben vielen theoretischen Ergebnissen, welche teilweise auch in diesem Kapitel zusammengefasst werden, wird die Gap-Metrik zusammen mit dem optimalen Stabilitätsradius häufig im Bereich von Multi-Modell Ansätzen verwendet, siehe z.B. (Anderson u. a., 2000; Arslan u. a., 2004; Du und Johansen, 2014) für eine Übersicht. Eine modellbasierte Berechnungsmethode für die Gap-Metrik und einige Ergebnisse im Zusammenhang mit dem Stabilitätsradius befinden sich in (Georgiou, 1988). Die modellbasierte Berechnungsvorschrift für den optimalen Stabilitätsradius befindet sich z.B. in (McFarlane und Glover, 1990).

Die Berechnungsvorschriften für die Gap-Metrik und den Stabilitätsradius basieren auf der (normalisierten) SKR bzw. SIR. Auf Grund des hohen Berechnungsaufwandes, werden beide Größen so gut wie nie als „online“ Indikatoren, z.B. zur Prozessüberwachung oder für fehlertolerante Regelungen, verwendet. Darüber hinaus benötigt die Berechnung beider Größen ein explizites Modell, welches oft zur Laufzeit des Prozesses nicht „online“ zur Verfügung steht. Auf der anderen Seite bieten genau hier datenbasierte Ansätze, basierend auf der datenbasierten Realisierung der SKR bzw. SIR eine Möglichkeit, beide Größen durch einfache Berechnung auch „online“, also zur Laufzeit des Prozesses, verfügbar zu machen. Potentielle Anwendungen und Beispiele dazu werden in Kapitel 7 erläutert. Die Problemformulierung in diesem Kapitel kann also wie folgt festgehalten werden:

- Es soll eine datenbasierte Realisierung der Gap-Metrik und des optimalen Stabilitätsradius definiert werden, basierend auf der datenbasierten SKR bzw. SIR aus den Kapiteln 3 und 4.
- Auf der Grundlage der zuvor genannten Definition sollen Berechnungsvorschriften zur Realisierung der datenbasierten Gap-Metrik bzw. des optimalen Stabilitätsradius hergeleitet werden.
- Es sollen Ansätze mit finiten und infiniten Zeithorizonten bei Lösung der Optimierungsprobleme untersucht werden.
- Es soll der Zusammenhang zwischen der datenbasierten Approximation der Gap-Metrik bzw. des Stabilitätsradius mit der jeweiligen modellbasierten Berechnung untersucht werden.

Um diese Ziele zu erreichen, werden im nächsten Abschnitt zunächst die wichtigsten Grundlagen aus der Literatur zusammengefasst.

5.2 Grundlagen

In diesem Abschnitt sollen zunächst die wichtigsten mathematischen Grundlagen zur Gap-Metrik und zum Stabilitätsradius zusammengefasst werden. Die Herleitung und Berechnung beider Größen beruht in weiten Teilen auf der Operatortheorie. Um den Umfang dieses Abschnitts so kurz wie möglich zu gestalten, werden daher nur die wesentlichen Ergebnisse angegeben. Einer anschaulichen Darstellung soll Vorrang vor der exakten, mathematischen Beschreibung gegeben werden. Für eine ausführliche Betrachtung und Übersicht zu diesem Thema wird auf (Vinnicombe, 2000; Georgiou und Smith, 1990; Zhou und Doyle, 1997) verwiesen.

5.2.1 Die Gap-Metrik

Ursprünglich stammt die Gap-Metrik nicht aus dem Bereich der Regelungstheorie, sondern aus dem Bereich der Operatortheorie und kann allgemein als ein Maß für den „Abstand" zweier Unterräume in einem Hilbertraum angesehen werden. Entsprechend ist nachfolgend eine sehr allgemein gehaltene Definition der Gap-Metrik angeführt.

Definition 5.1 (Allgemeine Definition der Gap-Metrik (Kato, 1980)). Gegeben seien die zwei Unterräume $\mathcal{V}$ bzw. $\mathcal{W}$ eines Hilbertraums $\mathcal{Z}$. Dann ist die Gap-Metrik δ zwischen den beiden Unterräumen allgemein definiert als

$$\delta = \max\Big(\vec{\delta}(\mathcal{V},\mathcal{W}), \vec{\delta}(\mathcal{W},\mathcal{V})\Big). \tag{5.1}$$

Dabei bezeichnet $\vec{\delta}$ die gerichtete Gap, welche definiert ist als

$$\vec{\delta}(\mathcal{V},\mathcal{W}) = \sup_{v\in S_{\mathcal{V}}} \operatorname{dist}(v,\mathcal{W}) \tag{5.2}$$

mit der Einheitssphäre $S_{\mathcal{V}}$

$$S_{\mathcal{V}} = \{v \in \mathcal{V} \mid \|v\| = 1\} \tag{5.3}$$

und dem Distanzoperator zwischen dem Element $v \in S_{\mathcal{V}}$ und dem Unterraum $\mathcal{W}$

$$\mathrm{dist}(v, \mathcal{W}) = \inf_{w \in \mathcal{W}} \|v - w\| . \tag{5.4}$$

Eines der primären Ziele eines Reglers ist es, eine gegebene Strecke $\mathbf{G}$ im geschlossenen Regelkreis so zu beeinflussen, dass das System stabilisiert wird. Dies bedeutet, dass die Ein- und Ausgangssignale der Strecke somit auf den stabilen Bildraum $\mathrm{im}(\mathbf{G})$ gemäß Definition 2.6 begrenzt werden. Angenommen, man möchte zwei LTI-Systeme in Bezug auf ihr Verhalten im geschlossenen Regelkreis vergleichen. Dann sind sich beiden Systeme im geschlossenen Regelkreis genau dann sehr „ähnlich", wenn sie einen „ähnlichen" stabilen Bildraum besitzen. Aus diesem Grund kann die Gap-Metrik für den Vergleich des Verhaltens zweier LTI-Systeme im geschlossenen Regelkreis wie folgt definiert werden.

Definition 5.2 (Gap-Metrik für LTI-Systeme (Zames und El-Sakkary, 1980)). Gegeben seien für $i = 1, 2$ die zwei stabilen Bildräume $\mathrm{im}(\mathbf{G}^{(i)}) \subseteq \mathcal{H}_2 \oplus \mathcal{H}_2$ der beiden LTI-Systeme $\mathbf{G}^{(i)}$. Dann ist die Gap-Metrik δ zwischen den beiden Systemen definiert als

$$\delta(\mathbf{G}^{(1)}, \mathbf{G}^{(2)}) = \max\left(\vec{\delta}(\mathbf{G}^{(1)}, \mathbf{G}^{(2)}), \vec{\delta}(\mathbf{G}^{(2)}, \mathbf{G}^{(1)})\right) \tag{5.5}$$

mit der gerichteten Gap

$$\vec{\delta}(\mathbf{G}^{(1)}, \mathbf{G}^{(2)}) = \sup_{\left\{ \begin{bmatrix}\mathbf{u}_1\\ \mathbf{y}_1\end{bmatrix} \in \mathrm{im}(\mathbf{G}^{(1)}) \,\middle|\, \left\| \begin{bmatrix}\mathbf{u}_1\\ \mathbf{y}_1\end{bmatrix} \right\|_2 = 1 \right\}} \mathrm{dist}\left(\begin{bmatrix}\mathbf{u}_1\\ \mathbf{y}_1\end{bmatrix}, \mathrm{im}(\mathbf{G}^{(2)}) \right) \tag{5.6}$$

und

$$\mathrm{dist}\left(\begin{bmatrix}\mathbf{u}_1\\ \mathbf{y}_1\end{bmatrix}, \mathrm{im}(\mathbf{G}^{(2)}) \right) = \inf_{\begin{bmatrix}\mathbf{u}_2\\ \mathbf{y}_2\end{bmatrix} \in \mathrm{im}(\mathbf{G}^{(2)})} \left\| \begin{bmatrix}\mathbf{u}_1\\ \mathbf{y}_1\end{bmatrix} - \begin{bmatrix}\mathbf{u}_2\\ \mathbf{y}_2\end{bmatrix} \right\|_2 . \tag{5.7}$$

Eine geometrisch anschauliche Interpretation dieser Definition der Gap-Metrik ist in Abbildung 5.1 dargestellt. Mit der Definition der Gap-Metrik gemäß Definition 5.2 lässt sich eine erste Berechnungsmethode für die gerichtete Gap basierend auf den stabilen Ein- bzw. Ausgangssignalen der betrachteten Systeme wie folgt angeben.

Lemma 5.1. *(Signalbasierte Berechnung gerichtete Gap) Gegeben seien für* $i = 1, 2$ *die LTI-Systeme* $\mathbf{G}^{(i)}$ *mit den zugehörigen, stabilen Bildräumen* $\mathrm{im}(\mathbf{G}^{(i)})$. *Dann kann die gerichtete Gap gemäß Definition 5.2 berechnet werden zu*

$$\vec{\delta}(\mathbf{G}^{(1)}, \mathbf{G}^{(2)}) = \sup_{\begin{bmatrix}\mathbf{u}_1\\ \mathbf{y}_1\end{bmatrix} \in \mathrm{im}(\mathbf{G}^{(1)})} \; \inf_{\begin{bmatrix}\mathbf{u}_2\\ \mathbf{y}_2\end{bmatrix} \in \mathrm{im}(\mathbf{G}^{(2)})} \frac{\left\| \begin{bmatrix}\mathbf{u}_1\\ \mathbf{y}_1\end{bmatrix} - \begin{bmatrix}\mathbf{u}_2\\ \mathbf{y}_2\end{bmatrix} \right\|_2}{\left\| \begin{bmatrix}\mathbf{u}_1\\ \mathbf{y}_1\end{bmatrix} \right\|_2} . \tag{5.8}$$

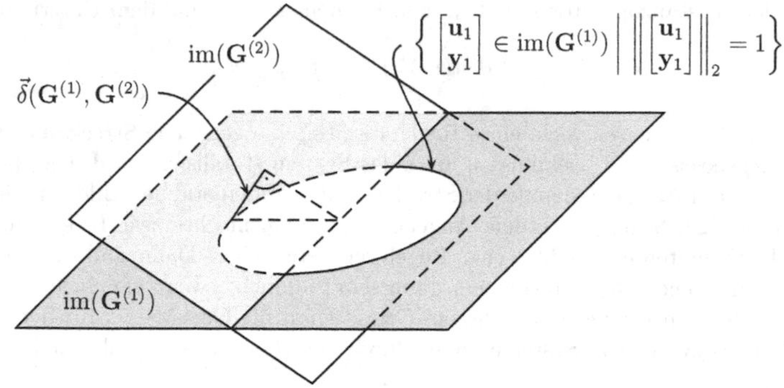

Abbildung 5.1: Geometrische Interpretation der Gap-Metrik (vgl. Mueller (2009))

Beweis. Unter Verwendung der Projektionsoperatoren auf die stabilen Bildräume $\pi_{\mathrm{im}(\mathbf{G}^{(i)})}$ bzw. auf deren Komplementärräume $\pi^{\perp}_{\mathrm{im}(\mathbf{G}^{(i)})}$ mit $i = 1, 2$, gilt

$$\begin{aligned}\mathrm{dist}\left(\begin{bmatrix}\mathbf{u}_1\\\mathbf{y}_1\end{bmatrix}, \mathrm{im}(\mathbf{G}^{(2)})\right) &= \inf_{\begin{bmatrix}\mathbf{u}_2\\\mathbf{y}_2\end{bmatrix}\in\mathrm{im}(\mathbf{G}^{(2)})} \left\|\begin{bmatrix}\mathbf{u}_1\\\mathbf{y}_1\end{bmatrix} - \begin{bmatrix}\mathbf{u}_2\\\mathbf{y}_2\end{bmatrix}\right\|_2 \\ &= \left\|\pi^{\perp}_{\mathrm{im}(\mathbf{G}^{(2)})}\begin{bmatrix}\mathbf{u}_1\\\mathbf{y}_1\end{bmatrix}\right\|_2 .\end{aligned} \tag{5.9}$$

Damit gilt für die gerichtete Gap $\vec{\delta}(\mathbf{G}^{(1)}, \mathbf{G}^{(2)})$

$$\begin{aligned}\vec{\delta}(\mathbf{G}^{(1)}, \mathbf{G}^{(2)}) &= \sup_{\left\{\begin{bmatrix}\mathbf{u}_1\\\mathbf{y}_1\end{bmatrix}\in\mathrm{im}(\mathbf{G}^{(1)}) \,\middle|\, \left\|\begin{bmatrix}\mathbf{u}_1\\\mathbf{y}_1\end{bmatrix}\right\|_2=1\right\}} \mathrm{dist}\left(\begin{bmatrix}\mathbf{u}_1\\\mathbf{y}_1\end{bmatrix}, \mathrm{im}(\mathbf{G}^{(2)})\right) \\ &= \sup_{\left\{\begin{bmatrix}\mathbf{u}_1\\\mathbf{y}_1\end{bmatrix}\in\mathrm{im}(\mathbf{G}^{(1)}) \,\middle|\, \left\|\begin{bmatrix}\mathbf{u}_1\\\mathbf{y}_1\end{bmatrix}\right\|_2=1\right\}} \inf_{\begin{bmatrix}\mathbf{u}_2\\\mathbf{y}_2\end{bmatrix}\in\mathrm{im}(\mathbf{G}^{(2)})} \left\|\begin{bmatrix}\mathbf{u}_1\\\mathbf{y}_1\end{bmatrix} - \begin{bmatrix}\mathbf{u}_2\\\mathbf{y}_2\end{bmatrix}\right\|_2 \\ &= \sup_{\begin{bmatrix}\mathbf{u}_1\\\mathbf{y}_1\end{bmatrix}\in\mathrm{im}(\mathbf{G}^{(1)})} \inf_{\begin{bmatrix}\mathbf{u}_2\\\mathbf{y}_2\end{bmatrix}\in\mathrm{im}(\mathbf{G}^{(2)})} \frac{\left\|\begin{bmatrix}\mathbf{u}_1\\\mathbf{y}_1\end{bmatrix} - \begin{bmatrix}\mathbf{u}_2\\\mathbf{y}_2\end{bmatrix}\right\|_2}{\left\|\begin{bmatrix}\mathbf{u}_1\\\mathbf{y}_1\end{bmatrix}\right\|_2} .\end{aligned} \tag{5.10}$$

□

Eine etwas andere Herleitung der Ergbnisse aus Lemma 5.1 befinden sich auch in (Vinnicombe, 2000). Lemma 5.1 gibt eine signalbasierte Berechnungsvorschrift für die gerichtete Gap an. Diese Form der Berechnung ist sehr anschaulich und für die spätere Herleitung eines datenbasierten Ansatzes ein wichtiger Ausgangspunkt. In dieser Form lässt sich die gerichtete Gap jedoch nicht direkt aus einem gegebenen Modell berechnen. Das nachfolgende Theorem stellt zu diesem Zweck den Zusammenhang der gerichteten Gap mit der normalisierten SIR her.

Lemma 5.2 (Modellbasierte Berechnung gerichtete Gap (Georgiou, 1988)). *Gegeben seien für* $i = 1, 2$ *die normalisierten SIRs* $\bar{\mathcal{I}}^{(i)}(z)$, *korrespondierend zu den LTI-Systemen* $\mathbf{G}^{(i)}(z)$, *dann kann die gerichtete Gap aus Definition 5.2 berechnet werden zu*

$$\vec{\delta}(\mathbf{G}^{(1)}, \mathbf{G}^{(2)}) = \inf_{\mathbf{Q}(z) \in \mathcal{RH}_\infty} \left\| \bar{\mathcal{I}}^{(1)}(z) - \bar{\mathcal{I}}^{(2)}(z)\mathbf{Q}(z) \right\|_\infty . \tag{5.11}$$

Das Optimierungsproblem zur Berechnung der gerichteten Gap in Lemma 5.2 ist aus der Literatur bekannt und ist dort unter dem Stichwort „model matching problem“ zu finden. Mögliche Berechnungsansätze zur Lösung des „model mathing problem“ befinden sich z.B. in (Francis, 1986; Green und Limebeer, 2012). Aus den beiden Theoremen ist schnell ersichtlich, dass die Gap-Metrik einen Wertebereich $\delta \in [0, 1]$ besitzt. Das Bemerkenswerte bei der Gap-Metrik ist dabei, dass alleine an Hand zweier offener LTI-Systeme deren Ähnlichkeit im Sinne eines geschlossenen Regelkreises verglichen wird, ohne einen konkreten Regler zu betrachten. Dieser Aspekt wird auch dadurch deutlich, dass die SIR in Lemma 5.2 einen direkten Zusammenhang zur Zustandsregelung aufweist (siehe Abschnitt 2.3). Eine „kleine“ Gap-Metrik bedeutet dabei, dass sich beide LTI-Systeme im geschlossenen Regelkreis sehr „ähnlich“ verhalten. Somit können beide Systeme vermutlich mit einem Regler stabilisiert werden bzw. zeigen beide Strecken im Regelkreis eine ähnliche Performanz. Umgekehrt bedeutet eine „große“ Gap-Metrik, dass beide LTI-Systeme sehr unterschiedliches Verhalten in Bezug auf ihre Eigenschaften im geschlossenen Regelkreis aufweisen. Somit muss für beide Systeme vermutlich ein eigener Regler entworfen werden. Um diese qualitativen Aussagen näher spezifizieren zu können, wird im nachfolgenden Abschnitt der Stabilitätsradius eingeführt.

5.2.2 Der Stabilitätsradius und der Zusammenhang zur Gap-Metrik

Anschaulich kann der Stabilitätsradius als eine Art Gegenstück zur Gap-Metrik angesehen werden. Während die Gap-Metrik angibt, wie stark sich zwei LTI-Systeme im Sinne der koprimen Unsicherheit voneinander unterscheiden, gibt der Stabilitätsradius Auskünft über die „Größe“ der maximal tolerierbaren koprimen Unsicherheit, für welche die Stabilität eines geschlossenen Regelkreises mit gegebener Strecke und gegebenem Regler garantiert werden kann. Um diese Überlegung zu konkretisieren, wird zunächst die Definition des Stabilitätsradius angegeben.

Definition 5.3 (Stabilitätsradius). Gegeben sei die lineare Strecke $\mathbf{G}(z)$ welche in dem Standardregelkreis $[\mathbf{G}(z), \mathbf{K}(z)]$ durch den Regler $\mathbf{K}(z)$ intern stabilisiert wird. Dann ist der Stabilitätsradius $b_{\mathbf{G},\mathbf{K}}$ definiert als

$$\begin{aligned} b_{\mathbf{G},\mathbf{K}} &= \left\| \begin{bmatrix} \mathbf{I} \\ \mathbf{G}(z) \end{bmatrix} (\mathbf{I} - \mathbf{K}(z)\mathbf{G}(z))^{-1} \begin{bmatrix} \mathbf{I} & \mathbf{K}(z) \end{bmatrix} \right\|_\infty^{-1} \\ &= \left\| \begin{bmatrix} \mathbf{K}(z) \\ \mathbf{I} \end{bmatrix} (\mathbf{I} - \mathbf{G}(z)\mathbf{K}(z))^{-1} \begin{bmatrix} \mathbf{G}(z) & \mathbf{I} \end{bmatrix} \right\|_\infty^{-1} . \end{aligned} \tag{5.12}$$

Korollar 5.1 (Alternative Darstellung des Stabilitätsradius (Georgiou und Smith, 1990)). *Gegeben sei die normalisierte LCF der Strecke* $\mathbf{G}(z) = \hat{\mathbf{M}}(z)^{-1}\hat{\mathbf{N}}(z)$ *und die Youla Parametrierung des Reglers* $\mathbf{K}(z)$ *gemäß Theorem 2.3*

$$\mathbf{K}(z) = -\left(\hat{\mathbf{Y}}(z) + \mathbf{M}(z)\mathbf{Q}(z)\right)\left(\hat{\mathbf{X}}(z) - \mathbf{N}(z)\mathbf{Q}(z)\right)^{-1} \tag{5.13}$$

Dann kann der Stabilitätsradius aus Definition 5.3 äquivalent berechnet werden zu

$$b_{\mathbf{G},\mathbf{K}} = \left\| \begin{bmatrix} -\hat{\mathbf{Y}}(z) \\ \hat{\mathbf{X}}(z) \end{bmatrix} - \begin{bmatrix} \mathbf{M}(z) \\ \mathbf{N}(z) \end{bmatrix} \mathbf{Q}(z) \right\|_{\infty}^{-1}. \tag{5.14}$$

Gegeben sei die normalisierte RCF der Strecke $\mathbf{G}(z) = \mathbf{N}(z)\mathbf{M}^{-1}(z)$ *und die Youla Parametrierung des Reglers* $\mathbf{K}(z)$ *gemäß Theorem 2.3*

$$\mathbf{K}(z) = -\left(\mathbf{X}(z) - \mathbf{Q}(z)\hat{\mathbf{N}}(z)\right)^{-1}\left(\mathbf{Y}(z) + \mathbf{Q}(z)\hat{\mathbf{M}}(z)\right). \tag{5.15}$$

Dann kann der Stabilitätsradius aus Definition 5.3 äquivalent berechnet werden zu

$$b_{\mathbf{G},\mathbf{K}} = \left\| \begin{bmatrix} \mathbf{X}(z) & \mathbf{Y}(z) \end{bmatrix} + \mathbf{Q}(z) \begin{bmatrix} -\hat{\mathbf{N}}(z) & \hat{\mathbf{M}}(z) \end{bmatrix} \right\|_{\infty}^{-1}. \tag{5.16}$$

Die Ergebnisse aus Korollar 5.1 können dabei durch einfaches Einsetzen unter Berücksichtigung der Norminvarianz bezüglich einer inner bzw. coinner Übertragungsfunktion verifiziert werden. Da angenommen wurde, dass das System durch den Regler intern stabilisiert wird, ist der Wertebereich der berechneten $\mathcal{H}_\infty$-Norm gemäß Korollar 2.4 $(1, \infty)$. Der Wertebereich des Stabilitätsradius $b_{\mathbf{G},\mathbf{K}}$ liegt somit zwischen Null und Eins. Ein „kleiner" Stabilitätsradius bedeutet dabei, dass der geschlossene Regelkreis nur wenig robust gegenüber Unsicherheiten in der Strecke ist. Entsprechend umgekehrt bedeutet ein „großer" Stabilitätsradius eine hohe Robustheit gegenüber Unsicherheiten in der Strecke. Das nachfolgende Theorem quantifiziert diese Aussage und stellt dabei den angedeuteten Zusammenhang zu der Gap-Metrik her.

Theorem 5.1 (Robustheit in der Gap-Metrik (Georgiou und Smith, 1990)). *Gegeben sei die RCF des LTI-Systems* $\mathbf{G}(z) = \mathbf{N}(z)\mathbf{M}^{-1}(z)$ *und der Regler* $\mathbf{K}(z)$, *welcher* $[\mathbf{G}, \mathbf{K}]$ *intern stabilisiert mit einem Stabilitätsradius von* $b_{\mathbf{G},\mathbf{K}}$. *Dann gilt mit* $b \leq b_{\mathbf{G},\mathbf{K}}$ *und den Streckenmengen*

$$\begin{aligned} \mathcal{G}_\Delta &= \left\{ \bar{\mathbf{G}}(z) = \left(\mathbf{N}(z) + \boldsymbol{\Delta}_\mathbf{N}(z)\right)\left(\mathbf{M}(z) + \boldsymbol{\Delta}_\mathbf{M}(z)\right)^{-1} \;\middle|\; \left\| \begin{bmatrix} \Delta_\mathbf{M}(z) \\ \Delta_\mathbf{N}(z) \end{bmatrix} \right\|_\infty < b \right\} \\ \mathcal{G}_\delta &= \left\{ \bar{\mathbf{G}}(z) \,|\, \delta\left(\mathbf{G}(z), \bar{\mathbf{G}}(z)\right) < b \right\} \\ \mathcal{G}_{\vec{\delta}} &= \left\{ \bar{\mathbf{G}}(z) \,|\, \vec{\delta}\left(\mathbf{G}(z), \bar{\mathbf{G}}(z)\right) < b \right\} \end{aligned} \tag{5.17}$$

dass die folgenden Aussagen äquivalent sind:

1. $[\bar{\mathbf{G}}, \mathbf{K}]$ *ist intern stabil für alle* $\bar{\mathbf{G}}(z) \in \mathcal{G}_\Delta$,

2. $[\bar{\mathbf{G}}, \mathbf{K}]$ *ist intern stabil für alle* $\bar{\mathbf{G}}(z) \in \mathcal{G}_\delta$,

3. $[\bar{\mathbf{G}}, \mathbf{K}]$ *ist intern stabil für alle* $\bar{\mathbf{G}}(z) \in \mathcal{G}_{\vec{\delta}}$.

Theorem 5.1 zeigt, dass die Menge der Strecken, welche garantiert stabilisiert werden können, wenn man die Gap-Metrik oder die gerichtete Gap nach oben begrenzt, exakt durch die Menge der normbegrenzten, koprimen Unsicherheiten beschrieben werden kann. Ähnlich wie bei der SKR bzw. SIR ist die Darstellung der koprimen Unsicherheit nicht eindeutig. In der Tat kann gezeigt werden, dass die gerichtete Gap genau die koprime Unsicherheitsbeschreibung auswählt, welche die kleinste Unendlichnorm besitzt, denn gemäß (Vinnicombe, 2000) gilt für die normalisierte RCF $\mathbf{G}^{(1)}(z) = \mathbf{N}(z)\mathbf{M}^{-1}(z)$

$$\vec{\delta}(\mathbf{G}^{(1)}, \mathbf{G}^{(2)}) = \inf_{\begin{bmatrix}\Delta_{\mathbf{M}}\\ \Delta_{\mathbf{N}}\end{bmatrix} \in \mathcal{RH}_\infty} \left\{ \left\| \begin{bmatrix}\Delta_{\mathbf{M}}\\ \Delta_{\mathbf{N}}\end{bmatrix} \right\|_\infty \middle| \mathbf{G}^{(2)} = (\mathbf{N} + \Delta_{\mathbf{N}})(\mathbf{M} + \Delta_{\mathbf{M}})^{-1} \right\}. \tag{5.18}$$

Es sei an dieser Stelle noch darauf hingewiesen, dass es weniger konservative Robustheitsaussagen z.B. mit der sogenannten ν-Gap-Metrik gibt (siehe z.B. (Vinnicombe, 1993)). Der maximal erreichbare bzw. optimale Stabilitätsradius ist begrenzt und kann durch das nachfolgende Lemma berechnet werden.

Lemma 5.3 (Optimaler Stabilitätsradius (Glover und McFarlane, 1989)). *Angenommen* $\bar{\mathcal{K}}$ *sei eine normalisierte SKR des LTI-Systems* $\mathbf{G}$*, gemäß Definition 2.9 und* $\mathcal{C}_{\mathrm{stab}}$ *sei die Menge der Regler* $\mathbf{K}$*, welche* $[\mathbf{G}, \mathbf{K}]$ *intern stabilisieren. Dann gilt für den maximalen bzw. optimalen Stabilitätsradius*

$$b_{\mathrm{opt}} = \sup_{\mathbf{K}(z) \in \mathcal{C}_{\mathrm{stab}}} b_{\mathbf{G},\mathbf{K}} = \sqrt{1 - \|\bar{\mathcal{K}}\|_{\mathrm{H}}^2}. \tag{5.19}$$

Dabei bezeichnet $\|\bullet\|_{\mathrm{H}}$ *die Hankel Norm des Systems.*

Es ist bemerkenswert, dass der maximal erreichbare Stabilitätsradius nicht von dem Regler oder dem Regelungskonzept abhängt. Es handelt sich somit um eine reine Streckeneigenschaft. Für Details zur Berechnung des optimalen Reglers, welcher zu dem größtmöglichen Stabilitätsradius korrespondiert, wird auf (McFarlane und Glover, 1990) verwiesen.

5.3 Datenbasierte Realisierung der Gap-Metrik

In diesem Abschnitt wird, aufbauend auf den Ergebnissen des vorherigen Abschnitts, zunächst eine neue Form einer datenbasierten Gap-Metrik definiert. In einem Ansatz mit finitem Zeithorizont wird zunächst gezeigt, wie die Gap-Metrik geeignet approximiert werden kann. Darauf aufbauend wird in einem zweiten Schritt gezeigt, wie eine Berechnung mit unendlich langem Zeithorizont iterativ möglich ist. Beide Ansätze basieren dabei auf der in Kapiteln 3 und 4 vorgestellten, datenbasieren Realisierung der SIR.

5.3.1 Ansatz mit finitem Zeithorizont

Der Ausgangspunkt für die Betrachtungen des Ansatzes mit finitem Zeithorizont zur Realisierung einer datenbasierten Gap-Metrik ist die Formel zur signalbasierten Berechnung der Gap-Metrik aus Lemma 5.1. Die Grundidee dabei ist es, dass die benötigten 2-Normen über einen finiten Zeithorizont approximiert werden. Entsprechend kann eine datenbasierte Realisierung der Gap-Metrik gemäß der nachfolgenden Definition angegegeben werden.

Definition 5.4 (Datenbasierte Realisierung der Gap-Metrik). Gegeben sei der Abschneideoperator τ_s, welcher ein Zeitsignal $\mathbf{v}$ nach $s+1$ Abtastschritten abschneidet und entsprechend definiert ist, als

$$\tau_s : \mathbf{v} \in \mathcal{L}_{2[0,\infty)} \to \mathbf{v}_{\mathrm{tr}} \in \mathcal{L}_{2[0,s]}, \quad \mathbf{v}_{\mathrm{tr}}(k) = \mathbf{v}(k)\, \forall\, k \in \mathbb{N} \cap [0, s]. \tag{5.20}$$

Dann ist die datenbasierte Realisierung der gerichteten Gap $\hat{\delta}_d(\mathbf{G}^{(1)}, \mathbf{G}^{(2)})$ zwischen den beiden LTI-Systemen $\mathbf{G}^{(i)}$ mit $i = 1, 2$ analog zu Definition 5.2 gegeben als

$$\hat{\delta}_{\mathrm{d}}(\mathbf{G}^{(1)}, \mathbf{G}^{(2)}) = \max\left(\vec{\delta}_{\mathrm{d}}\left(\mathbf{G}^{(1)}, \mathbf{G}^{(2)}\right), \vec{\delta}_{\mathrm{d}}\left(\mathbf{G}^{(2)}, \mathbf{G}^{(1)}\right)\right), \tag{5.21}$$

wobei die gerichtete, datenbasierte Gap definiert ist als

$$\vec{\delta}_{\mathrm{d}}(\mathbf{G}^{(1)}, \mathbf{G}^{(2)}) = \sup_{\begin{bmatrix}\mathbf{u}_{1,\mathrm{tr}}\\ \mathbf{y}_{1,\mathrm{tr}}\end{bmatrix} \in \tau_s \operatorname{im}(\mathbf{G}^{(1)})} \inf_{\begin{bmatrix}\mathbf{u}_{2,\mathrm{tr}}\\ \mathbf{y}_{2,\mathrm{tr}}\end{bmatrix} \in \tau_s \operatorname{im}(\mathbf{G}^{(2)})} \frac{\left\| \begin{bmatrix}\mathbf{u}_{1,\mathrm{tr}}\\ \mathbf{y}_{1,\mathrm{tr}}\end{bmatrix} - \begin{bmatrix}\mathbf{u}_{2,\mathrm{tr}}\\ \mathbf{y}_{2,\mathrm{tr}}\end{bmatrix} \right\|_2}{\left\| \begin{bmatrix}\mathbf{u}_{1,\mathrm{tr}}\\ \mathbf{y}_{1,\mathrm{tr}}\end{bmatrix} \right\|_2} \tag{5.22}$$

mit

$$\begin{bmatrix}\mathbf{u}_{1,\mathrm{tr}}\\ \mathbf{y}_{1,\mathrm{tr}}\end{bmatrix} = \tau_s \begin{bmatrix}\mathbf{u}_1\\ \mathbf{y}_1\end{bmatrix}, \quad \begin{bmatrix}\mathbf{u}_{2,\mathrm{tr}}\\ \mathbf{y}_{2,\mathrm{tr}}\end{bmatrix} = \tau_s \begin{bmatrix}\mathbf{u}_2\\ \mathbf{y}_2\end{bmatrix}. \tag{5.23}$$

Die Idee hinter der Definition ist, dass die 2-Normen nur von stabilen Signalen aus dem Bildraum der entsprechenden LTI-Systeme berechnet werden und es daher begründet erscheint, die Auswertung der 2-Norm nur über einen finiten Zeithorizont anzunähern, da alle Signale für $k \to \infty$ gegen Null gehen. Um diesen Aspekt genauer zu untersuchen, gibt das nachfolgende Theorem den Zusammenhang zwischen der datenbasierten Realisierung der Gap-Metrik und der modellbasierten Gap-Metrik.

Theorem 5.2 (Konvergenz datenbasierte Gap-Metrik). *Gegeben seien die beiden LTI-Systeme $\mathbf{G}^{(i)}$ mit $i = 1, 2$. Dann gilt für $s \to \infty$, für die Gap-Metrik δ gemäß Definition 5.2 und die datenbasierte Realisierung der Gap-Metrik $\hat{\delta}_d$ gemäß Definition 5.4*

$$\hat{\delta}_d(\mathbf{G}^{(1)}, \mathbf{G}^{(2)}) \to \delta(\mathbf{G}^{(1)}, \mathbf{G}^{(2)}). \tag{5.24}$$

Beweis. Der Beweis für die Konvergenz ist relativ einfach. Für $s \to \infty$ gilt

$$s \to \infty \Rightarrow \tau_s \to \mathbf{I} \Rightarrow \begin{bmatrix}\mathbf{u}_{i,\mathrm{tr}}\\ \mathbf{y}_{i,\mathrm{tr}}\end{bmatrix} \to \begin{bmatrix}\mathbf{u}_i\\ \mathbf{y}_i\end{bmatrix}, \; \tau_s \operatorname{im}(\mathbf{G}^{(i)}) \to \operatorname{im}(\mathbf{G}^{(i)}) \tag{5.25}$$

Mit diesen Überlegungen ergibt sich schlussendlich die in Gleichung (5.24) gezeigte Grenzwertbetrachtung der datenbasierten Gap-Metrik für unendlich lange Zeitsequenzen, da für $s \to \infty$ somit Definition 5.2 und 5.4 identisch sind. □

Theorem 5.2 zeigt, dass die Definition 5.4 der datenbasierten Realisierung für lang genug gewählte Sequenzlängen s eine gute Approximation der tatsächlichen Gap-Metrik sein kann. Das nachfolgende Theorem gibt eine einfache Berechnungsvorschrift für die datenbasierte Realisierung der Gap-Metrik an, welche den Zusammenhang zu der normalisierten, datenbasierten Realisierung der SIR herstellt.

Theorem 5.3 (Berechnung datenbasierte Realisierung Gap-Metrik). *Gegeben seien für $i = 1, 2$ die beiden normalisierten, datenbasierten Realisierungen der SIR $\bar{\mathcal{I}}_d^{(i)}$ gemäß Definition 3.9, welche zu den LTI-Systemen $\mathbf{G}^{(i)}$ korrespondieren. Dann kann die datenbasierte Realisierung der Gap-Metrik im Sinne von Definition 5.4 berechnet werden gemäß*

$$\hat{\delta}_{\mathrm{d}}(\mathbf{G}^{(1)}, \mathbf{G}^{(2)}) = \max\left(\vec{\delta}_{\mathrm{d}}\left(\mathbf{G}^{(1)}, \mathbf{G}^{(2)}\right), \vec{\delta}_{\mathrm{d}}\left(\mathbf{G}^{(2)}, \mathbf{G}^{(1)}\right)\right), \tag{5.26}$$

mit der datenbasierten, gerichteten Gap

$$\vec{\delta}_d(\mathbf{G}^{(1)}, \mathbf{G}^{(2)}) = \bar{\sigma}\left(\bar{\mathcal{I}}_d^{(1)} - \bar{\mathcal{I}}_d^{(2)}\left(\bar{\mathcal{I}}_d^{(2)}\right)^T \bar{\mathcal{I}}_d^{(1)}\right). \tag{5.27}$$

Beweis. Als erstes sei angemerkt, dass der abgeschnittene, stabile Bildraum identifiziert werden kann mit dem Spaltenraum der normalisierten, datenbasierten Realisierung der SIR, gemäß

$$\tau_s \operatorname{im}(\mathbf{G}^{(i)}) = \mathcal{C}(\bar{\mathcal{I}}_d^{(i)}),\ i = 1, 2. \tag{5.28}$$

darüber hinaus können die abgeschnittenen Zeitsignale identifiziert werden mit den Datenvektoren, gemäß

$$\begin{bmatrix} \mathbf{u}_{i,\mathrm{tr}} \\ \mathbf{y}_{i,\mathrm{tr}} \end{bmatrix} = \begin{bmatrix} \mathbf{u}_{i,f}(k) \\ \mathbf{y}_{i,f}(k) \end{bmatrix}. \tag{5.29}$$

Aus dieser Überlegung heraus kann (5.22) äquivalent formuliert werden zu

$$\vec{\delta}_d(\mathbf{G}^{(1)}, \mathbf{G}^{(2)}) = \sup_{\begin{bmatrix} \mathbf{u}_{1,s}(k) \\ \mathbf{y}_{1,s}(k) \end{bmatrix} \in \mathcal{C}\left(\bar{\mathcal{I}}_d^{(1)}\right)} \inf_{\begin{bmatrix} \mathbf{u}_{2,s}(k) \\ \mathbf{y}_{2,s}(k) \end{bmatrix} \in \mathcal{C}\left(\bar{\mathcal{I}}_d^{(2)}\right)} \frac{\left\| \begin{bmatrix} \mathbf{u}_{1,s}(k) \\ \mathbf{y}_{1,s}(k) \end{bmatrix} - \begin{bmatrix} \mathbf{u}_{2,s}(k) \\ \mathbf{y}_{2,s}(k) \end{bmatrix} \right\|_2}{\left\| \begin{bmatrix} \mathbf{u}_{1,s}(k) \\ \mathbf{y}_{1,s}(k) \end{bmatrix} \right\|_2} \tag{5.30}$$

Die normalisierten, datenbasierten SIRs $\bar{\mathcal{I}}_d^{(i)}$ mit $i = 1, 2$ bilden eine orthogonale Basis für den Spaltenraum der finiten Zeitsequenzen. Daher kann (5.30) äquivalent umgeschrieben werden zu

$$\vec{\delta}_d(\mathbf{G}^{(1)}, \mathbf{G}^{(2)}) = \sup_{\mathbf{v}_{1,s}} \inf_{\mathbf{v}_{2,s}} \frac{\left\| \bar{\mathcal{I}}_{\mathrm{d}}^{(1)} \mathbf{v}_{1,s} - \bar{\mathcal{I}}_{\mathrm{d}}^{(2)} \mathbf{v}_{2,s} \right\|_2}{\left\| \bar{\mathcal{I}}_{\mathrm{d}}^{(1)} \mathbf{v}_{1,s} \right\|_2} \tag{5.31}$$

Algorithmus 5.1 Berechnung der datenbasierten Realisierung der Gap-Metrik

Input: Messdaten zweier LTI-Systeme $\mathbf{G}^{(1)}$ und $\mathbf{G}^{(2)}$ im offenen Regelkreis oder in der FRA.

1: Berechne eine normalisierte, datenbasierte Realisierung der SIR $\bar{\mathcal{I}}_{\mathrm{d}}^{(i)}$ für beide Systeme $i = 1, 2$ gemäß Algorithmus 3.2 bzw.4.2

2: Berechne die gerichtete Gap gemäß Gleichung (5.27). Für eine iterative Berechnung, siehe Algorithmus 5.2.

3: Berechne die datenbasierte Gap-Metrik als Maximum der beiden gerichteten Gaps gemäß Gleichung (5.26).

Da der Zähler des Ausdrucks in Gleichung (5.31) in quadratischer Form ist, besitzt dieser lediglich ein globales Minimum in Bezug auf $\mathbf{v}_{2,s}$, welches berechnet werden kann als

$$\frac{\partial}{\partial \mathbf{v}_{2,s}} \left\{ \left(\bar{\mathcal{I}}_{\mathrm{d}}^{(1)} \mathbf{v}_{1,s} - \bar{\mathcal{I}}_{\mathrm{d}}^{(2)} \mathbf{v}_{2,s} \right)^T \left(\bar{\mathcal{I}}_{\mathrm{d}}^{(1)} \mathbf{v}_{1,s} - \bar{\mathcal{I}}_{\mathrm{d}}^{(2)} \mathbf{v}_{2,s} \right) \right\} = 0. \tag{5.32}$$

Das Auflösen von (5.32) nach $\mathbf{v}_{2,s}$ ergibt den Ausdruck

$$\mathbf{v}_{2,s} = \left(\bar{\mathcal{I}}_{\mathrm{d}}^{(2)} \right)^T \bar{\mathcal{I}}_{\mathrm{d}}^{(1)} \mathbf{v}_{1,s}. \tag{5.33}$$

Einsetzen von Gleichung (5.33) in Gleichung (5.31) ergibt

$$\vec{\delta}_d(\mathbf{G}^{(1)}, \mathbf{G}^{(2)}) = \sup_{\mathbf{v}_{1,s}} \frac{\left\| \left(\bar{\mathcal{I}}_{\mathrm{d}}^{(1)} - \bar{\mathcal{I}}_{\mathrm{d}}^{(2)} \left(\bar{\mathcal{I}}_{\mathrm{d}}^{(2)} \right)^T \bar{\mathcal{I}}_{\mathrm{d}}^{(1)} \right) \mathbf{v}_{1,s} \right\|_2}{\left\| \bar{\mathcal{I}}_{\mathrm{d}}^{(1)} \mathbf{v}_{1,s} \right\|_2}. \tag{5.34}$$

Dies zeigt, dass das Infimum im Sinne von Gleichung (5.31) genau durch eine Projektion von $\mathbf{u}_{2,s}$ bzw. $\mathbf{y}_{2,s}$ auf den Spaltenraum der Matrix $\bar{\mathcal{I}}_{\mathrm{d}}^{(2)}$ erreicht wird. Unter Berücksichtigung der Tatsache, dass $\bar{\mathcal{I}}_{\mathrm{d}}^{(1)}$ normalisiert ist und dass die 2-norm invariant gegenüber der Linksmultiplikation mit einer orthonormalen Matrix ist, gilt somit

$$\begin{aligned} \vec{\delta}_d(\mathbf{G}^{(1)}, \mathbf{G}^{(2)}) &= \sup_{\mathbf{v}_{1,s}} \frac{\left\| \left(\bar{\mathcal{I}}_{\mathrm{d}}^{(1)} - \bar{\mathcal{I}}_{\mathrm{d}}^{(2)} \left(\bar{\mathcal{I}}_{\mathrm{d}}^{(2)} \right)^T \bar{\mathcal{I}}_{\mathrm{d}}^{(1)} \right) \mathbf{v}_{1,s} \right\|_2}{\left\| \mathbf{v}_{1,s} \right\|_2} \\ &= \bar{\sigma} \left(\bar{\mathcal{I}}_{d}^{(1)} - \bar{\mathcal{I}}_{d}^{(2)} \left(\bar{\mathcal{I}}_{d}^{(2)} \right)^T \bar{\mathcal{I}}_{d}^{(1)} \right). \end{aligned} \tag{5.35}$$

□

Theorem 5.3 bietet eine einfache Möglichkeit, eine Abschätzung der tatsächlichen Gap-Metrik mit Hilfe eines datenbasierten Ansatzes über eine bloße Berechnung des größten Singulärwerts vorzunehmen. Insgesamt ergibt sich dann für die Berechnung einer datenbasierten Realisierung der Gap-Metrik Algorithmus 5.1. Soll dieses Verfahren iterativ online eingesetzt werden, z.B. um die Änderung in einem Prozess zu erkennen (Kapitel 7), dann kann die Berechnung des größten Singulärwerts auch mit Hilfe der sogenannten Potenzmethode iterativ vorgenommen werden, wie in Algorithmus 5.2 angegeben. Eine genaue Übersicht über den Beweis und die Konvergenzeigenschaften des Algorithmus können z.B. (Schaback und Wendland, 2004) entnommen werden. Um die Validität des vorgestellten Ansatzes zu demonstrieren, soll das nachfolgende Beispiel betrachtet werden.

Algorithmus 5.2 Iterative Berechnung des größten Singulärwerts der Matrix $\mathbf{A}$

Input: $\mathbf{A} \in \mathbb{R}^{n \times m}$, σ_{tol}, $\mathbf{v}_0 \in \mathbb{R}^m$ mit $\mathbf{A}^T\mathbf{A}\mathbf{v}_0 \neq \mathbf{0}$ und $\|\mathbf{v}_0\| = 1$

Init: $\mathbf{B} \leftarrow \mathbf{A}^T\mathbf{A}$, $\Delta_\sigma \leftarrow 2\sigma_{\text{tol}}$, $\sigma_{-1} \leftarrow 0$,$\mathbf{k} \leftarrow 0$

while $\Delta_\sigma > \sigma_{\text{tol}}$ **do**

  $\mathbf{a}_k \leftarrow \mathbf{B}\mathbf{v}_k$

  $\sigma_k \leftarrow \sqrt{\mathbf{v}_k^T \mathbf{a}_k}$

  $\mathbf{v}_{k+1} \leftarrow \dfrac{\mathbf{a}_k}{\|\mathbf{a}_k\|}$

  $\Delta_\sigma \leftarrow |\sigma_k - \sigma_{k-1}|$

  $k \leftarrow k + 1$

end while

Output: σ_k

Beispiel 5.1 (Datenbasierte Realisierung der Gap-Metrik). *In diesem Beispiel soll die datenbasierte Realisierung der Gap-Metrik über einen finiten Zeithorizont mit der klassischen, modellbasierten Berechnung verglichen werden. Zu diesem Zweck werden zunächst die zwei nachfolgenden LTI-Systeme definiert.*

$$G^{(1)}(s) = \frac{1000}{2s+1}, G^{(2)}(s) = \frac{10}{s+1}.$$

In diesem Beispiel soll es nur um die Vergleichbarkeit der Appoximation über einen finiten Zeithorizont mit der tatsächlichen Gap-Metrik gehen. Aus diesem Grund wird Prozess- und Messrauschen zunächst vernachlässigt. Bei $G^{(1)}$ *und* $G^{(2)}$ *handelt es sich um kontinuierliche Prozesse, welche mit der Abtastrate* T_s *abgetastet werden. Insgesamt werden jeweils* 1000 *Ein- und Ausgangsdatenpaare mit Hilfe einer Simulation erzeugt. Nach Anwendung von Algorithmus 5.1 für den datenbasierten Fall und Anwendung von Lemma 5.2 für die mit* T_s *diskretisierten Systeme im modellbasierten Fall, erhält man die in der nachfolgenden Tabelle angegebenen Ergebnisse. Die Simulationsergebnisse bestätigen*

T_s [sec]	$\hat{\delta}_d$ $s = 4$	$\hat{\delta}_d$ $s = 10$	$\hat{\delta}_d$ $s = 50$	δ
10^{-1}	0.1991	0.2059	0.2074	0.2075
10^{-2}	0.8649	0.8740	0.8759	0.8760
10^{-3}	0.9562	0.9608	0.9608	0.9608
10^{-4}	0.8043	0.9367	0.9579	0.9608

im Wesentlichen die in diesem Kapitel hergeleiteten Ergebnisse. Die Approximation der wahren Gap-Metrik δ *durch die datenbasierte Realisierung* $\hat{\delta}_d$ *ist umso besser, je größer die Sequenzlänge* s *gewählt wird (siehe z.B. letzte Zeile). Darüber hinaus sollte* s *für reduzierte Abtastzeiten erhöht werden, um die Dynamik des Systems in der finiten Länge der Zeitsequenz korrekt zu erfassen und somit eine gute Approximation sicherzustellen.*

5.3.2 Ansatz mit infinitem Zeithorizont

Im vorangegangenen Abschnitt wurde ein Verfahren zur Berechnung einer datenbasierten Gap-Metrik mit Hilfe finiter Zeitsequenzen vorgestellt. Einerseits ist der vorgestellte

Ansatz sehr einfach, andererseits handelt es sich bei der datenbasierten Realisierung der Gap-Metrik gemäß Definition 5.4 um eine Approximation der tatsächlichen Gap-Metrik. Unter Umständen sind somit sehr lange Zeitsequenzen s nötig, damit die Approximation hinreichend genau ist. Aus diesem Grund wird in diesem Abschnitt ein weiterer Ansatz vorgestellt, welcher das Optimierungsproblem zur Berechnung der Gap-Metrik über einen infiniten Zeithorizont rekursiv löst. Grundlage dafür ist die rekursive Form der datenbasierten SIR gemäß Korollar 3.2. Das nachfolgende Theorem gibt eine rekursive Berechnungsvorschrift, welche auf der datenbasierten Realisierung der Gap-Metrik beruht.

Theorem 5.4 (Rekursive datenbasierte Realisierung Gap-Metrik). *Für die zwei LTI-Systeme $\mathbf{G}^{(i)}$ mit $i = 1, 2$ sei jeweils die rekursive, datenbasierte SIR gemäß Korollar 3.2 gegeben. Die rekursiven, datenbasierten SIRs werden dabei jeweils über die vier Teilmatrizen $\tilde{\mathcal{I}}_{\mathrm{d,p}}^{(i)}, \tilde{\mathcal{I}}_{\mathrm{d,f}}^{(i)}, \mathcal{I}_{\mathrm{d,p}}^{(i)}, \mathcal{I}_{\mathrm{d,f}}^{(i)}$ für $i = 1, 2$ charakterisiert. Mit dem Skalar $\gamma \in (0, 1]$ gilt das*

$$\vec{\delta}\left(\mathbf{G}^{(1)}, \mathbf{G}^{(2)}\right) < \gamma \tag{5.36}$$

genau dann, wenn die diskrete, algebraische Spiel-Riccati-Differenzengleichung (engl. discrete time game algebraic riccati difference equation) (DTGARDE)

$$\mathbf{P}(k) = \mathbf{Q} + \mathbf{\Psi}_{\mathrm{p}}^T \mathbf{P}(k+1)\mathbf{\Psi}_{\mathrm{p}} - \mathbf{\Phi}(k)\left(\mathbf{R} + \mathbf{\Psi}_{\mathrm{f}}^T \mathbf{P}(k+1)\mathbf{\Psi}_{\mathrm{f}}\right)^{-1} \mathbf{\Phi}^T \tag{5.37}$$

zu einer indefiniten Lösung $\mathbf{P}$ konvergiert, welche die Sattelpunkt-Bedingung,

$$\mathbf{R} + \mathbf{\Psi}_{\mathrm{f}}^T \mathbf{P} \mathbf{\Psi}_{\mathrm{f}} \quad \textit{ist indefinit} \tag{5.38}$$

erfüllt. Dabei sind die Matrizen in Gleichung (5.37) definiert als

$$\mathbf{\Phi}(k) = \mathbf{S} + \mathbf{\Psi}_{\mathrm{p}}^T \mathbf{P}(k+1)\mathbf{\Psi}_{\mathrm{f}} \tag{5.39}$$

$$\mathbf{\Psi}_{\mathrm{p}} = \mathrm{diag}\left(\tilde{\mathcal{I}}_{\mathrm{d,p}}^{(1)}, \tilde{\mathcal{I}}_{\mathrm{d,p}}^{(2)}\right), \mathbf{\Psi}_{\mathrm{f}} = \mathrm{diag}\left(\tilde{\mathcal{I}}_{\mathrm{d,f}}^{(1)}, \tilde{\mathcal{I}}_{\mathrm{d,f}}^{(2)}\right) \tag{5.40}$$

$$\begin{aligned} \mathbf{Q} &= \mathbf{\Theta}_1^T \mathbf{\Theta}_1 - \gamma^2 \mathbf{\Theta}_2^T \mathbf{\Theta}_2, \\ \mathbf{R} &= \mathbf{\Omega}_1^T \mathbf{\Omega}_1 - \gamma^2 \mathbf{\Omega}_2^T \mathbf{\Omega}_2, \\ \mathbf{S} &= \mathbf{\Theta}_1^T \mathbf{\Omega}_1 - \gamma^2 \mathbf{\Theta}_2^T \mathbf{\Omega}_2 \end{aligned} \tag{5.41}$$

$$\begin{aligned} \mathbf{\Theta}_1 &= \begin{bmatrix} \mathcal{I}_{\mathrm{d,p}}^{(1)} & -\mathcal{I}_{\mathrm{d,p}}^{(2)} \end{bmatrix}, \quad \mathbf{\Theta}_2 = \begin{bmatrix} \mathcal{I}_{\mathrm{d,p}}^{(1)} & 0 \end{bmatrix} \\ \mathbf{\Omega}_1 &= \begin{bmatrix} \mathcal{I}_{\mathrm{d,f}}^{(1)} & -\mathcal{I}_{\mathrm{d,f}}^{(2)} \end{bmatrix}, \quad \mathbf{\Omega}_2 = \begin{bmatrix} \mathcal{I}_{\mathrm{d,f}}^{(1)} & 0 \end{bmatrix}. \end{aligned} \tag{5.42}$$

Beweis. Ausgangspunkt für die Betrachtungen ist die signalbasierte Berechnung der Gap-Metrik gemäß Lemma 5.1. Gleichung (5.8) kann mit Hilfe der rekursiven, datenbasierten Realisierung der SIR wie folgt umformuliert werden

$$\vec{\delta}(\mathbf{G}^{(1)}, \mathbf{G}^{(2)}) = \sup_{\mathbf{v}_{\mathrm{e}}^{(1)}} \inf_{\mathbf{v}_{\mathrm{e}}^{(2)}} \frac{\sqrt{\sum_{k=0}^{\infty} \left(\mathbf{z}_{\mathrm{e}}^{(1)}(k) - \mathbf{z}_{\mathrm{e}}^{(2)}(k)\right)^T \left(\mathbf{z}_{\mathrm{e}}^{(1)}(k) - \mathbf{z}_{\mathrm{e}}^{(2)}(k)\right)}}{\sqrt{\sum_{k=0}^{\infty} \left(\mathbf{z}_{\mathrm{e}}^{(1)}(k)\right)^T \mathbf{z}_{\mathrm{e}}^{(1)}(k)}}, \tag{5.43}$$

wobei $\mathbf{z}_\mathrm{e}^{(i)}$ und $\mathbf{v}_\mathrm{e}^{(i)}$ für $i = 1, 2$ definiert sind, wie in Korollar 3.2. Dann gilt $\vec{\delta}(\mathbf{G}^{(1)}, \mathbf{G}^{(2)}) < \gamma$ genau dann, wenn das Zwei-Personen-Nullsummenspiel (engl. two player zero sum game)

$$\sup_{\mathbf{v}_\mathrm{e}^{(1)}} \inf_{\mathbf{v}_\mathrm{e}^{(2)}} \{J\} \tag{5.44}$$

mit dem Kostenfunktional J

$$J = \sum_{k=0}^{\infty} \left\{ \left(\mathbf{z}_\mathrm{e}^{(1)}(k) - \mathbf{z}_\mathrm{e}^{(2)}(k)\right)^T \left(\mathbf{z}_\mathrm{e}^{(1)}(k) - \mathbf{z}_\mathrm{e}^{(2)}(k)\right) - \gamma^2 \left(\mathbf{z}_\mathrm{e}^{(1)}(k)\right)^T \mathbf{z}_\mathrm{e}^{(1)}(k) \right\} \tag{5.45}$$

ein Nash-Gleichgewicht bzw. einen Sattelpunkt besitzt (Başar und Bernhard, 1995). Mit Einführung der nachfolgenden Notation

$$\mathbf{\Delta}_\mathbf{z}(k) = \mathbf{z}_\mathrm{e}^{(1)}(k) - \mathbf{z}_\mathrm{e}^{(2)}(k) \tag{5.46}$$

$$\bar{\mathbf{x}}_\mathrm{e}(k) = \begin{bmatrix} \mathbf{x}_\mathrm{e}^{(1)}(k) \\ \mathbf{x}_\mathrm{e}^{(2)}(k) \end{bmatrix}, \ \bar{\mathbf{v}}_\mathrm{e}(k) = \begin{bmatrix} \mathbf{v}_\mathrm{e}^{(1)}(k) \\ \mathbf{v}_\mathrm{e}^{(2)}(k) \end{bmatrix} \tag{5.47}$$

ist es möglich, $\mathbf{\Delta}_\mathbf{z}$ bzw. $\mathbf{z}_\mathrm{e}^{(1)}$ wie nachfolgend darzustellen

$$\begin{aligned} \mathbf{\Delta}_\mathbf{z}(k) &= \mathbf{\Theta}_1 \bar{\mathbf{x}}_\mathrm{e}(k) + \mathbf{\Omega}_1 \bar{\mathbf{v}}_\mathrm{e}(k) \\ \mathbf{z}_\mathrm{e}^{(1)}(k) &= \mathbf{\Theta}_2 \bar{\mathbf{x}}_\mathrm{e}(k) + \mathbf{\Omega}_2 \bar{\mathbf{v}}_\mathrm{e}(k). \end{aligned} \tag{5.48}$$

Einsetzen von (5.48) in (5.45) liefert das Kostenfunktional

$$J = \sum_{k=0}^{\infty} \left\{ \bar{\mathbf{x}}_\mathrm{e}^T(k) \mathbf{Q} \bar{\mathbf{x}}_\mathrm{e}(k) + 2\bar{\mathbf{x}}_\mathrm{e}^T(k) \mathbf{S} \bar{\mathbf{v}}_\mathrm{e}(k) + \bar{\mathbf{v}}_\mathrm{e}^T(k) \mathbf{R} \bar{\mathbf{v}}_\mathrm{e}(k) \right\}, \tag{5.49}$$

mit

$$\bar{\mathbf{x}}_\mathrm{e}(k+1) = \mathbf{\Psi}_\mathrm{p} \bar{\mathbf{x}}_\mathrm{e}(k) + \mathbf{\Psi}_\mathrm{f} \bar{\mathbf{v}}_\mathrm{e}(k). \tag{5.50}$$

Damit gilt für die „Value-Function" V mit der Annahme $V(\bar{\mathbf{x}}_\mathrm{e}(k)) = \bar{\mathbf{x}}_\mathrm{e}(k)^T \mathbf{P}(k) \bar{\mathbf{x}}_\mathrm{e}(k)$

$$\begin{aligned} V(\bar{\mathbf{x}}_\mathrm{e}(k)) = \sup_{\mathbf{v}_\mathrm{e}^{(1)}} \inf_{\mathbf{v}_\mathrm{e}^{(2)}} \{ & \bar{\mathbf{x}}_\mathrm{e}^T(k) \left(\mathbf{Q} + \mathbf{\Psi}_\mathrm{p}^T \mathbf{P}(k+1) \mathbf{\Psi}_\mathrm{p}\right) \bar{\mathbf{x}}_\mathrm{e}(k) + \\ & 2\bar{\mathbf{x}}_\mathrm{e}(k) \left(\mathbf{S} + \mathbf{\Psi}_\mathrm{p}^T \mathbf{P}(k+1) \mathbf{\Psi}_f\right) \bar{\mathbf{v}}_\mathrm{e}(k) + \\ & \bar{\mathbf{v}}_\mathrm{e}^T(k) \left(\mathbf{R} + \mathbf{\Psi}_\mathrm{f}^T \mathbf{P}(k+1) \mathbf{\Psi}_\mathrm{f}\right) \bar{\mathbf{v}}_\mathrm{e}(k) \} \\ = \sup_{\mathbf{v}_\mathrm{e}^{(1)}} \inf_{\mathbf{v}_\mathrm{e}^{(2)}} \{\bar{V}\}. & \end{aligned} \tag{5.51}$$

Die „Value-Function" gibt die zukünftig anfallenden Kosten des Optimierungsproblems, beginnend bei dem Zustand $\bar{\mathbf{x}}_\mathrm{e}(k)$, an. Um das Optimierungsproblem rekursiv zu lösen, wird, wie in (Başar und Bernhard, 1995) vorgeschlagen, das Optimalitätsprinzip nach Bellmann angewendet. Dabei liefert Auflösen der Gleichung

$$\frac{\partial \bar{V}}{\partial \bar{\mathbf{v}}_\mathrm{e}(k)} = 0 \tag{5.52}$$

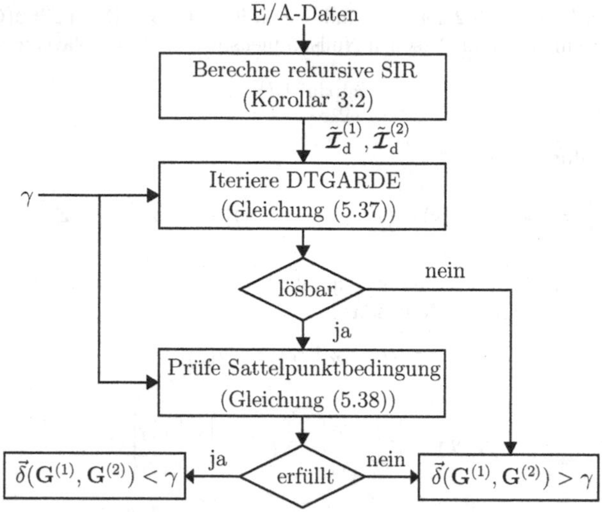

Abbildung 5.2: Flow Chart - Datenbasierte Berechnung Gap-Metrik

nach $\bar{\mathbf{v}}_{\mathrm{e}}(k)$ die optimale Lösung für das Optimierungsproblem im Schritt k. Einsetzen dieser Lösung in die „Value-Function“ (5.51) liefert exakt die DTGARDE aus Gleichung (5.37). Um sicherzustellen, dass ein Nash-Gleichgewicht erreicht wurde, muss noch überprüft werden, ob es sich bei der berechneten Lösung um einen Sattelpunkt handelt. Dafür wird die Hesse-Matrix

$$\frac{\partial^2 \bar{V}}{\partial^2 \bar{\mathbf{v}}_{\mathrm{e}}(k)} = 2\left(\mathbf{R} + \mathbf{\Psi}_{\mathrm{f}}^T \mathbf{P}(k+1)\mathbf{\Psi}_{\mathrm{f}}\right) \tag{5.53}$$

berechnet und auf Indefinitheit überprüft. Für $k \to \infty$ konvergiert die Hesse-Matrix gegen (5.38), wenn die Lösung der DTGARDE konvergiert. □

An dieser Stelle sei noch einmal betont, dass sämtliche Matrizen, welche in der Rekursion zur Berechnung der Gap-Metrik verwendet werden, lediglich auf den datenbasierten Realisierungen der SIRs der betrachteten Systeme beruhen. Aus diesem Grund wird hier auch von einer datenbasierten Berechnungsmethode gesprochen. Was die Lösbarkeitsbedingungen und die Lösungsmethoden der DTGARDE angeht, so wird an dieser Stelle auf (Stoorvogel und Weeren, 1994) verwiesen, da dies den Umfang dieser Arbeit übersteigt. Insgesamt ist der Algorithmus zur datenbasierten Berechnung der Gap-Metrik in Abbildung 5.2 in Form eines Flow Charts zusammengefasst. Dabei ist in dem Flow Chart lediglich dargestell, wie geprüft werden kann, ob die Gap-Metrik größer oder kleiner als der Schwellwert γ ist. Um einen exakten Wert zu berechnen, kann mit Hilfe eines Bisektionsverfahrens die Gap-Metrik so lange in ein immer kleiner werdendes Interval begrenzt werden, bis die gewünschte Toleranz in der Genauigkeit erreicht ist. Das Ergebnis einer solchen Berechnung soll in dem nachfolgenden Beispiel verdeutlicht werden

Beispiel 5.2. *Gegeben seien die beiden LTI-Systeme mit exakt den gleichen Messdaten und Randbedingungen, wie in Beispiel 5.1. Mit den beiden entsprechenden rekursiven, datenbasierten Realisierungen der Gap-Metrik wurde mit Hilfe eines Bisektionsverfahrens und dem in Abbildung 5.2 gezeigten Algorithmus eine Berechnung der Gap-Metrik realisiert für fixes $s = 4$. Das Ergebnis kann der nachfolgenden Tabelle entnommen werden. Es*

T_s [sec]	10^{-1}	10^{-2}	10^{-3}	10^{-4}
$\hat{\delta}_\text{d}$	0.2074	0.8760	0.9611	1
δ	0.2075	0.8764	0.9608	0.9608

ist zu erkennen, dass duch rekursive Verwendung der datenbasierten SIR mit Sequenzlänge $s = 4$ gemäß Korollar 3.2 beliebig lange Signalsequenzen erzeugt werden können, was mit den in diesem Kapitel vorgestellten rekursiven Optimierungsmethoden zu einer genauen Berechnung der Gap-Metrik führt, welche fast mit der modellbasierten Berechnungsmethode übereinstimmt. Vergleicht man die Berechnungsergebnisse aus der Sequenzlänge $s = 4$ aus Beispiel 5.1, dann wird der Vorteil der Verwendung einer rekursiven Form der SIR deutlich.

Ob der Ansatz zur Berechnung der Gap-Metrik über einen finiten oder infiniten Zeithorizont sinnvoll ist, hängt auch von der Anwendung ab. Einerseits ist die Berechnung über einen finiten Zeithorizont in der Regel einfacher, benötigt aber unter Umständen sehr lange Datensequenzlängen s, um ein genaues Ergebnis zu liefern. Dies führt auf Grund der damit verbundenen größeren Dimensionen der Matrizen in der datenbasierten SIR zu einem erhöhten Berechnungsaufwand. Die Optimierung zur Berechnung der Gap-Metrik über einen infiniten Zeithorizont hingegen ist zwar von dem Verfahren der Berechnung her aufwändiger, führt aber zu einer Dimensionsreduktion bezüglich der verwendeten Matrizen in der datenbasierten SIR und führt darüberhinaus in der Regel auch zu genaueren Ergebnissen.

5.4 Datenbasierte Realisierung des optimalen Stabilitätsradius

Ähnlich wie in dem vorherigen Abschnitt soll in diesem Abschnitt eine datenbasierte Realisierung des optimalen Stabilitätsradius hergeleitet werden. Dafür wird nachfolgend zunächst die Definition der Hankel Norm betrachtet, welche für die Berechnung des optimalen Stabilitätsradius gemäß Lemma 5.3 von Interesse ist.

Definition 5.5 (Hankel Norm (Glover, 1984)). Die Hankel Norm $||\mathbf{G}||_\text{H}$ eines stabilen LTI-Systems $\mathbf{G}$ mit dem Eingang $\mathbf{u}$ und dem Ausgang $\mathbf{y}$ ist definiert als

$$||\mathbf{G}||_\text{H} = \sup_{\mathbf{u}\in\mathcal{L}_{2,(-\infty,0)}} \frac{||\mathbf{y}||_2}{||\mathbf{u}||_2}, \mathbf{y} \in \mathcal{L}_{[0,\infty)} \tag{5.54}$$

Die Hankel Norm entspricht somit der Energie, welche von den vergangenen Eingängen auf die zukünftigen Ausgänge des Systems übertragen wird.

Da der wesentliche Schritt zur Berechnung des optimalen Stabilitätsradius die Berechnung der Hankel Norm ist, ist es das Ziel, diesen Schritt basierend auf der datenbasierten Realisierung der SKR bzw. SIR durchzuführen. Entsprechend wird eine datenbasierte Realisierung der Hankel Norm und darauf aufbauend in einem zweiten Schritt eine datenbasierte Realisierung des optimalen Stabilitätsradius definiert.

Definition 5.6 (Datenbasierte Realisierung der Hankel Norm). Gegeben seien die Abschneideoperatoren τ_s und κ_s, welche ein Zeitsignal $\mathbf{v}$ nach $s+1$ Abtastschritten abschneiden und entsprechend definiert sind, als

$$\tau_s : \mathbf{v} \in \mathcal{L}_{[0,\infty)} \to \mathbf{v}_{\mathrm{tr}} \in \mathcal{L}_{[0,s]}, \quad \mathbf{v}_{\mathrm{tr}}(k) = \mathbf{v}(k)\,\forall\, k \in \mathbb{N} \cap [0,s], \tag{5.55}$$

und

$$\kappa_s : \mathbf{v} \in \mathcal{L}_{(-\infty,0)} \to \mathbf{v}_{\mathrm{tr}} \in \mathcal{L}_{[-s-1,0)}, \quad \mathbf{v}_{\mathrm{tr}}(k) = \mathbf{v}(k)\,\forall\, k \in \mathbb{Z} \cap [-s-1,0). \tag{5.56}$$

Dann ist die datenbasierte Realisierung der Hankel Norm $\|\mathbf{G}\|_{\mathrm{H,d}}$ für das LTI-System $\mathbf{G}$ analog zu Definition 5.5 definiert als

$$\|\mathbf{G}\|_{\mathrm{H,d}} = \sup_{u_{tr} \in \mathcal{L}_{[-s-1,0)}} \frac{\|\mathbf{y}_{\mathrm{tr}}\|_2}{\|\mathbf{u}_{\mathrm{tr}}\|_2}, \mathbf{y}_{\mathrm{tr}} \in \mathcal{L}_{[0,s]}, \tag{5.57}$$

mit

$$\mathbf{u}_{\mathrm{tr}} = \kappa_s \mathbf{u},\ \mathbf{y}_{\mathrm{tr}} = \tau_s \mathbf{y}. \tag{5.58}$$

Definition 5.7 (Datenbasierte Realisierung des optimalen Stabilitätsradius). Angenommen $\bar{\mathcal{K}}$ sei eine normalisierte SKR des LTI-Systems $\mathbf{G}(z)$, gemäß Definition 3.7, dann wird eine datenbasiere Realisierung des optimalen Stabilitätsradius $\hat{b}_{\mathrm{d,opt}}$ analog zu 5.3 definiert als

$$\hat{b}_{\mathrm{d,opt}} = \sqrt{1 - \left\|\bar{\mathcal{K}}\right\|_{\mathrm{H,d}}^2} \tag{5.59}$$

Dabei bezeichnet $\|\bullet\|_{\mathrm{H,d}}$ die datenbasierte Hankel Norm gemäß Definition 5.6.

Um die in den Definitionen 5.6 und 5.7 eingeführte Form der datenbasierten Realisierung des optimalen Stabilitätsradius zu rechtfertigen, gibt das nachfolgende Theorem den Zusammenhang zwischen der modellbasierten Berechnung und der datenbasierten Berechnung des optimalen Stabilitätsradius an.

Theorem 5.5 (Konvergenz datenbasierter Stabilitätsradius). *Gegeben sei das LTI-System* $\mathbf{G}$. *Dann gilt für* $s \to \infty$, *für den optimalen Stabilitätsradius* b_{opt} *gemäß Lemma 5.3 und die datenbasierte Realisierung des optimalen Stabilitätsradius* $\hat{b}_{\mathrm{d,opt}}$ *gemäß Definition 5.7*

$$\hat{b}_{\mathrm{d,opt}} \to b_{\mathrm{opt}}. \tag{5.60}$$

Beweis. Der Beweis für die Konvergenz ist ähnlich wie zuvor für die datenbasierte Realisierung des Gap-Metrik. Für $s \to \infty$ gilt

$$s \to \infty \Rightarrow \begin{matrix} \kappa_s \to \mathbf{I} \\ \tau_s \to \mathbf{I} \end{matrix} \Rightarrow \begin{matrix} \mathbf{u}_{\bar{\mathcal{K}},\mathrm{tr}} \to \mathbf{u}_{\bar{\mathcal{K}}} \\ \mathbf{y}_{\bar{\mathcal{K}},\mathrm{tr}} \to \mathbf{y}_{\bar{\mathcal{K}}} \end{matrix} \Rightarrow \left\|\bar{\mathcal{K}}\right\|_{\mathrm{H,d}}^2 \to \left\|\bar{\mathcal{K}}\right\|_{\mathrm{H}}^2. \tag{5.61}$$

Dabei bezeichnet $\mathbf{u}_{\bar{\mathcal{K}}}$ den Eingang und $\mathbf{y}_{\bar{\mathcal{K}}}$ den Ausgang der normalisierten SKR $\bar{\mathcal{K}}$. Mit diesen Überlegungen ergibt sich die in Gleichung (5.60) gezeigte Grenzwertbetrachtung des datenbasierten Stabilitätsradius für unendlich lange Zeitsequenzen, da für $s \to \infty$ somit die Berechnung gemäß Lemma 5.3 und die Berechnung gemäß Definition 5.7 identisch sind. □

Theorem 5.5 zeigt, dass die Idee, die Berechnung des optimalen Stabilitätsradius mit Hilfe von Signalsequenzen mit finitem Zeithorizont durchzuführen, gerechtfertigt ist. Wird die Sequenzlänge lang genug gewählt, so kann der optimale Stabilitätsradius durch die datenbasierte Realisierung entsprechend genau approximiert werden. Das nachfolgende Theorem gibt eine Berechnungsvorschrift für die datenbasierte Realisierung des optimalen Stabilitätsradius gemäß Definition 5.7 und stellt den Zusammenhang zu der datenbasierten Realisierung der SKR bzw. SIR her.

Theorem 5.6 (Berechnung datenbasierte Realisierung Stabilitätsradius). *Gegeben sei die normalisierte, datenbasierte Realisierung der SKR* $\bar{\mathcal{K}}_{\mathrm{d}}$ *gemäß Definition 3.7 und die normalisierte, datenbasierte Realisierung der SIR gemäß Definition 3.9, welche beide zu dem LTI-System* $\mathbf{G}$ *korrespondieren. Dann kann die datenbasierte Realisierung des optimalen Stabilitätsradius im Sinne von Definition 5.7 berechnet werden gemäß*

$$\hat{b}_{\mathrm{d,opt}} = \sqrt{1 - \bar{\sigma}\left(\bar{\mathcal{K}}_{\mathrm{d,p}} \bar{\mathcal{I}}_{\mathrm{d}}\right)^2}, \tag{5.62}$$

wobei $\bar{\mathcal{K}}_{\mathrm{d,p}}$ *definiert ist als*

$$\bar{\mathcal{K}}_{\mathrm{d,p}} = \bar{\mathcal{K}}_{\mathrm{d}}(:, (s_{\mathrm{p}} + 1)(k_{\mathrm{u}} + k_{\mathrm{y}}) : \mathrm{end}). \tag{5.63}$$

Beweis. Für den Beweis wird zunächst die zu berechnende, datenbasierte Hankel Norm betrachtet. Gemäß den Überlegungen aus (Ding, 2014a) kann die SKR $\bar{\mathcal{K}}$ als ein Residuengenerator für das LTI-System $\mathbf{G}$ betrachtet werden mit dem Residuensignal $\mathbf{r}$ als Ausgang und dem Ein- bzw. Ausgangssignal $\mathbf{u}$ bzw. $\mathbf{y}$ des Systems $\mathbf{G}$ als Eingang, sodass gilt

$$\|\bar{\mathcal{K}}\|_{\mathrm{H,d}} = \sup_{\begin{bmatrix}\mathbf{u}_{\mathrm{tr}} \\ \mathbf{y}_{\mathrm{tr}}\end{bmatrix} \in \mathcal{L}_{[-s-1,0)}} \frac{\|\mathbf{r}_{\mathrm{tr}}\|_2}{\left\|\begin{bmatrix}\mathbf{u}_{\mathrm{tr}} \\ \mathbf{y}_{\mathrm{tr}}\end{bmatrix}\right\|_2}, \mathbf{r}_{\mathrm{tr}} \in \mathcal{L}_{[0,s]}. \tag{5.64}$$

Mit ähnlichen Überlegungen, wie zuvor bei der Gap-Metrik, können die abgeschnittenen Signale durch die entsprechenden Datenvektoren ersetzt werden, sodass man am Ende den folgenden Ausdruck erhält

$$\begin{aligned} \|\bar{\mathcal{K}}\|_{\mathrm{H,d}} &= \sup_{\begin{bmatrix}\mathbf{u}_{\mathrm{p}} \\ \mathbf{y}_{\mathrm{p}}\end{bmatrix} \in \mathcal{C}(\bar{\mathcal{I}}_d)} \frac{\|\mathbf{r}_{\mathrm{f}}\|_2}{\left\|\begin{bmatrix}\mathbf{u}_{\mathrm{p}} \\ \mathbf{y}_{\mathrm{p}}\end{bmatrix}\right\|_2} \quad \text{mit} \quad \begin{bmatrix}\mathbf{u}_{\mathrm{f}} \\ \mathbf{y}_{\mathrm{f}}\end{bmatrix} = 0 \\ &= \sup_{\mathbf{v}_{\mathrm{p}}} \frac{\left\|\bar{\mathcal{K}}_{\mathrm{d}} \begin{bmatrix}\bar{\mathcal{I}}_{\mathrm{d}}\mathbf{v}_{\mathrm{p}} \\ 0\end{bmatrix}\right\|_2}{\left\|\bar{\mathcal{I}}_{\mathrm{d}}\mathbf{v}_{\mathrm{p}}\right\|_2} = \sup_{\mathbf{v}_{\mathrm{p}}} \frac{\left\|\bar{\mathcal{K}}_{\mathrm{d,p}}\bar{\mathcal{I}}_{\mathrm{d}}\mathbf{v}_{\mathrm{p}}\right\|_2}{\|\mathbf{v}_{\mathrm{p}}\|_2} \\ &= \bar{\sigma}(\bar{\mathcal{K}}_{\mathrm{d,p}}\bar{\mathcal{I}}_{\mathrm{d}}). \end{aligned} \tag{5.65}$$

Bei der Berechnung wurde die Invarianz der 2-Norm bezüglich der normalisierten, datenbasierten SIR ausgenutzt. Damit kann der optimale Stabilitätsradius wie in Gleichung (5.62) berechnet werden. □

Algorithmus 5.3 Berechnung der datenbasierten Realisierung des optimalen Stabilitätsradius

Input: Messdaten des LTI-Systems $\mathbf{G}$ im offenen Regelkreis oder in der FRA.

1: Berechne eine normalisierte, datenbasierte Realisierung der SIR $\bar{\mathcal{I}}_{\mathrm{d}}$ gemäß Algorithmus 3.2 bzw. 4.2

2: Berechne eine normalisierte, datenbasierte Realisierung der SKR $\bar{\mathcal{K}}_{\mathrm{d}}$ gemäß Algorithmus 3.1 bzw. 4.1

3: Berechne den optimalen Stabilitätsradius gemäß Gleichung (5.62). Für eine iterative Berechnung des größten Singulärwerts, siehe Algorithmus 5.2.

Die in diesem Kapitel hergeleiteten Ergebnisse für die datenbasierte Realisierung des optimalen Stabilitätsradius sind in Form von Algorithmus 5.3 noch einmal zusammengefasst. Um die Ergebnisse zu verifizieren, soll das nachfolgende Beispiel betrachtet werden.

Beispiel 5.3 (Datenbasierte Realisierung des Stabilitätsradius). *In diesem Beispiel wird die datenbasierte Realisierung des Stabilitätsradius über einen finiten Zeithorizont mit der klassischen, modellbasierten Berechnung verglichen. Zu diesem Zweck wird das nachfolgenden LTI-Systeme definiert*

$$G(s) = \frac{1000}{2s+1}.$$

In diesem Beispiel soll es nur um die Vergleichbarkeit der Appoximation über einen finiten Zeithorizont mit dem tatsächlichen Stabilitätsradius gehen. Aus diesem Grund wird Prozess- und Messrauschen zunächst vernachlässigt. Bei G handelt es sich um einen kontinuierlichen Prozess, welcher mit der Abtastrate T_s abgetastet wird. Insgesamt werden jeweils 1000 *Ein- und Ausgangsdatenpaare mit Hilfe einer Simulation erzeugt. Nach Anwendung von Algorithmus 5.3 für den datenbasierten Fall und Anwendung von Lemma 5.3 für das mit T_s diskretisierte System im modellbasierten Fall erhält man die in der gezeigten Tabelle angegebenen Ergebnisse. Dabei wird ohne Beschränkung der Allgemeinheit angenommen, dass $s = s_{\mathrm{f}} = s_{\mathrm{p}}$ gilt. Die Simulationsergebnisse verifizieren die in diesem*

T_s [sec]	$\hat{b}_{\mathrm{d,opt}}$ $s=4$	$\hat{b}_{\mathrm{d,opt}}$ $s=10$	$\hat{b}_{\mathrm{d,opt}}$ $s=50$	b_{opt}
10^{-1}	0.0016	0.0016	0.0016	0.0016
10^{-2}	0.0105	0.0105	0.0105	0.0105
10^{-3}	0.0990	0.0990	0.0990	0.0990
10^{-4}	0.5264	0.5262	0.5262	0.5262

Kapitel hergeleitete Berechnungsmethode für die datenbasierte Realisierung des optimalen Stabilitätsradius sehr gut. Es ist ersichtlich, dass auch schon für sehr kleine Sequenzlängen s eine gute Approximation möglich ist.

6 Datenbasierte Realisierung von Reglern

Die Ergebnisse des vorangegangenen Kapitels haben gezeigt, dass die datenbasierte Realisierung der SKR bzw. der SIR, ähnlich wie im modellbasierten Fall, als Analysewerkzeug zur Untersuchung von regelungstechnischen Systemen geeignet ist. In den folgenden Ausführungen soll deren Anwendbarkeit für den direkten, datenbasierten Entwurf von linearen Reglern gezeigt werden, um die Studie bezüglich der datenbasierten Realisierung der SKR bzw. SIR zu vervollständigen.

6.1 Motivation und Problemformulierung

Der automatisierte Entwurf von Reglern ist eine Problemstellung, welche nach wie vor für die industrielle Praxis eine hohe Bedeutung hat. Ein Beispiel dafür ist z.B. die Automobilindustrie, wo in einem Steuergerät häufig hunderte Regler oder Reglerparameter für ein neues Serienfahrzeug entworfen oder angepasst werden müssen und daher aus Kostengründen ein automatisierter Entwurf gewünscht ist. Das übliche Vorgehen für einen automatisierten Entwurf besteht darin, die gewünschte regelungstechnische Aufgabe in ein Optimierungsproblem zu formulieren. Dabei wird über eine sogenannte Kostenfunktion unerwünschtes Verhalten eines Reglers in dem Optimierungsproblem bestraft, sodass eine Minimierung der Kostenfunktion zu der gewünschten Regelungsstrategie führt. Diese Thematik findet man in der Literatur unter dem Aspekt der optimalen Regelung (Lewis, Vrabie und Syrmos, 2012; Kirk, 2004). Die Kostenfunktionen können dabei sehr unterschiedliche Formen annehmen und Normen von Signalen und Systemen oder aber Aspekte wie Überschwingweite, Anstiegszeit etc. bestrafen (siehe z.B. (Boyd und Barratt, 1991) für eine Übersicht). Da häufig keine Modelle von den zu regelnden Prozessen vorhanden sind, sind die datenbasierten Lösungen für den Reglerentwurf in den letzten Jahren in den Fokus gerückt. Neben dem Verzicht auf ein Modell erlauben diese in einigen Fällen auch eine direkte „online" Implementierbarkeit und ermöglichen somit, den Regler an geänderte Streckenverhältnisse, z.B. durch Alterung etc., anzupassen und die gewünschte Performanz im Regelkreis wieder herzustellen. Eine Übersicht zu den gängigsten Ansätzen findet sich in der Einleitung zu dieser Arbeit in Abschnitt 1.2 oder alternativ z.B. in (Hou und Jin, 2013). Zwei besonders häufig betrachtete, optimale Regelungsansätze stellen dabei ein LQR und der sogenannte $\mathcal{H}_\infty$-optimale Regler dar, welche exemplarisch in diesem Kapitel betrachtet werden sollen. Beide Verfahren erlauben durch geeignete Wahl von Gewichten, das gewünschte Verhalten des Prozesses im geschlossenen Regelkreis gezielt zu beeinflussen. Entsprechend kann die Problemformulierung wie folgt angegeben werden:

- Es soll eine datenbasierte Berechnung des LQR, basierend auf der datenbasierten Realisierung der SKR bzw. SIR gefunden werden.

- Es soll eine datenbasierte Berechnung des $\mathcal{H}_\infty$-optimalen Reglers, basierend auf der datenbasierten Realisierung der SKR bzw. SIR gefunden werden.

- Exemplarisch sollen am LQR Ansätze für die Optimierung mit finitem und infinitem Zeithorizont betrachtet werden.
- Es soll auf die Implementierungsform der gefundenen, datenbasierten Regler eingegangen werden.

An dieser Stelle sei erwähnt, dass es ähnliche Untersuchungen mit den SBM auch z.B. in (Huang und Kadali, 2008; Woodley, 2001) gibt. Aus diesem Grund wird dieses Kapitel auch relativ kurz gehalten, da das Hauptziel der nachfolgenden Ausführungen darin besteht, die Methoden und das Rahmenwerk bezüglich der datenbasierten Realisierung der SKR bzw. SIR zu vervollständigen.

6.2 Datenbasierte Realisierung eines LQR

Die sogenannte Polvorgabe mittels Zustandsrückführung ist eine übliche und weit verbreitete Methode zum Entwurf von Reglern. Dabei wird durch Veränderung der Eigenwerte des zu regelnden System versucht, die Dynamik im geschlossenen Regelkreis gezielt zu beeinflussen, um bestimmte Güteanforderungen zu erfüllen. Eine sinnvolle Wahl für die Polvorgabe ist dabei jedoch nicht immer einfach und anschaulich möglich. Der LQR-Ansatz bietet an dieser Stelle ein sehr einfaches Verfahren für die Auslegung der Rückführmatrix durch entsprechende Minimierung einer quadratischen Kostenfunktion. In dem klassischen Verfahren ist die Gewichtung der Zustandsgröße und der Stellgröße mittels zweier konstanter Matrizen in der Kostenfunktion vorgesehen. Da die Zustandsgröße in vielen Prozessen nicht messbar ist, wird das Verfahren häufig um einen Zustandsbeobachter zur Schätzung der Zustandsgrößen ergänzt. Für den datenbasierten Fall soll stattdessen angenommen werden, dass statt einer Gewichtung der Zustandsgröße eine Gewichtung des messbaren Ausgangs vorgenommen wird. Bei vielen praktischen Problemen wird die Gewichtungsmatrix der Zustandsgröße häufig sowieso so gewählt, dass die Ausgangsgröße bestraft wird, sodass diese Annahme keine zu große Einschränkung darstellt. Entsprechend kann nachfolgend eine Definition des LQR Problems für finite Zeiten gegeben werden.

Definition 6.1 (LQR mit finitem Zeithorizont). Gegeben sei das LTI-System $\mathbf{G}$ mit dem Eingangssignal $\mathbf{u}$ und dem Ausgangssignal $\mathbf{y}$. Dann kann die folgende Kostenfunktion J definiert werden

$$J(k) = \sum_{i=0}^{s} \mathbf{y}(k+i)^T \mathbf{Q} \mathbf{y}(k+i) + \mathbf{u}(k+i)^T \mathbf{R} \mathbf{u}(k+i) \tag{6.1}$$

wobei s dem Optimierungshorizont entspricht und $\mathbf{Q}$ bzw. $\mathbf{R}$ zwei Matrizen zur Gewichtung darstellen. Dabei wird angenommen, dass sowohl $\mathbf{Q}$ als auch $\mathbf{R}$ positiv definit sind. Der LQR mit finitem Zeithorizont bezeichnet dabei die Regelstrategie, welche die Eingangssequenz $\mathbf{u}(k), \ldots, \mathbf{u}(k+s)$ so wählt, dass die Kostenfunktion J minimiert wird gemäß

$$J_{\text{opt}}(k) = \min_{\mathbf{u}(k),\ldots,\mathbf{u}(k+s)} J(k). \tag{6.2}$$

Die Gütefunktion (6.1) oder leicht abgewandelte Gütefunktionen sind auch im Bereich der Prädiktivregelung sehr beliebt (siehe z.B. (Maciejowski, 2000; Camacho und Alba, 2007)). Der Optimierungsansatz über einen finiten Zeithorizont bietet dabei häufig den Vorteil, dass die Optimierung in einem Schritt durchgeführt werden kann und sich dabei z.B. Stellgrößenbegrenzungen als Ungleichungsnebenbedingungen berücksichtigen lassen. Dafür muss in der Regel allerdings auf eine Stabilitätsgarantie verzichtet werden. Die Stabilität kann nur gewährleistet werden, wenn das Optimierungsproblem über einen infiniten Zeithorizont gelöst wird. Das nachfolgende Theorem beschreibt eine mögliche Lösung des Optimierungsproblems gemäß Definition 6.1 mit Hilfe der datenbasierten Realisierung der SIR.

Theorem 6.1 (Realisierung LQR mit finitem Zeithorizont). *Gegeben sei die datenbasierte Realisierung der SIR $\mathcal{I}_\mathrm{d}$ des Systems* $\mathbf{G}$ *gemäß Definition 3.8. Ohne Beschränkung der Allgemeinheit wird angenommen, dass $s = s_\mathrm{p} = s_\mathrm{f}$ gilt. Dann können alle Signalsequenzen, welche das Optimierungsproblem gemäß Definition 6.1 lösen, angegeben werden gemäß*

$$\begin{bmatrix}\mathbf{u}_s(k)\\ \mathbf{y}_s(k)\end{bmatrix} = \left(\mathbf{I} - \mathcal{I}_\mathrm{d,f}\left(\mathcal{I}_\mathrm{d,f}^T\tilde{\mathbf{Q}}\mathcal{I}_\mathrm{d,f}\right)^{-1}\mathcal{I}_\mathrm{d,f}^T\tilde{\mathbf{Q}}\right)\mathcal{I}_\mathrm{d,p}\begin{bmatrix}\mathbf{v}_s(k-s-1)\\ \mathbf{u}_s(k-s-1)\\ \mathbf{y}_s(k-s-1)\end{bmatrix} \tag{6.3}$$

mit

$$\mathcal{I}_\mathrm{d} = \begin{bmatrix}\mathcal{I}_\mathrm{d,p} & \mathcal{I}_\mathrm{d,f}\end{bmatrix} \tag{6.4}$$

$$\begin{aligned}\mathcal{I}_\mathrm{d,p} &= \mathcal{I}_\mathrm{d}(:, 1 : (s_\mathrm{p}+1)(2k_\mathrm{u}+k_\mathrm{y}))\\ \mathcal{I}_\mathrm{d,f} &= \mathcal{I}_\mathrm{d}(:, (s_\mathrm{p}+1)(2k_\mathrm{u}+k_\mathrm{y})+1 : \mathrm{end})\end{aligned} \tag{6.5}$$

und

$$\tilde{\mathbf{Q}} = \mathrm{diag}(\underbrace{\mathbf{R},\ldots,\mathbf{R}}_{\times(s+1)},\underbrace{\mathbf{Q},\ldots,\mathbf{Q}}_{\times(s+1)}). \tag{6.6}$$

Beweis. In einem ersten Schritt kann gezeigt werden, dass die Gütefunktion (6.1) umgeschrieben werden kann gemäß

$$J(k) = \begin{bmatrix}\mathbf{u}_s(k)\\ \mathbf{y}_s(k)\end{bmatrix}^T\tilde{\mathbf{Q}}\begin{bmatrix}\mathbf{u}_s(k)\\ \mathbf{y}_s(k)\end{bmatrix} = \begin{bmatrix}\mathbf{u}_\mathrm{f}\\ \mathbf{y}_\mathrm{f}\end{bmatrix}^T\tilde{\mathbf{Q}}\begin{bmatrix}\mathbf{u}_\mathrm{f}\\ \mathbf{y}_\mathrm{f}\end{bmatrix} \tag{6.7}$$

Einsetzen der datenbasierten Realisierung der SIR ergibt dann

$$\begin{aligned}J(k) &= (\mathcal{I}_\mathrm{d,p}\bar{\mathbf{z}}_\mathrm{p} + \mathcal{I}_\mathrm{d,f}\mathbf{v}_\mathrm{f})^T\,\tilde{\mathbf{Q}}\,(\mathcal{I}_\mathrm{d,p}\bar{\mathbf{z}}_\mathrm{p} + \mathcal{I}_\mathrm{d,f}\mathbf{v}_\mathrm{f})\\ &= \bar{\mathbf{z}}_\mathrm{p}^T\bar{\mathbf{Q}}\bar{\mathbf{z}}_\mathrm{p} + 2\mathbf{v}_\mathrm{f}^T\bar{\mathbf{S}}\mathbf{z}_\mathrm{p} + \mathbf{v}_\mathrm{f}^T\bar{\mathbf{R}}\mathbf{v}_\mathrm{f}\end{aligned} \tag{6.8}$$

mit

$$\bar{\mathbf{z}}_\mathrm{p} = \begin{bmatrix}\mathbf{v}_s(k-s-1)\\ \mathbf{u}_s(k-s-1)\\ \mathbf{y}_s(k-s-1)\end{bmatrix},\quad \bar{\mathbf{Q}} = \mathcal{I}_\mathrm{d,p}^T\tilde{\mathbf{Q}}\mathcal{I}_\mathrm{d,p},\quad \bar{\mathbf{S}} = \mathcal{I}_\mathrm{d,f}^T\tilde{\mathbf{Q}}\mathcal{I}_\mathrm{d,p},\quad \bar{\mathbf{R}} = \mathcal{I}_\mathrm{d,f}^T\tilde{\mathbf{Q}}\mathcal{I}_\mathrm{d,f}. \tag{6.9}$$

Damit lässt sich das Optimierungsproblem 6.2 äquivalent umschreiben zu

$$J_{\text{opt}} = \min_{\mathbf{v}_\text{f}} \left\{ \bar{\mathbf{z}}_\text{p}^T \bar{\mathbf{Q}} \bar{\mathbf{z}}_\text{p} + 2\mathbf{v}_\text{f}^T \bar{\mathbf{S}} \bar{\mathbf{z}}_\text{p} + \mathbf{v}_\text{f}^T \bar{\mathbf{R}} \mathbf{v}_\text{f} \right\} \tag{6.10}$$

Bildung der Ableitung der Kostenfunktion nach $\mathbf{v}_\text{f}$ und anschließendes zu Null setzen liefert die Lösung für das Optimierungsproblem gemäß

$$\frac{\partial J(k)}{\partial \mathbf{v}_\text{f}} = \mathbf{0} \Leftrightarrow 2\bar{\mathbf{R}}\mathbf{v}_\text{f} + 2\bar{\mathbf{S}}\mathbf{z}_\text{p} = \mathbf{0} \Leftrightarrow \mathbf{v}_\text{f} = -\bar{\mathbf{R}}^{-1}\bar{\mathbf{S}}\bar{\mathbf{v}}_\text{p}. \tag{6.11}$$

Entsprechend den Voraussetzungen aus Definition 6.1 hat die Matrix $\tilde{\mathbf{Q}}$ vollen Rang. Des Weiteren besitzt $\mathcal{I}_{\text{d,f}}$ vollen Spaltenrang, sodass $\bar{\mathbf{R}}$ in jedem Fall invertierbar ist. Einsetzen der Lösung für $\mathbf{v}_\text{f}$ in die datenbasierte Realisierung der SIR liefert Gleichung (6.3). □

Ähnlich wie im modellbasierten Fall hängt die optimale Lösung des Optimierungsproblems auch im datenbasierten Fall nur von dem Anfangszustand des Systems $\mathbf{G}$ ab, welcher über die vergangenen Datensequenzen $\bar{\mathbf{z}}_\text{p}$ geschätzt werden kann. Ausgehend von dem Anfangszustand wird dann die optimale, zukünftige Zeitsequenz des Ein- bzw. Ausgangssignals angegeben. Für die Anwendung der Ergebnisse zur Implementierung eines Reglers wird auf Abschnitt 6.4 verwiesen. Im Folgenden soll eine ähnliche Problemstellung betrachtet werden, wenn statt wie bisher ein inifiniter Zeithorizont angenommen wird.

Definition 6.2 (LQR mit infinitem Zeithorizont). Gegeben sei das LTI-System $\mathbf{G}$ mit dem Eingangssignal $\mathbf{u}$ und dem Ausgangssignal $\mathbf{y}$. Dann kann die folgende Kostenfunktion J definiert werden

$$J = \sum_{k=0}^{\infty} \left\{ \mathbf{y}(k)^T \mathbf{Q} \mathbf{y}(k) + \mathbf{u}(k+i)^T \mathbf{R} \mathbf{u}(k+i) \right\} \tag{6.12}$$

wobei $\mathbf{Q}$ bzw. $\mathbf{R}$ zwei Matrizen zur Gewichtung darstellen. Dabei wird angenommen, dass sowohl $\mathbf{Q}$ als auch $\mathbf{R}$ positiv definit sind. Der LQR mit infinitem Zeithorizont bezeichnet dabei die Regelstrategie, welche das Eingangssignal $\mathbf{u}$ so wählt, dass die Kostenfunktion J minimiert wird gemäß

$$J_{\text{opt}} = \min_{\mathbf{u}} J. \tag{6.13}$$

Theorem 6.2 (Realisierung LQR mit infinitem Zeithorizont). *Gegeben sei die rekursive, datenbasierte Realisierung der SIR $\tilde{\mathcal{I}}_\text{d}$ des Systems $\mathbf{G}$ gemäß Korollar 3.2. Ohne Beschränkung der Allgemeinheit wird angenommen, dass $s = s_\text{p} = s_\text{f}$ gilt. Dann können alle Signalsequenzen, welche das Optimierungsproblem gemäß Definition 6.2 lösen, angegeben werden gemäß*

$$\begin{bmatrix} \mathbf{u}_s(k) \\ \mathbf{y}_s(k) \end{bmatrix} = \left(\mathcal{I}_{\text{d,p}} - \left(\bar{\mathbf{R}} + \mathcal{I}_{\text{d,f}}^T \mathbf{P} \mathcal{I}_{d,f} \right)^{-1} \left(\bar{\mathbf{S}} + \mathcal{I}_{\text{d,f}}^T \mathbf{P} \mathcal{I}_{\text{d,p}} \right) \right) \begin{bmatrix} \mathbf{v}_s(k-s-1) \\ \mathbf{u}_s(k-s-1) \\ \mathbf{y}_s(k-s-1) \end{bmatrix} \tag{6.14}$$

mit

$$\tilde{\mathbf{Q}} = \operatorname{diag}(\underbrace{\mathbf{R},\ldots,\mathbf{R}}_{\times(s+1)},\underbrace{\mathbf{Q},\ldots,\mathbf{Q}}_{\times(s+1)}), \tag{6.15}$$

$$\bar{\mathbf{Q}} = \mathcal{I}_{\mathrm{d,p}}^T\tilde{\mathbf{Q}}\mathcal{I}_{\mathrm{d,p}}, \quad \bar{\mathbf{S}} = \mathcal{I}_{\mathrm{d,f}}^T\tilde{\mathbf{Q}}\mathcal{I}_{\mathrm{d,p}}, \quad \bar{\mathbf{R}} = \mathcal{I}_{\mathrm{d,f}}^T\tilde{\mathbf{Q}}\mathcal{I}_{\mathrm{d,f}}. \tag{6.16}$$

und **P** *als Lösung der zeitdiskreten Riccati Gleichung*

$$\mathbf{P} = \tilde{\mathcal{I}}_{\mathrm{d,p}}^T\mathbf{P}\tilde{\mathcal{I}}_{\mathrm{d,p}} - \left(\bar{\mathbf{S}}^T + \tilde{\mathcal{I}}_{\mathrm{d,p}}^T\mathbf{P}\tilde{\mathcal{I}}_{\mathrm{d,f}}\right)\left(\bar{\mathbf{R}}^T + \tilde{\mathcal{I}}_{\mathrm{d,f}}^T\mathbf{P}\tilde{\mathcal{I}}_{\mathrm{d,f}}\right)^{-1}\left(\bar{\mathbf{S}} + \tilde{\mathcal{I}}_{\mathrm{d,f}}^T\mathbf{P}\tilde{\mathcal{I}}_{\mathrm{d,p}}\right) + \bar{\mathbf{Q}}. \tag{6.17}$$

Beweis. Die Kostenfunktion 6.12 kann mit Hilfe der rekursiven, datenbasierten Realisierung der SIR aufgeschrieben werden als

$$J = \sum_{k=0}^{\infty}\left\{\mathbf{x}_{\mathrm{e}}(k)^T\bar{\mathbf{Q}}\mathbf{x}_{\mathrm{e}}(k) + 2\mathbf{v}_{\mathrm{e}}(k)^T\bar{\mathbf{S}}\mathbf{x}_{\mathrm{e}}(k) + \mathbf{v}_{\mathrm{e}}(k)^T\bar{\mathbf{R}}\mathbf{v}_{\mathrm{e}}(k)\right\}. \tag{6.18}$$

Unter der Annahme einer quadratischen Value-Function $V(\mathbf{x}_{\mathrm{e}}(k)) = \mathbf{x}_{\mathrm{e}}(k)^T\mathbf{P}(k)\mathbf{x}_{\mathrm{e}}(k)$ gilt nach dem Bellmann Optimalitätsprinzip entsprechend

$$\begin{aligned} V(\mathbf{x}_{\mathrm{e}}(k)) = \min_{\mathbf{v}_{\mathrm{e}}(k)}\{&\mathbf{x}_{\mathrm{e}}(k)^T\bar{\mathbf{Q}}\mathbf{x}_{\mathrm{e}}(k) + 2\mathbf{v}_{\mathrm{e}}(k)^T\bar{\mathbf{S}}\mathbf{x}_{\mathrm{e}}(k) \\ &+ \mathbf{v}_{\mathrm{e}}(k)^T\bar{\mathbf{R}}\mathbf{v}_{\mathrm{e}}(k) + \mathbf{x}_{\mathrm{e}}(k+1)^T\mathbf{P}(k+1)\mathbf{x}_{\mathrm{e}}(k+1)\}. \end{aligned} \tag{6.19}$$

Erneutes Einsetzen der datenbasierten Realisierung der SIR ergibt für die Value-Function

$$V(\mathbf{x}_{\mathrm{e}}(k)) = \min_{\mathbf{v}_{\mathrm{e}}(k)}\{\mathbf{x}_{\mathrm{e}}(k)^T\mathbf{Q}_{\mathrm{e}}\mathbf{x}_{\mathrm{e}}(k) + 2\mathbf{v}_{\mathrm{e}}(k)^T\mathbf{S}_{\mathrm{e}}\mathbf{x}_{\mathrm{e}}(k) + \mathbf{v}_{\mathrm{e}}(k)^T\mathbf{R}_{\mathrm{e}}\mathbf{v}_{\mathrm{e}}(k)\} \tag{6.20}$$

mit

$$\begin{aligned} \mathbf{Q}_{\mathrm{e}} &= \bar{\mathbf{Q}} + \tilde{\mathcal{I}}_{\mathrm{d,p}}^T\mathbf{P}(k+1)\tilde{\mathcal{I}}_{\mathrm{d,p}}, \\ \mathbf{S}_{\mathrm{e}} &= \bar{\mathbf{S}} + \tilde{\mathcal{I}}_{\mathrm{d,f}}^T\mathbf{P}(k+1)\tilde{\mathcal{I}}_{\mathrm{d,p}}, \\ \mathbf{R}_{\mathrm{e}} &= \mathbf{R} + \tilde{\mathcal{I}}_{\mathrm{d,f}}^T\mathbf{P}(k+1)\tilde{\mathcal{I}}_{\mathrm{d,f}}. \end{aligned} \tag{6.21}$$

Die Lösung des Optimierungsproblems ergibt sich durch Nullsetzen der partiellen Ableitung der Value-Function V nach $\mathbf{v}_{\mathrm{e}}(k)$ zu

$$\mathbf{v}_{\mathrm{e}}(k) = -\mathbf{R}_{\mathrm{e}}^{-1}\mathbf{S}_{\mathrm{e}}\mathbf{x}_{\mathrm{e}}(k). \tag{6.22}$$

Einsetzen der optimalen Lösung in die Value-Function (6.20) ergibt die zeitdiskrete Riccati Differenzengleichung

$$\mathbf{P}(k) = \mathbf{Q}_{\mathrm{e}} - \mathbf{S}_{\mathrm{e}}^T\mathbf{R}_{\mathrm{e}}^{-1}\mathbf{S}_{\mathrm{e}}. \tag{6.23}$$

Für $k \to \infty$ erhält man das in diesem Theorem angegebene Ergebnis. □

Auf der einen Seite erlauben die in diesem Abschnitt vorgestellten Verfahren durch geeignete Wahl der entsprechenden Gewichtungsfaktoren in den Gütefunktionen die gewünschte Performanz des Systems **G** im geschlossenen Regelkreis gezielt zu beeinflussen. Auf der anderen Seite ist bekannt, dass Robustheitsaussagen bezüglich der entworfenen Regelstrategien problematisch sein können (Doyle, 1978). Aus diesem Grund wird in dem folgenden Abschnitt ein Entwurfsverfahren betrachtet, welches Aussagen über die Robustheit im Zusammenhang mit den koprimen Unsicherheiten erlaubt.

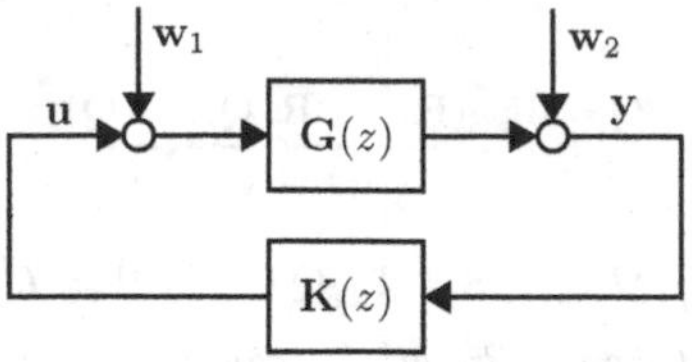

Abbildung 6.1: Regelkreiskonfiguration $\mathcal{H}_\infty$-Problem

6.3 Datenbasierte Realisierung eines $\mathcal{H}_\infty$- suboptimalen Reglers

In diesem Abschnitt soll, basierend auf der datenbasierten Realisierung der SIR, ein Verfahren für den datenbasierten Entwurf eines $\mathcal{H}_\infty$-suboptimalen Reglers mit finitem Zeithorizont angegeben werden. Ziel des $\mathcal{H}_\infty$-Entwurfs ist es in der Regel, den Einfluss eines Störeingangs auf bestimmte Signale des geschlossenen Regelkreises zu minimieren. Dies geschieht durch Minimierung der Unendlich-Norm der entsprechenden Übertragungsfunktionen in Form eines Optimierungsproblems. Um das Verhalten des Regelkreises gezielt beeinflussen zu können, werden dabei die einzelnen Signale häufig mit Frequenzgewichten (Filtern) versehen, welche ungewünschtes Verhalten im Regelkreis für unterschiedliche Frequenzen unterschiedliche stark in dem Optimierungsproblem bestrafen. In der Literatur werden eine ganze Reihe von verschiedenen $\mathcal{H}_\infty$-Entwurfsverfahren unterschieden, welche sich im Wesentlichen durch die betrachteten Signale und Übertragungsfunktionen unterscheiden. Eine ausführliche Übersicht über die verschiedenen Ansätze befindet sich z.B. in (Skogestad und Postlethwaite, 2007).

In diesem Abschnitt soll der sogenannte „$\mathcal{H}_\infty$-loop-shaping“-Entwurf nach McFarlane und Glover (1992) betrachtet werden. Ausgangspunkt bildet dabei die in Abbildung 6.1 gezeigte Struktur eines geschlossenen Regelkreises, bestehend aus der Strecke $\mathbf{G}$ und dem Regler $\mathbf{K}$. Dabei stellen die Signale $\mathbf{w}_1$ bzw. $\mathbf{w}_2$ Störsignale dar, welche auf das Ausgangssignal $\mathbf{u}$ bzw. das Eingangssignal $\mathbf{y}$ des Reglers $\mathbf{K}$ wirken. Die dazugehörige Übertragungsfunktion kann angegeben werden gemäß

$$\begin{bmatrix}\mathbf{u}(z)\\ \mathbf{y}(z)\end{bmatrix} = \begin{bmatrix}\mathbf{K}(z)\\ \mathbf{I}\end{bmatrix}(\mathbf{I}-\mathbf{G}(z)\mathbf{K}(z))^{-1}\begin{bmatrix}\mathbf{G}(z) & \mathbf{I}\end{bmatrix}\begin{bmatrix}\mathbf{w}_1(z)\\ \mathbf{w}_2(z)\end{bmatrix}. \tag{6.24}$$

Ziel des $\mathcal{H}_\infty$-Entwurfs ist es, die Unendlich-Norm der Übertragungsfunktion in Gleichung (6.24) zu minimieren. Durch geschickte Wahl eines Ein- bzw. Ausgangs-Filters für die Strecke $\mathbf{G}$ kann dabei das gewünschte Verhalten des Regelkreises beeinflusst werden. Dieser Aspekt wird im Rahmen dieser Arbeit nicht näher betrachtet, stattdessen wird auf die ausführliche Beschreibung in (Glover und McFarlane, 1989; Vinnicombe, 2000) verwiesen. Die Übertragungsfunktion (6.24) ist dabei genau die Übertragungsfunktion, deren Norm minimiert werden sollte, um eine hohe Robustheit gegenüber Unsicherheiten in den koprimen Faktoren zu gewährleisten. Dies ist auf den ersten Blick nicht direkt ersichtlich, wird aber deutlich vor dem Hintergrund der Definition des Stabilitätsradius 5.3 und den damit verbundenen Robustheitseigenschaften aus Theorem 5.1. Ein suboptimaler Regler $\mathbf{K}$ für dieses Optimierungsproblem ist dann gegeben, wenn dieser die Unendlich-Norm nach oben durch γ begrenzt gemäß

$$\left\| \begin{bmatrix} \mathbf{K}(z) \\ \mathbf{I} \end{bmatrix} (\mathbf{I} - \mathbf{G}(z)\mathbf{K}(z))^{-1} \begin{bmatrix} \mathbf{G}(z) & \mathbf{I} \end{bmatrix} \right\|_\infty \leq \gamma \tag{6.25}$$

mit $\gamma \geq \gamma_{\text{opt}}$. Dabei entspricht γ_{opt} der minimal erreichbaren Unendlich-Norm bzw. dem optimal erreichbaren Stabilitätsradius mit $\gamma^{-1} = b_{\mathbf{G},\mathbf{K}}$ und $\gamma_{\text{opt}}^{-1} = b_{\text{opt}}$. Entsprechend der Definition der Unendlich-Norm kann der Ausdruck (6.25) im Zeitbereich äquivalent formuliert werden als

$$\sup_{\mathbf{w}} \sum_{k=0}^{\infty} \left\{ \begin{bmatrix} \mathbf{u}(k) \\ \mathbf{y}(k) \end{bmatrix}^T \begin{bmatrix} \mathbf{u}(k) \\ \mathbf{y}(k) \end{bmatrix} - \gamma^2 \mathbf{w}(k)^T \mathbf{w}(k) \right\} \leq 0 \tag{6.26}$$

mit $\mathbf{w} = \begin{bmatrix} \mathbf{w}_1^T & \mathbf{w}_2^T \end{bmatrix}^T$. Damit lässt sich der $\mathcal{H}_\infty$-suboptimale Regler für finite Zeit gemäß der nachfolgenden Definition als ein als ein Zwei-Personen-Nullsummenspiel darstellen (Başar und Bernhard, 1995).

Definition 6.3 ($\mathcal{H}_\infty$-suboptimaler Regler mit finitem Zeithorizont). Gegeben sei das LTI-System $\mathbf{G}$ in der in Abbildung 6.1 gezeigten Konfiguration. Dann kann die Kostenfunktion J für finite Zeit definiert werden als

$$J(k,\gamma) = \sum_{i=0}^{s} \left\{ \begin{bmatrix} \mathbf{u}(k+i) \\ \mathbf{y}(k+i) \end{bmatrix}^T \begin{bmatrix} \mathbf{u}(k+i) \\ \mathbf{y}(k+i) \end{bmatrix} - \gamma^2 \mathbf{w}(k+i)^T \mathbf{w}(k+i) \right\} \tag{6.27}$$

mit $\mathbf{w} = \begin{bmatrix} \mathbf{w}_1^T & \mathbf{w}_2^T \end{bmatrix}^T$. Der $\mathcal{H}_\infty$-suboptimale Regler für finite Zeit bezeichnet dabei die Regelstrategie, welche die Eingangssequenz $\mathbf{u}(k), \ldots, \mathbf{u}(k+s)$ so wählt, dass die Kostenfunktion J mit der Nebenbedingung $\mathbf{w}(0) = \ldots = \mathbf{w}(k-1) = \mathbf{0}$ minimiert wird gemäß

$$J_{\text{opt}}(k,\gamma) = \inf_{\mathbf{u}(k),\ldots,\mathbf{u}(k+s)} \sup_{\mathbf{w}(k),\ldots,\mathbf{w}(k+s)} J(k,\gamma). \tag{6.28}$$

Die in Definition 6.3 verwendete Nebenbedingung ist eine Standardnebenbedingung (Woodley, 2001), welche sicherstellen soll, dass die Energie in dem Ein- bzw. Ausgangssignal $\mathbf{u}$ bzw. $\mathbf{y}$ nur von der zukünftigen Anregung mit $\mathbf{w}$ abhängt und nicht von der Energie, welche vorher durch $\mathbf{w}$ in dem System gespeichert wurde. Das nachfolgende Theorem gibt eine Realisierung des $\mathcal{H}_\infty$-suboptimalen Reglers, basierend auf der datenbasierten Realisierung der SIR.

Theorem 6.3 (Realisierung $\mathcal{H}_\infty$-suboptimaler Regler mit finitem Zeithorizont). *Gegeben sei die datenbasierte Realisierung der SIR $\mathcal{I}_{\text{d}}$ des Systems $\mathbf{G}$ gemäß Definition 3.8. Wird für gegebenes γ die Bedingung*

$$\begin{bmatrix} \mathbf{N}_{\text{d,f}}^T \mathbf{N}_{\text{d,f}} - \gamma^2 \mathbf{M}_{\text{d,f}}^T \mathbf{M}_{\text{d,f}} & \mathbf{N}_{\text{d,f}}^T \\ \mathbf{N}_{\text{d,f}} & (1-\gamma^2)\mathbf{I} \end{bmatrix} - \begin{bmatrix} \mathbf{N}_{\text{d,f}}^T \mathbf{N}_{\text{d,f}} \\ \mathbf{N}_{\text{d,f}} \end{bmatrix}^T \left(\mathcal{I}_{\text{d,f}}^T \mathcal{I}_{\text{d,f}} \right)^{-1} \begin{bmatrix} \mathbf{N}_{\text{d,f}}^T \mathbf{N}_{\text{d,f}} \\ \mathbf{N}_{\text{d,f}} \end{bmatrix} \prec 0 \tag{6.29}$$

erfüllt, dann können alle Signalsequenzen, welche das Optimierungsproblem gemäß Definition 6.3 lösen, angegeben werden als

$$\begin{bmatrix} \mathbf{u}_s(k) \\ \mathbf{y}_s(k) \end{bmatrix} = \left(\mathcal{I}_{\text{d,p}} + \mathcal{I}_{\text{d,f}} \mathbf{K}_1^{-1} \mathbf{K}_2 \right) \begin{bmatrix} \mathbf{v}_s(k-s-1) \\ \mathbf{u}_s(k-s-1) \\ \mathbf{y}_s(k-s-1) \end{bmatrix} \tag{6.30}$$

mit

$$\mathbf{K}_1 = \mathcal{I}_{\mathrm{d,f}}^T \mathcal{I}_{\mathrm{d,f}} - \begin{bmatrix} \mathbf{N}_{\mathrm{d,f}}^T \mathbf{N}_{\mathrm{d,f}} \\ \mathbf{N}_{\mathrm{d,f}} \end{bmatrix}^T \begin{bmatrix} \mathbf{N}_{\mathrm{d,f}}^T \mathbf{N}_{\mathrm{d,f}} - \gamma^2 \mathbf{M}_{\mathrm{d,f}}^T \mathbf{M}_{\mathrm{d,f}} & \mathbf{N}_{\mathrm{d,f}}^T \\ \mathbf{N}_{\mathrm{d,f}} & (1-\gamma^2)\mathbf{I} \end{bmatrix}^{-1} \begin{bmatrix} \mathbf{N}_{\mathrm{d,f}}^T \mathbf{N}_{\mathrm{d,f}} \\ \mathbf{N}_{\mathrm{d,f}} \end{bmatrix} \tag{6.31}$$

$$\mathbf{K}_2 = \begin{bmatrix} \mathbf{N}_{\mathrm{d,f}}^T \mathbf{N}_{\mathrm{d,f}} \\ \mathbf{N}_{\mathrm{d,f}} \end{bmatrix}^T \begin{bmatrix} \mathbf{N}_{\mathrm{d,f}}^T \mathbf{N}_{\mathrm{d,f}} - \gamma^2 \mathbf{M}_{\mathrm{d,f}}^T \mathbf{M}_{\mathrm{d,f}} & \mathbf{N}_{\mathrm{d,f}}^T \\ \mathbf{N}_{\mathrm{d,f}} & (1-\gamma^2)\mathbf{I} \end{bmatrix}^{-1} \begin{bmatrix} \mathbf{N}_{\mathrm{d,f}}^T \mathbf{N}_{\mathrm{d,p}} \\ \mathbf{N}_{\mathrm{d,p}} \end{bmatrix} - \mathcal{I}_{\mathrm{d,f}}^T \mathcal{I}_{\mathrm{d,p}} \tag{6.32}$$

und

$$\mathcal{I}_{\mathrm{d}} = \begin{bmatrix} \mathcal{I}_{\mathrm{d,p}} & \mathcal{I}_{\mathrm{d,f}} \end{bmatrix} = \begin{bmatrix} \mathbf{M}_{\mathrm{d,p}} & \mathbf{M}_{\mathrm{d,f}} \\ \mathbf{N}_{\mathrm{d,p}} & \mathbf{N}_{\mathrm{d,f}} \end{bmatrix} \tag{6.33}$$

$$\begin{aligned} \mathcal{I}_{\mathrm{d,p}} &= \mathcal{I}_{\mathrm{d}}(:, 1 : (s_{\mathrm{p}}+1)(2k_{\mathrm{u}}+k_{\mathrm{y}})) \\ \mathcal{I}_{\mathrm{d,f}} &= \mathcal{I}_{\mathrm{d}}(:, (s_{\mathrm{p}}+1)(2k_{\mathrm{u}}+k_{\mathrm{y}})+1 : \mathrm{end}) \end{aligned} \tag{6.34}$$

$$\begin{aligned} \mathbf{M}_{\mathrm{d,p}} &= \mathcal{I}_{\mathrm{d,p}}(1 : (s_{\mathrm{f}}+1)k_{\mathrm{u}}, :), \quad \mathbf{N}_{\mathrm{d,p}} = \mathcal{I}_{\mathrm{d,p}}((s_{\mathrm{f}}+1)k_{\mathrm{u}}+1 : \mathrm{end}, :) \\ \mathbf{M}_{\mathrm{d,f}} &= \mathcal{I}_{\mathrm{d,f}}(1 : (s_{\mathrm{f}}+1)k_{\mathrm{u}}, :), \quad \mathbf{N}_{\mathrm{d,f}} = \mathcal{I}_{\mathrm{d,f}}((s_{\mathrm{f}}+1)k_{\mathrm{u}}+1 : \mathrm{end}, :). \end{aligned} \tag{6.35}$$

Beweis. Der nachfolgende Beweis verläuft in Teilen analog zu dem Beweis in (Woodley, 2001), sodass nur die wesentlichen Schritte angegeben werden. Die Gütefunktion aus Gleichung (6.27) kann äquivalent angegeben werden als

$$J(k,\gamma) = \begin{bmatrix} \mathbf{u}_s(k) \\ \mathbf{y}_s(k) \end{bmatrix}^T \begin{bmatrix} \mathbf{u}_s(k) \\ \mathbf{y}_s(k) \end{bmatrix} - \gamma^2 \begin{bmatrix} \mathbf{w}_{1,s}(k) \\ \mathbf{w}_{2,s}(k) \end{bmatrix}^T \begin{bmatrix} \mathbf{w}_{1,s}(k) \\ \mathbf{w}_{2,s}(k) \end{bmatrix}. \tag{6.36}$$

Mit Hilfe der datenbasierten Realisierung der SIR können die verwendeten Signalsequenzen umgeschrieben werden gemäß

$$\begin{bmatrix} \mathbf{u}_s(k) \\ \mathbf{y}_s(k) \end{bmatrix} = \mathcal{I}_{\mathrm{d,p}} \bar{z}_{\mathrm{p}} + \mathcal{I}_{\mathrm{d,f}} \mathbf{v}_{\mathrm{f}} + \begin{bmatrix} 0 & 0 \\ \mathbf{N}_{\mathrm{d,f}} & \mathbf{I} \end{bmatrix} \begin{bmatrix} \mathbf{v}_{\mathrm{f,w_1}} \\ \mathbf{w}_{2,\mathrm{f}} \end{bmatrix} \tag{6.37}$$

und

$$\begin{bmatrix} \mathbf{w}_{1,s}(k) \\ \mathbf{w}_{2,s}(k) \end{bmatrix} = \begin{bmatrix} \mathbf{M}_{\mathrm{d,f}} & 0 \\ 0 & \mathbf{I} \end{bmatrix} \begin{bmatrix} \mathbf{v}_{\mathrm{f,w_1}} \\ \mathbf{w}_{2,\mathrm{f}} \end{bmatrix} \tag{6.38}$$

mit

$$\bar{\mathbf{z}}_{\mathrm{p}} = \begin{bmatrix} \mathbf{v}_s(k-s-1) \\ \mathbf{u}_s(k-s-1) \\ \mathbf{y}_s(k-s-1) \end{bmatrix}. \tag{6.39}$$

Einsetzen der Gleichungen (6.37) und (6.38) in Gleichung (6.36) liefert das zu (6.28) äquivalente Optimierungsproblem

$$J_{\mathrm{opt}} = \inf_{\mathbf{v}_{\mathrm{f}}} \sup_{\bar{\mathbf{w}}} \{J\} = \inf_{\mathbf{v}_{\mathrm{f}}} \sup_{\bar{\mathbf{w}}} \left\{ \begin{bmatrix} \bar{\mathbf{w}} \\ \mathbf{v}_{\mathrm{f}} \\ \bar{\mathbf{z}}_{\mathrm{p}} \end{bmatrix}^T \begin{bmatrix} \mathbf{H}_{11} & \mathbf{H}_{12} & \mathbf{H}_{13} \\ \mathbf{H}_{12}^T & \mathbf{H}_{22} & \mathbf{H}_{23} \\ \mathbf{H}_{13}^T & \mathbf{H}_{23}^T & \mathbf{H}_{33} \end{bmatrix} \begin{bmatrix} \bar{\mathbf{w}} \\ \mathbf{v}_{\mathrm{f}} \\ \bar{\mathbf{z}}_{\mathrm{p}} \end{bmatrix} \right\} \tag{6.40}$$

mit

$$\mathbf{H}_{11} = \begin{bmatrix} \mathbf{N}_{\mathrm{d,f}}^T\mathbf{N}_{\mathrm{d,f}} - \gamma^2\mathbf{M}_{\mathrm{d,f}}^T\mathbf{M}_{\mathrm{d,f}} & \mathbf{N}_{\mathrm{d,f}}^T \\ \mathbf{N}_{\mathrm{d,f}} & (1-\gamma^2)\mathbf{I} \end{bmatrix}, \mathbf{H}_{12} = \begin{bmatrix} \mathbf{N}_{\mathrm{d,f}}^T\mathbf{N}_{\mathrm{d,f}} \\ \mathbf{N}_{\mathrm{d,f}} \end{bmatrix}, \mathbf{H}_{13} = \begin{bmatrix} \mathbf{N}_{\mathrm{d,f}}^T\mathbf{N}_{\mathrm{d,p}} \\ \mathbf{N}_{\mathrm{d,p}} \end{bmatrix} \tag{6.41}$$

$$\mathbf{H}_{22} = \mathcal{I}_{\mathrm{d,f}}^T\mathcal{I}_{\mathrm{d,f}}, \quad \mathbf{H}_{23} = \mathcal{I}_{\mathrm{d,f}}^T\mathcal{I}_{\mathrm{d,p}}, \quad \mathbf{H}_{33} = \mathcal{I}_{\mathrm{d,p}}^T\mathcal{I}_{\mathrm{d,p}} \tag{6.42}$$

und $\bar{\mathbf{w}} = \begin{bmatrix}\mathbf{v}_{\mathrm{f,w_1}}^T & \mathbf{w}_{\mathrm{2,f}}^T\end{bmatrix}$. Die Lösung des Zwei-Personen-Nullsummenspiels (6.40) kann dann durch Nullsetzen der ersten Ableitung und der Überprüfung einer Sattelpunktbedingung über die Hessematrix gefunden werden. Für die Bildung der partiellen Ableitung nach den Optimierungsvariablen gilt entsprechend

$$\frac{\partial J}{\partial \begin{bmatrix}\bar{\mathbf{w}} \\ \mathbf{v}_{\mathrm{f}}\end{bmatrix}} = 0 \Leftrightarrow \begin{bmatrix}\bar{\mathbf{w}}_{\mathrm{wc}} \\ \mathbf{v}_{\mathrm{f,opt}}\end{bmatrix} = - \begin{bmatrix}\mathbf{H}_{11} & \mathbf{H}_{12} \\ \mathbf{H}_{12}^T & \mathbf{H}_{22}\end{bmatrix}^{-1} \begin{bmatrix}\mathbf{H}_{13} \\ \mathbf{H}_{23}\end{bmatrix} \bar{\mathbf{z}}_{\mathrm{p}} \tag{6.43}$$

Mit Hilfe der Inversionsformel für Blockmatrizen (Kailath, 1980) kann ein vereinfachter Ausdruck für die $\mathbf{v}_{\mathrm{f,opt}}$ gefunden werden gemäß

$$\mathbf{v}_{\mathrm{f,opt}} = \left(\mathbf{H}_{22} - \mathbf{H}_{12}^T\mathbf{H}_{11}^{-1}\mathbf{H}_{12}\right)^{-1}\left(\mathbf{H}_{12}^T\mathbf{H}_{11}^{-1}\mathbf{H}_{13} - \mathbf{H}_{23}\right)\bar{\mathbf{z}}_{\mathrm{p}} \tag{6.44}$$

Einsetzen in die datenbasierte Realisierung der SIR liefert (6.30). Die Invertierbarkeit der Matrizen in den vorangehenden Formeln wird dabei durch die nachfolgende Sattelpunktbedingung gewährleistet. Dafür wird zunächst die Hessematrix $\mathbf{H}_{\mathrm{Hesse}}$ berechnet

$$\mathbf{H}_{\mathrm{Hesse}} = \frac{\partial J^2}{\partial^2 \begin{bmatrix}\bar{\mathbf{w}} \\ \mathbf{v}_{\mathrm{f}}\end{bmatrix}} = \begin{bmatrix}\mathbf{H}_{11} & \mathbf{H}_{12} \\ \mathbf{H}_{12}^T & \mathbf{H}_{22}\end{bmatrix}. \tag{6.45}$$

Das Optimierungsproblem (6.40) ist genau dann lösbar, wenn die quadratische Gütefunktion J einen Sattelpunkt besitzt (Başar und Bernhard, 1995). Um dies zu gewährleisten, muss die Hessematrix indefinit sein, mit $(s+1)(k_{\mathrm{u}}+k_{\mathrm{y}})$ negativen und $(s+1)k_{\mathrm{u}}$ positiven Eigenwerten. Die Hesse-Matrix lässt sich mit Hilfe einer Schur-Zerlegung wie folgt aufteilen

$$\mathbf{H}_{\mathrm{Hesse}} = \mathbf{P}^T\bar{\mathbf{H}}\mathbf{P} \tag{6.46}$$

mit

$$\bar{\mathbf{H}} = \begin{bmatrix}\mathbf{H}_{11} - \mathbf{H}_{12}\mathbf{H}_{22}^{-1}\mathbf{H}_{12}^T & 0 \\ 0 & \mathbf{H}_{22}\end{bmatrix}, \quad \mathbf{P} = \begin{bmatrix}\mathbf{I} & 0 \\ \mathbf{H}_{22}^{-1}\mathbf{H}_{12}^T & \mathbf{I}\end{bmatrix} \tag{6.47}$$

Zunächst soll betont werden, dass die Invertierung der Matrix $\mathbf{H}_{22}$ möglich ist, da $\mathcal{I}_{\mathrm{d,f}}$ vollen Spaltenrang besitzt und $\mathbf{H}_{22}$ somit eine reguläre Matrix ist. Darüber hinaus kann festgestellt werden, dass die Links- bzw. Rechtsmultiplikation der Matrix $\bar{\mathbf{H}}$ mit der regulären Matrix $\mathbf{P}$ die Definitheit von $\bar{\mathbf{H}}$ nicht ändert, sodass $\bar{\mathbf{H}}$ die gleiche Definitheit wie die Hesse-Matrix $\mathbf{H}_{\mathrm{Hesse}}$ besitzt. Aufgrund der diagonalen Blockform ergeben sich die

Eigenwerte der Hesse-Matrix somit aus der Vereinigung der Eigenwerte der beiden Matrizen auf den Einträgen der Diagonalen. Da $\mathcal{I}_{\mathrm{d,f}}$ vollen Spaltenrang aufweist, besitzt $\mathbf{H}_{22}$ nur positive Eigenwerte größer als Null, sodass $\mathbf{H}_{22}$ die benötigten $(s+1)k_{\mathrm{u}}$ positiven Eigenwerte liefert. Entsprechend müssen alle weiteren Eigenwerte der Hessematrix negativ sein, weshalb zur Erfüllung der Sattelpunktbedingung gelten muss

$$\mathbf{H}_{11} - \mathbf{H}_{12}\mathbf{H}_{22}^{-1}\mathbf{H}_{12}^{T} \prec 0 \tag{6.48}$$

und daher (6.29) gilt. □

Bemerkung 6.1. Es kann gezeigt werden, dass sich der LQR mit finitem Zeihorizont gemäß Definition 6.1 aus der Lösung des betrachteten $\mathcal{H}_\infty$-Problems für $\mathbf{Q} = \mathbf{I}$, $\mathbf{R} = \mathbf{I}$ und $\gamma \to \infty$ ergibt. Für diesen Grenzwertfall ist die Sattelpunktbedingung (6.29) stets erfüllt und $\mathbf{K}_1 \to \mathcal{I}_{\mathrm{d,f}}^T \mathcal{I}_{\mathrm{d,f}}$ bzw. $\mathbf{K}_2 \to -\mathcal{I}_{\mathrm{d,f}}^T \mathcal{I}_{\mathrm{d,p}}$, sodass in diesem Fall der LQR und der $\mathcal{H}_\infty$-Ansatz identisch sind.

6.4 Implementierungsform für die Regelung

In den vorangegangenen Abschnitten wurden verschiedene Ansätze für die Lösung von klassischen Optimierungsproblemen für die Regelung betrachtet. Die Lösungen geben für gegebene, vergangene Messdaten des Systems jeweils die optimale Ein- bzw. Ausgangstrajektorien über den zukünftig betrachteten Zeithorizont an. Für die Verwendung der Ergebnisse zur Regelung eines realen Prozesses wird ein Verfahren verwendet, welches in der Literatur unter dem Namen „Receding Horizon Control" bekannt ist (Maciejowski, 2000). Die Grundidee dieser Strategie soll mit Hilfe von Abbildung 6.2 näher erklärt werden.

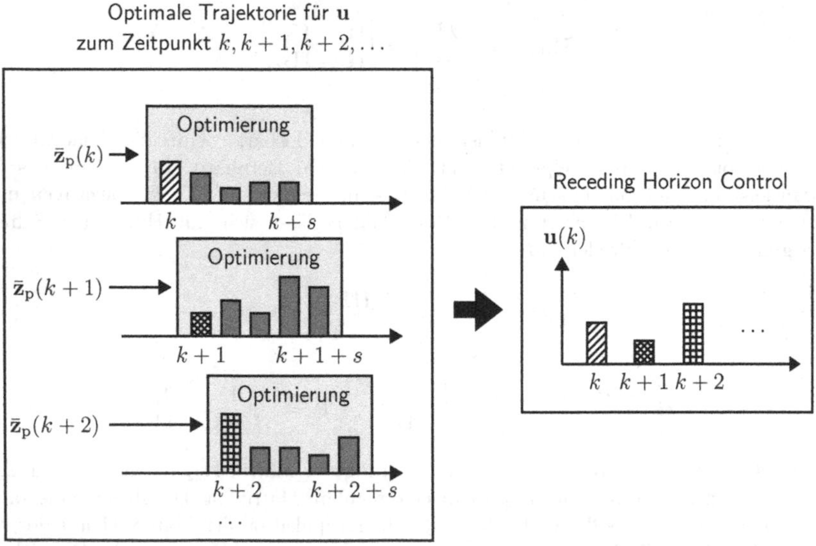

Abbildung 6.2: Funktionsweise Receding Horizon Control

Betrachtet werden in der Abbildung nur die zukünftigen Trajektorien der Stellgröße $\mathbf{u}$. Angenommen die aktuelle Stellgröße $\mathbf{u}(k)$ im Zeitschritt k soll zur Regelung berechnet werden. Die zukünftige, optimale Trajektorie der Stellgröße über den Optimierungshorizont s kann dann mit Hilfe der Ergebnisse aus den Theoremen 6.1, 6.2 und 6.3, je nach gewünschter Regelstrategie, für gegebene vergangene Messdaten $\bar{\mathbf{z}}_\mathrm{p}(k)$ berechnet werden. Damit erhält man die optimale Stellgrößensequenz $\mathbf{u}(k), \ldots, \mathbf{u}(k+s)$, welche in Abbildung 6.2 durch die Balken auf der Zeitachse skizziert wird. Eine Möglichkeit wäre es nun, die gesamte Stellgrößensequenz an die Strecke anzulegen. Im eigentlichen Sinne handelt es sich dann aber um keine Regelung mehr, sondern um eine Steuerung, da nun auf Abweichungen, welche im Prozess durch Störungen oder Modellunsicherheiten auftreten, nicht mehr reagiert werden kann. Daher wird beim Receding Horizon Control lediglich das erste Element $\mathbf{u}(k)$ (roter Balken) der optimalen Stellgrößensequenz an den zu regelnden Prozess angelegt und alle weiteren Elemente der Sequenz (graue Balken) werden verworfen. Die Reaktion der Strecke wird gemessen und in dem nächsten Zeitschritt $k+1$ wird das Optimierungsproblem, basierend auf den vergangenen Messdaten $\bar{\mathbf{z}}_\mathrm{p}(k+1)$, erneut für den Zeithorizont s gelöst. Durch ständigen Wechsel zwischen Optimierung und anschließendem Update des Vektors $\bar{\mathbf{z}}_\mathrm{p}$ wird der Regelkreis virtuell geschlossen. Nach dem Durchlaufen einer Initialisierungsphase mit s Abtastschritten verhält sich der Regler dann genau wie die klassisch entworfenen Regler für die entsprechenden Optimierungsprobleme.

Das verwendete Signal $\bar{\mathbf{z}}_\mathrm{p}$ ist in den vorangegangenen Theoremen definiert worden als

$$\bar{\mathbf{z}}_\mathrm{p}(k) = \begin{bmatrix} \mathbf{v}_s(k-s-1) \\ \mathbf{u}_s(k-s-1) \\ \mathbf{y}_s(k-s-1) \end{bmatrix}. \tag{6.49}$$

Die vergangenen Signale $\mathbf{u}$ und $\mathbf{y}$ vor dem Zeitpunkt k können direkt von dem verwendeten Prozess gemessen werden. Je nach verwendeter Form der datenbasierten Realisierung der SIR entfällt die Abhängigkeit von dem Signal $\mathbf{v}_s(k-s-1)$ (siehe Betrachtungen in Kapitel 3). Ist die Abhängigkeit von $\mathbf{v}_s(k-s-1)$ bei der verwendeten Realisierung der SIR gegeben, so muss dieses Signal, welches in jedem Abtastschritt aus dem entsprechenden optimalen Regelgesetz berechnet wird, ebenfalls gespeichert werden (siehe Theoreme 6.1, 6.2 und 6.3 für die jeweiligen Berechnungsvorschriften).

7 Fallstudien

In den letzten Kapiteln sind einige Verfahren für die datenbasierte Analyse und den datenbasierten Entwurf von regelungstechnischen Systemen vorgestellt worden. Im Rahmen dieses Kapitels soll ein Teil dieser Verfahren mit Hilfe von echten Messdaten und Daten von Simulationsmodellen verifiziert werden. Ziel dieses Kapitels ist es, neben der reinen Validierung der Verfahren auch mögliche Ausblicke für deren Anwendungen zu geben. Insgesamt werden zu diesem Zweck in den nächsten Abschnitten exemplarisch drei Fallstudien untersucht.

7.1 Analyse der Stützpunktwahl für die Lambdaregelung

In dieser Fallstudie soll die Stützpunktanalyse für die Lambdaregelung eines Ottomotors als Anwendungsszenario für die datenbasierte Realisierung von Gap-Metrik und optimalem Stabilitätsradius untersucht werden. Die Lambdaregelung steht dabei exemplarisch für eine Vielzahl von industriellen Prozessen, welche nicht mehr durch einen einfachen linearen Regler global geregelt werden können, da die Strecken ein stark nichtlineares Verhalten aufweisen. Der lineare Ansatz bietet dann häufig keine ausreichende Regelgüte und kann unter Umständen auch die Stabilität des Prozesses nicht mehr gewährleisten. Eine mögliche Lösung für das Problem ist die Anwendung eines Verfahrens aus dem Bereich der nichtlinearen Regelung auf das nichtlineare Prozessmodell. Da die nichtlinearen Verfahren jedoch häufig sehr viel Aufwand erfordern und in der Regel mathematisch sehr komplex sind, wird in industriellen Anwendungen meist der sogenannte Multimodell oder Gain-Scheduling Ansatz verfolgt (Johansen und Murray-Smith, 1997). Die Grundidee des Multimodell Ansatzes besteht darin, dass sich bei vielen Prozessen die Änderung im Prozessverhalten über externe Einflussvariablen, die sogenannten Scheduling-Variablen beschreiben lässt. Im Bereich von Automotive Anwendungen sind diese externen Einflussvariablen häufig Druck, Temperatur, Drehzahl, Last etc. Um einen festen Arbeitspunkt herum, also für kleine Änderungen in den Scheduling-Variablen, lässt sich das Verhalten des Prozesses ausreichend genau über ein lineares Modell beschreiben. Für verschiedene Arbeitspunkte, die sogenannten Stützpunkte des nichtlinearen Prozesses, werden entsprechend lineare Regler entworfen, deren Reglerparameter in einem Kennfeld über den Scheduling-Variablen abgelegt werden. Ist der Entwurf der Kennfelder abgeschlossen, wird im laufenden Betrieb beim Wechsel der Arbeitspunkte zwischen den Reglerparametern der Stützpunkte umgeschaltet oder meist linear interpoliert um die aktuell gültigen Reglerparameter zu erhalten. Global gesehen handelt es sich also um ein nichtlineares Regelungskonzept, welches aber lokal den Einsatz der linearen Regelungstheorie erlaubt. Die Frage, die sich in diesem Zusammenhang häufig stellt, ist die Frage nach der geeigneten Wahl von Anzahl und Position der Stützpunkte in dem Arbeitsbereich. Das nichtlineare Verhalten des Prozesses kann in bestimmten Teilen des Arbeitsbereichs stärker ausgeprägt sein als in anderen, sodass die Stützpunkte in der Regel nicht gleichmäßig über den Arbeitsbereich verteilt werden sollten. Als geeignetes Maß für die Analyse und die Wahl

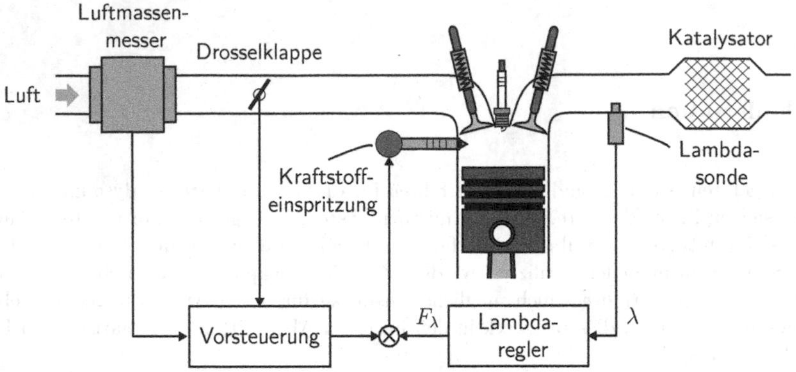

Abbildung 7.1: Schematischer Aufbau Lambdaregelung

der Stützpunkte wurden in (Anderson u. a., 2000; Galán u. a., 2003; Arslan u. a., 2004; Hosseini u. a., 2012; Vizer und Mercere, 2014; Du und Johansen, 2014) modellbasierte Ansätze, basierend auf der Gap-Metrik vorgeschlagen. Dabei wurde meist ein nichtlineares Modell basierend auf Gap-Metrik und Stabilitätsradius in geeignete Arbeitsbereiche unterteilt. In der Praxis sind in vielen Anwendungen allerdings keine Modelle, dafür aber eine große Anzahl von Messdaten vorhanden. In dem nachfolgend betrachteten Beispiel der Lambdaregelung sind sowohl Messdaten, als auch ein einfaches, analytisches Modell vorhanden, sodass dieses Beispiel geeignet ist, um die datenbasierten Methoden anzuwenden und anschließend über die modellbasierten Ansätze zu validieren. Dafür folgt im nächsten Abschnitt zunächst die Beschreibung des Prozesses.

7.1.1 Beschreibung des Prozesses

Abbildung 7.1 zeigt die allgemeine Struktur des Luft- und Kraftstoffpfads eines Ottomotors mit direkter Kraftstoffeinspritzung und das dazugehörige Regelungskonzept zur Regelung des Luft-Kraftstoffgemisches. Das primäre Ziel der gezeigten Regelungsstruktur ist es, dabei ein festgelegtes Luft-Kraftstoff-Verhältnis in der Brennkammer des Motors zu gewährleisten. Im Allgemeinen ist es dabei erwünscht, ein stöchiometrisches Mischungsverhältnis einzustellen, sodass genug Luftmasse zur kompletten Verbrennung des Kraftstoffes in dem betrachteten Verbrennungszyklus vorhanden ist. Dies gewährleistet einen emissionsarmen Verbrennungsvorgang und ist daher gerade vor dem Hintergrund immer strenger werdender Abgasnormen ein wichtiger Aspekt. Das Luft-Kraftstoff-Verhältnis wird dabei über den sogenannten λ-Wert gekennzeichnet, welcher definiert ist als das Verhältnis von Luftmasse im Zylinder zu der Luftmasse, welche für eine stöchiometrische Verbrennung benötigt wird. Dieser Definition folgend ist es das Ziel der dargestellten Lambdaregelung den λ-Wert möglichst nahe bei $\lambda = 1$ zu halten. Nach Abschluss eines Verbrennungszyklus, strömt das Restgas durch das Auslassventil aus der Brennkammer durch den Abgasstrang nach außen. Dabei strömt das Restgas an der sogenannten Lambdasonde vorbei, welche den Restsauerstoffgehalt im Abgas misst und einen entsprechenden λ-Wert als Sensorausgang liefert. Typischerweise wird der gewünschte λ-Wert in den gängigen Regelungskonzepten durch eine Kombination aus Vorsteuerung und Regelung erreicht. In einem ersten Schritt wird aus dem Wunschmoment, welches in dem aktuellen Verbrennungszyklus gefordert wird, die dafür nötige Luftmasse über eine Füllungsregelung berechnet. Aus den Daten des Luftmassenmessers und des Drosselklappenwinkels kann in einem zweiten Schritt die Luftmasse in der Brennkammer berechnet und eine zum gewünschten λ-Wert korrespondierende Kraftstoffmenge durch die Vorsteuerung in die Brennkammer eingeleitet werden. Da die Vorsteuerung alleine nicht genau genug ist, korrigiert der Lambdaregler die einzuspritzende Kraftstoffmenge mit einem multiplikativen Faktor F_λ. Zur weiteren Verbesserung der Regelgüte bezüglich des λ-Werts wird häufig eine weitere Lambdasonde am Auslass des Katalysators angebracht. Diese liefert die Messdaten für einen weiteren, äußeren Lambdaregelkreis. Dies wird in dem hier betrachteten Fallbeispiel nicht weiter berücksichtigt. Für weitere Details bezüglich der Funktionsweise und des Aufbaus der Lambdaregelung in Fahrzeugen wird auf (Guzzella und Onder, 2010; Robert Bosch GmbH, 2005) verwiesen.

Im Folgenden soll ein einfaches Modell für den zu regelnden Prozess gemäß Abbildung 7.1 angegeben werden. Obwohl zahlreiche thermodynamsiche Effekte und Wandbenetzung eine Rolle bei der Beschreibung des Prozesses spielen, lässt sich das Streckenmodell mit der Kraftstofffüllung als Eingang und dem λ-Wert als Ausgang dennoch gut durch das nachfolgende Modell erster Ordnung mit Zeitverzögerung beschreiben (Guzzella und Onder, 2010)

$$G(s) = \frac{\Delta\lambda}{\Delta F_\lambda} = \frac{-1}{T(n, M)s + 1} e^{-s\tau(n,M)}. \tag{7.1}$$

Dabei bezeichnet $\Delta\lambda = \lambda - \lambda_d$ die Differenz zwischen gemessenem und gewünschtem Lambdawert λ_d und ΔF_λ wird definiert als $\Delta F_\lambda = F_\lambda - 1$. Die Zeitkonstante T und die Totzeit τ des Prozesses hängen beide von den Scheduling-Variablen ab, welche den aktuellen Arbeitspunkt der Verbrennungskraftmaschine beschreiben. Die Scheduling-Variablen sind dabei gegeben durch die Motordrehzahl n und die Motorlast M. Entsprechend wird für eine finite Anzahl an Arbeitspunkten (n, M) jeweils ein linearer Regler entworfen und über dem Arbeitsbereich mit dem zuvor beschrieben Multimodellansatz umgeschaltet. In dem folgenden Abschnitt soll es nun darum gehen, wie sich die Stützpunktwahl an Hand der Messdaten mit Hilfe der zuvor vorgestellten Methoden bewerten lässt.

7.1.2 Bewertung der Stützpunktwahl

Um die Validität der Verfahren aus Kapitel 5 zu demonstrieren, werden die datenbasierte Realisierung von Gap-Metrik und Stabilitätsradius in diesem Abschnitt als Indikator für die „Distanz“ der gewählten Stützpunkte im Sinne der Regelung angewendet. Wie zuvor beschrieben beurteilt die Gap-Metrik, wie stark sich das Verhalten zweier LTI-Systeme in Bezug auf den geschlossenen Regelkreis unterscheidet. Dies ist exakt das, was für den Entwurf eines Multimodell-Ansatzes von Interesse ist. Häufig werden in der industriellen Praxis die Stützpunkte dort dicht gewählt, wo sich die Streckenparameter, wie z.B. Zeitkonstante und Totzeit bei der Lambdaregelstrecke, schnell ändern. Wie sich später zeigen wird, ist dieser Ansatz im Falle der Lambdaregelung auch richtig. Der Ansatz mag auf den ersten Blick logisch sein, jedoch bewertet dies nur das unterschiedliche Verhalten im offenen Regelkreis. Dabei kann es durchaus vorkommen, dass zwei Strecken, deren

Verhalten ohne Regelung sehr ähnlich ist, im geschlossenen Regelkreis sehr unterschiedliches Verhalten zeigen und umgekehrt. Für einige Beispiele, die dies veranschaulichen, sei z.B. auf (Vinnicombe, 2000) verwiesen. Darüber hinaus kann es auch sein, dass sich in den verschiedenen Arbeitspunkten nicht nur die Streckenparameter, sondern gleich die Streckendynamik komplett ändert. Aus diesem Grund erscheint die Gap-Metrik als ein sinnvollerer Indikator für die Stützpunktwahl. In dem betrachteten Fallbeispiel werden für eine konstante Last $M = 25\,\mathrm{Nm}$ drei Arbeitspunkte für unterschiedliche Geschwindigkeiten $n = 1000, 4000, 5000\,\mathrm{upm}$ betrachtet. Die Arbeitspunkte werden im Folgenden mit AP1 bis AP3 bezeichnet. In diesen drei Arbeitspunkten wurden mehrere Sprungsignale an den Eingang der Kraftstoffeinspritzung ΔF_λ angelegt und der Wert der Lambdasonde $\Delta\lambda$ wurde mit einer Abtastzeit von $T_s = 10\,\mathrm{ms}$ gemessen. Auf der Basis dieser Messdaten von der echten Strecke sollen die folgenden drei Ansätze zur Berechnung der Gap-Metrik angewendet und miteinander verglichen werden:

1. Basierend auf den Messdaten der Strecke wurden mit Hilfe einer Greybox-Identifikation die Parameter τ and T des Streckenmodells (7.1) für die drei Arbeitspunkte geschätzt. Mit Hilfe eines modellbasierten Berechnungsansatzes wurde daraus die Gap-Metrik zwischen den Arbeitspunkten mit Hilfe von Lemma 5.2 berechnet.
2. Basierend auf den Messdaten und der Matlab Implementierung des N4SID Algorithmus wurden LTI Modelle in den drei Arbeitspunkten identifiziert. Basierend auf den LTI Modellen wurde die Gap-Metrik zwischen den drei Arbeitspunkten nach Lemma 5.2 berechnet.
3. Direkt basierend auf den Messdaten wurde die datenbasierte Realisierung der Gap-Metrik nach Algorithmus 5.1 mit $s = 50$ zwischen den einzelnen Arbeitspunkten berechnet.

Der Vergleich der identifizierten Greybox Modelle und der N4SID Modelle mit entsprechenden Verifikationsdaten von der Strecke für mehrere Sprünge am Eingang sind in Abbildung 7.2 zu sehen. Es ist zu erkennen, dass in allen Arbeitspunkten die dominante Zeitkonstante und die Totzeit gut durch das Greybox Modell abgebildet werden. Das gleiche gilt für das N4SID Modell, mit Ausnahme des ersten Arbeitspunktes AP1. Um eine bessere Übersicht über die Änderung des Streckenverhaltens zwischen den Arbeitspunkten zu bekommen, wurden die Parameter (τ, T) des Streckenmodells (7.1) für zahlreiche weitere Drehzahlen aufgenommen. Das Verhalten der Zeitkonstanten T und der Totzeit τ über der Drehzahl für konstante Motorlast $M = 25\,\mathrm{Nm}$ ist in Abbildung 7.3 dargestellt. Aus der Abbildung ist ersichtlich, dass die Parameter τ und T sich besonders im Bereich kleiner Drehzahlen schnell ändern, wohingegen für hohe Drehzahlen kaum noch Änderungen auftreten. Da sowohl die Zeitkonstante und vor allem auch die Totzeit eine wichtige Rolle für die Regelung spielen, kann für die ausgewählten Arbeitspunkte (AP1-AP3) erwartet werden, dass die Änderung in der Gap-Metrik zwischen zwei Arbeitspunkten sich analog zu der Parameteränderung der Strecke zwischen den zwei Arbeitspunkten verhält. Daher ist bei der Gap-Metrik Berechnung zwischen den Arbeitspunkten AP1 und AP2 ein größerer Wert zu erwarten, als für die Berechnung der Gap-Metrik zwischen den Arbeitspunkten AP2 und AP3. Tabelle 7.1 zeigt die Ergebnisse der zuvor angedeuteten Berechnung der Gap-Metrik über das Greybox Modell, das N4SID Modell und direkt über den datenbasierten Ansatz. Im Folgenden wird das Greybox Modell als Referenz verwendet, da es die

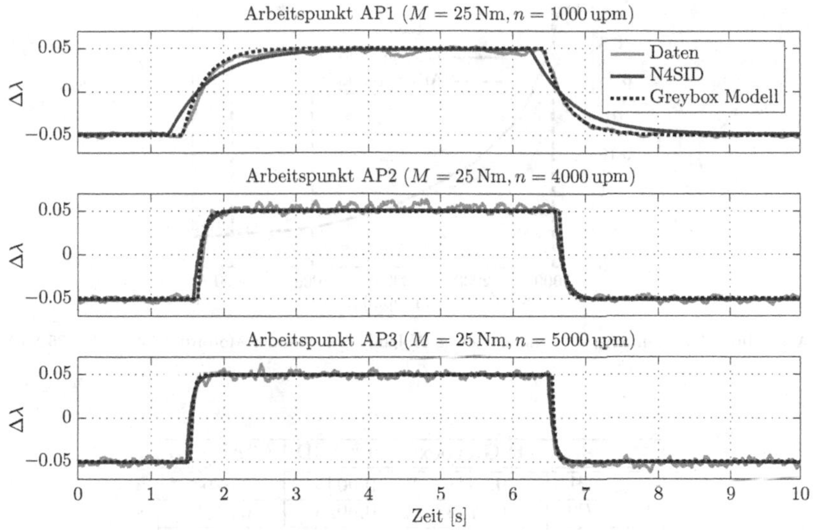

Abbildung 7.2: Vergleich der verschiednenen Identifikationsansätze mit den realen Daten

	(1) Greybox	(2) N4SID	(3) Alg. 5.1
$\delta(AP1, AP2)$	0.8106	0.6370	0.7706
$\delta(AP2, AP3)$	0.2924	0.7137	0.2405
$\delta(AP1, AP3)$	0.8657	0.6354	0.8862

Tabelle 7.1: Ergebnisse Gap-Metrik Berechnung zwischen verschiedenen Arbeitspunkten

erwartete Dynamik des Prozesses aus theoretischen Überlegungen am besten beschreibt. Es ist zu erkennen, dass der datenbasierte Berechnungsansatz nach Algorithmus 5.1 gut mit der modellbasierten Berechnung über die Greybox Modelle übereinstimmt. Darüber hinaus zeigen beide Berechnungsansätze das erwartete Verhalten, welches sich aus den zuvor beschriebenen Überlegungen aus Abbildung 7.3 ergibt. Die Berechnung über die N4SID Modelle hingegen kann den Unterschied oder „Abstand" zwischen den gewählten Arbeitspunkten nicht korrekt wiedergeben. Dies zeigt zum einen, dass wenn keine Modelle vorhanden sind, der datenbasierte Ansatz zur Berechnung der Gap-Metrik gut geeignet ist und seine Berechtigung besitzt und darüber hinaus evtl. auch in manchen Fällen besser sein kann, als den Zwischenschritt über die Identifikation eines Zustandsraummodells zu gehen. Ein möglicher Grund dafür ist die Tatsache, dass die Identifikation des Zustandsraummodells bei der Identifikation der Sytemmatrizen eine weitere Least-Square-Approximation beinhaltet. Die gewonnenen Informationen aus der Gap-Metrik Berechnung lassen sich nun z.B. gezielt einsetzen als Indikator für die Wahl weiterer Stützpunkte. Die Wahl eines weiteren Stützpunktes wäre in diesem Fall zwischen AP1 und AP2, z.B. bei einer Drehzahl von $n = 2500\,\text{upm}$ deutlich sinnvoller als zwischen AP2 und AP3.

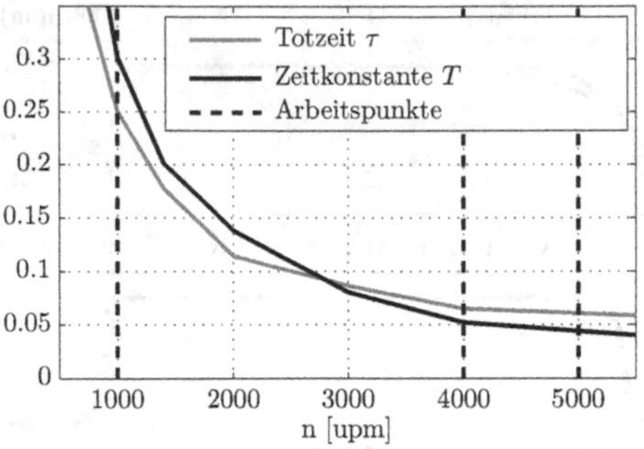

Abbildung 7.3: Zeitkonstante und Totzeit in Abhängigkeit von der Motordrehzahl ($M = 25\,\text{Nm}$)

	(1) Greybox	(2) N4SID	(3)Alg. 5.3
$b_{opt}(AP1)$	0.8331	0.9043	0.8268
$b_{opt}(AP2)$	0.8124	0.9026	0.8029
$b_{opt}(AP3)$	0.7849	0.8999	0.7949

Tabelle 7.2: Ergebnisse Stabilitätsradius Berechnung in verschiedenen Arbeitspunkten

Die Berechnungen aus dieser Fallstudie zeigen, dass die datenbasierte Realisierung der Gap-Metrik auch für echte Messdaten aus industriellen Prozessen in der Lage ist, den „Abstand" zwischen zwei Prozessen richtig zu bewerten. Die Gap-Metrik alleine ist zwar schon ein guter Indikator, aber vor dem Hintergrund der Robustheitsaussagen aus Theorem 5.1 ist ersichtlich, dass es auch von Interesse ist, wie groß der Stabilitätsradius in den einzelnen Arbeitspunkten ist. Im Zusammenspiel aus Gap-Metrik und Stabilitätsradius wäre z.B. eine Möglichkeit, zu versuchen, den gesamten Arbeitsbereich der Lambdaregelung so zu zerlegen, dass es möglich ist, diesen mit Reglern abzudecken, welche eine bestimmte Regelgüte oder Stabilität garantieren. Tabelle 7.2 zeigt die Ergebnisse der Berechnung des Stabilitätsradius als Vergleich zwischen den modellbasierten Ansätzen (Greybox, N4SID) mit der direkten, datenbasierten Berechnungsmethode nach Algorithmus 5.1. Es ist zu erkennen, dass auch in diesem Fall der datenbasierte Ansatz gut mit der Berechnung über das Greybox Modell übereinstimmt. Da die Stabilitätsradien in den verschiedenen Arbeitspunkten eine ähnliche Größenordnung aufweisen und darüber hinaus sogar größer als die berechneten Gap-Metriken sind, wäre ein weiterer Stützpunkt nicht unbedingt notwendig. Dennoch bleibt die Aussage damit gültig, dass weitere Stützpunkte zwischen AP1 und AP2 gelegt werden sollten, um eine Verbesserung der Regelungsperformanz in dem Multimodell-Ansatz zu erhalten. Die in dieser Fallstudie gezeigten Berechnungsergebnisse sind nur exemplarisch und können durch weitere Auswertungen von anderen Messdaten bestätigt werden.

7.1.3 Mögliche weitere Anwendungen

In dem letzten Abschnitt wurde zum einen gezeigt, dass die datenbasierte Evaluierung der Gap-Metrik und der Stabilitätsreserve auch für echte Messdaten eine gute Näherung der tatsächlichen Größen liefert. Zum anderen wurde angedeutet, wie sich die Ergebnisse für die Stützpunktwahl nutzen lassen. In diesem Abschnitt soll kurz auf weitere Nutzungsmöglichkeiten eingegangen werden. Ausgangspunkt dafür ist eine große Datenbasis von geeigneten Messungen aus verschiedenen Arbeitspunkten.

Eine mögliche Anwendung der Ergebnisse wäre es dann, eine automatisierte Unterteilung des Arbeitsbereichs durch geeignete Stützpunktwahl durchzuführen. Ähnlich wie die euklidische Norm die Distanz zweier Punkte in einem Vektorraum angibt, kann die Gap-Metrik analog als die Distanz zweier LTI-Systeme in unterschiedlichen Arbeitspunkten aufgefasst werden. Denkbar wäre also die euklidische Norm in gängigen Klassifikationsverfahren, wie z.B. im k-means Verfahren (Nelles, 2000), durch die datenbasierte Gap-Metrik oder ein Verhältnis aus datenbasierter Gap-Metrik und Stabilitätsradius zu ersetzen. Damit wäre es dann möglich, Anzahl und Lokation der Stützpunkte durch entsprechende Klassifizierung automatisiert zu erzeugen.

Ein weiterer Aspekt, auf welchen bisher nicht eingegangen wurde, ist die Wahl der Scheduling-Variablen. In der betrachteten Fallstudie der Lambda-Regelung wurden Drehzahl und Motorlast als geeignete Scheduling-Variablen für die Abbildung der Veränderung des Prozesses gewählt. Es existieren in der Regel jedoch eine Vielzahl von möglichen externen Einflussvariablen, wie z.B. Temperatur, Druck etc., sodass es nicht immer einfach möglich ist, zu sagen, welche dieser Größen als Scheduling-Variablen berücksichtigt werden müssen. Das Problem ist, dass in der Regel nicht alle externen Einflussvariablen für die Kennfelderzeugung betrachtet werden können. Eine kurze Überlegung soll dies begründen. Angenommen, es gibt insgesamt $\mathbf{N}_\mathrm{v}$ externe Einflussvariablen eines Prozesses, welche als Scheduling-Variablen in Frage kommen. Wenn der Arbeitsbereich bezüglich jeder Scheduling-Variablen mindestens in L Bereiche unterteilt werden soll, dann ergibt sich die Anzahl der dafür nötigen Stützpunkte gemäß L^{N_v}. Somit steigt die Zahl der benötigten Stützpunkte mit der Zahl der Scheduling-Variablen rasant an, sodass in der Regel nur die zwei wichtigsten Einflussvariablen betrachtet werden, um maximal zweidimensionale Kennfelder zu erhalten. Sind viele Messdaten vorhanden, welche den Einfluss der verschiedenen Variablen widerspiegeln, dann könnte die datenbasierte Realisierung der Gap-Metrik in einer Sensitivitätsanalyse eingesetzt werden (Siebertz, Bebber und Hochkirchen, 2010). Die Grundidee kann dabei wie folgt beschrieben werden. Angenommen, der zu untersuchende Prozess lässt sich beschreiben als

$$\mathbf{y}(z) = \mathbf{G}(z, \mathbf{v})\mathbf{u}(z) \tag{7.2}$$

mit dem LTI-System $\mathbf{G}$ (für festes $\mathbf{v}$) und dem Ein- bzw. Ausgangssignal $\mathbf{u}(z)$ und $\mathbf{y}(z)$. Dabei bezeichnet $\mathbf{v} = [v_1, \ldots, v_{N_\mathrm{v}}]$ die Scheduling Variablen. Diese Variablen können Druck, Temperatur oder andere physikalische Größen sein. Die Sensitivität des Prozesses $\mathbf{G}$ bezüglich der Scheduling-Variablen v_j in einem Arbeitspunkt $\mathbf{v}^{(i)}$ wird dann definiert als

$$E_j^{(i)} = \frac{\delta_\mathrm{d}\left(\mathbf{G}(z, \mathbf{v}^{(i)} + \Delta \mathbf{e}_j), \mathbf{G}(z, \mathbf{v}^{(i)})\right)}{\Delta} \tag{7.3}$$

dabei bezeichnet Δ die Größe der Auslenkung und $\mathbf{e}_j$ den j-ten Einheitsvektor. Angenommen, es stehen für die Analyse jeweils r verschiedene Arbeitspunkte $\mathbf{v}^{(i)}, i = 1, \ldots, r$ zur

Verfügung, dann wird dem Einfluss der j-ten Scheduling-Variablen $\mathbf{v}_j$ auf das Verhalten des geschlossenen Regelkreises der Kennwert μ_j zugeordnet gemäß

$$\mu_j = \frac{1}{r} \sum_{i=1}^{r} \left| E_j^{(i)} \right| . \tag{7.4}$$

Je größer dieser Wert ist, desto mehr Einfluss hat die $j - te$ Variable auf das Verhalten des Prozesses $\mathbf{G}$ im Sinne des geschlossenen Regelkreises. Wird dieser Index für alle Scheduling-Variablen berechnet, dann lässt sich ein Ranking erstellen, welche Variablen den größten Einfluss besitzen. Eine solche Methode könnte evtl. als Entscheidungshilfe für die geeignete Wahl der Scheduling-Variablen dienen.

7.2 Änderungsdetektion am Dreitanksystem

In dieser Fallstudie ist es das Ziel, regelungstechnisch relevante Veränderungen eines Prozesses online zu analysieren und auszuwerten. Im Folgenden soll zunächst auf die Motivation eingegangen werden. Aus vielen industriellen Anlagen ist bekannt, dass deren dynamisches Verhalten über die Lebensdauer des Prozesses einigen Änderungen unterliegt und somit nicht als konstant angesehen werden kann. Die Ursachen für solche Änderungen im Prozessverhalten können vielfältig sein und reichen von einfachen Änderungen im Prozess durch Reparatur- und Wartungsarbeiten bis hin zu Änderungen durch Fehler in den Komponenten des Prozesses. Aus diesem Grund liefern die Regler, welche bei Inbetriebnahme des Prozesses entworfen wurden, nach einiger Zeit häufig nicht mehr die gewünschte Regelgüte oder können unter Umständen sogar die Stabilität gefährden. Um eine gleichbleibende Güte über die gesamte Lebensdauer des Prozesses zu gewährleisten, müssen die Regler also bei Änderung entsprechend online angepasst werden. Regelungsverfahren, die dies ermöglichen, findet man in der Literatur unter dem Stichwort Fehlertolerante Regelung (Blanke u. a., 2006). Die klassische, aktive fehlertolerante Regelungsstruktur besteht dabei aus einem Anteil, welcher Änderungen im Prozess detektiert und einem anderen Anteil, welcher den Regler entsprechend anpasst oder adaptiert. Basierend auf den Beschreibungen in (Ding, 2014a) wird in diesem Abschnitt ein fehlertolerantes Regelungskonzept, basierend auf der FRA aus Kapitel 4 betrachtet. Abbildung 7.4 zeigt die prinzipielle Struktur des betrachteten, fehlertoleranten Regelungsschemas. Es ist zu erkennen, dass die betrachtete Strecke mit Hilfe einer beobachterbasierten Implementierungsform des Reglers geregelt wird. Um die gewünschte Regelgüte des geschlossenen Prozesses zu gewährleisten, besteht in dem fehlertoleranten Regelungsschema prinzipiell die Möglichkeit, den vorhandenen Regler zu optimieren oder diesen zu rekonfigurieren. Mit Hilfe der Optimierung des Youla-Parameters $\mathbf{R}$ lässt sich dabei gezielt die Robustheit und die Störunterdrückung des geschlossenen Regelkreises verbessern. Untersuchungen zu diesem Aspekt befinden sich z.B. in (Luo u. a., 2016). Die Optimierung der Vorsteuerung hingegen erlaubt eine Verbesserung des Führungsverhaltens. Die Möglichkeit, den bestehenden Regler zu optimieren, ist immer nur in einem gewissen Rahmen gegeben. Ist die Änderung in der Strecke zu groß, dann weichen das verwendete Beobachtermodell und das tatsächliche Streckenmodell so weit voneinander ab, dass es nicht mehr möglich ist, die gewünschte Güte oder Stabilität zu gewährleisten. In diesem Fall muss der Beobachter zusammen mit der Zustandsrückführmatrix $\mathbf{F}$ neu konfiguriert werden. Mögliche Ansätze dafür bietet z.B. die datenbasierte Realisierung der SKR und SIR. Um zu entscheiden,

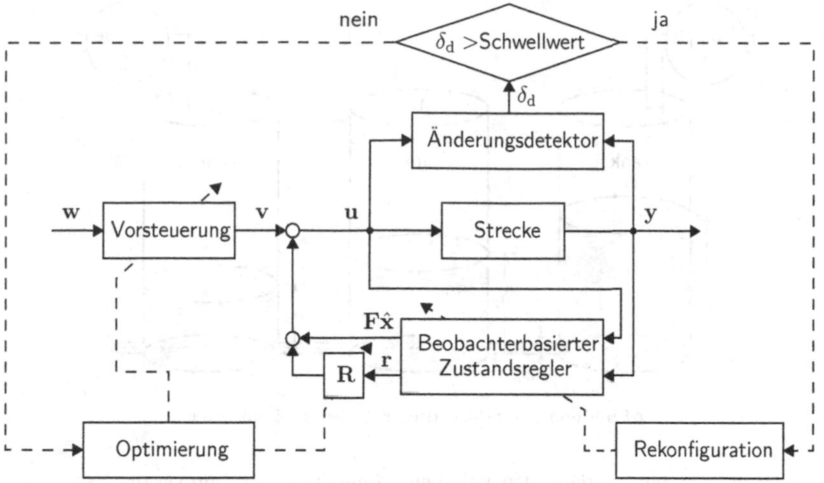

Abbildung 7.4: Grundidee Fehlertolerantes Regelungsschema

ob eine Änderung im Prozess vorliegt, und ob diese von Bedeutung für die Regelung ist, soll in dieser Fallstudie ein Änderungsdetektor, basierend auf der datenbasierten Realisierung der Gap-Metrik aus Kapitel 5, am Dreitanksystem realisiert werden. Dafür wird in den nächsten zwei Abschnitten zunächst das Dreitanksystem eingeführt und anschließend wird auf die Realisierung des Änderungsdetektors eingegangen.

7.2.1 Beschreibung und Regelung des Dreitanksystems

Die wesentlichen Komponenten des Dreitankssystems sind neben den Tanks gegeben durch Verbindungsrohre, Ventile und Pumpen, wie sie üblicherweise auch in vielen chemischen Prozessen verwendet werden. Aus diesem Grund wird das Dreitanksystem häufig für die Validierung von regelungstechnischen Verfahren und Algorithmen verwendet. Abbildung 7.5 zeigt den schematischen Aufbau des Dreitanksystems DTS200 der Firma Amira. Bei dem Dreitanksystem handelt es sich um einen nichtlinearen Prozess. Die Füllstände in den drei Tanks ergeben sich unter Berücksichtigung von Torricellis Theorem aus den ein- und ausströmenden Volumenströmen gemäß

$$\begin{bmatrix} \dot{h}_1 \\ \dot{h}_2 \\ \dot{h}_3 \end{bmatrix} = \frac{1}{A_\mathrm{T}} \begin{bmatrix} k_1 Q_1 - Q_{13} \\ k_2 Q_2 + Q_{32} - Q_{20} \\ Q_{13} - Q_{32} \end{bmatrix} \tag{7.5}$$

mit

$$\begin{aligned} Q_{13} &= a_1 s_n \operatorname{sgn}(h_1 - h_3)\sqrt{2g|h_1 - h_3|} \\ Q_{32} &= a_3 s_n \operatorname{sgn}(h_3 - h_2)\sqrt{2g|h_3 - h_2|} \\ Q_{20} &= a_2 s_n \sqrt{2gh_2}. \end{aligned} \tag{7.6}$$

Dabei bezeichnen

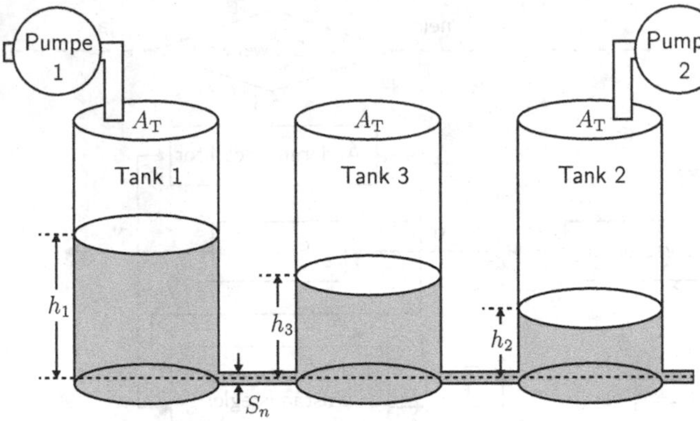

Abbildung 7.5: Schematischer Aufbau Dreitanksystem

- Q_1 und Q_2 die einströmenden Volumenströme durch die Pumpen (cm^3/s)
- Q_{ij} die Volumenströme von Tank i zu Tank j (cm^3/s)
- h_1, h_2 und h_3 die Wasserlevel in jedem Tank (cm)

mit den Parametern nach Tabelle 7.3. Die Durchflusskoeffizienten wurden dabei mit Hil-

Parameter	Symbol	Wert	Einheit
Querschnittsfläche Tank	A_T	154	cm^2
Querschnittsfläche Verbindungsrohre	s_n	0.5	cm^2
Erdbeschleunigung	g	981	cm/s^2
Durchflusskoeffizient Verbindungsrohr 1	a_1	0.3081	-
Durchflusskoeffizient Verbindungsrohr 2	a_2	0.6029	-
Durchflusskoeffizient Verbindungsrohr 3	a_3	0.3814	-
Durchflusskoeffizient Pumpe 1	k_1	0.8841	-
Durchflusskoeffizient Pumpe 1	k_2	1.0791	-

Tabelle 7.3: Parameter des Dreitanksystems

fe einer Greybox Identifikation aus einer Reihe von Messdaten von dem realen Prozess bestimmt. Für die weiteren Betrachtungen wurde das Dreitanksystem in dem Arbeitspunkt $\mathbf{h}_{\text{AP}} = \begin{bmatrix} h_1 & h_3 \end{bmatrix}^T = \begin{bmatrix} 30 & 20 \end{bmatrix}^T$ cm zunächst linearisiert und anschließend mit der Abtastzeit $T_s = 5s$ diskretisiert. Anschließend wurde ein LQG-Regler (Green und Limebeer, 2012) mit zusätzlichem Integralanteil für das linearisierte und diskretisierte System entworfen mit Q_1 und Q_2 als Stellgrößen und h_1 und h_2 als Regelgrößen. Die Zustandsraumdarstellung des Reglers ist Anhang A.1 zu entnehmen. Der so entworfene Regler wurde gemäß den Überlegungen aus Abschnitt 4.2 in der FRA umgesetzt. Somit kann im Folgenden eine Regelungsstruktur wie in Abbildung 7.4 als gegeben angenommen werden. Abbildung 7.6 zeigt den Vergleich des nichtlinearen Modells mit den tatsächlichen Messdaten. Dabei wurde das nichtlineare System mit dem linearen Regler um den Ar-

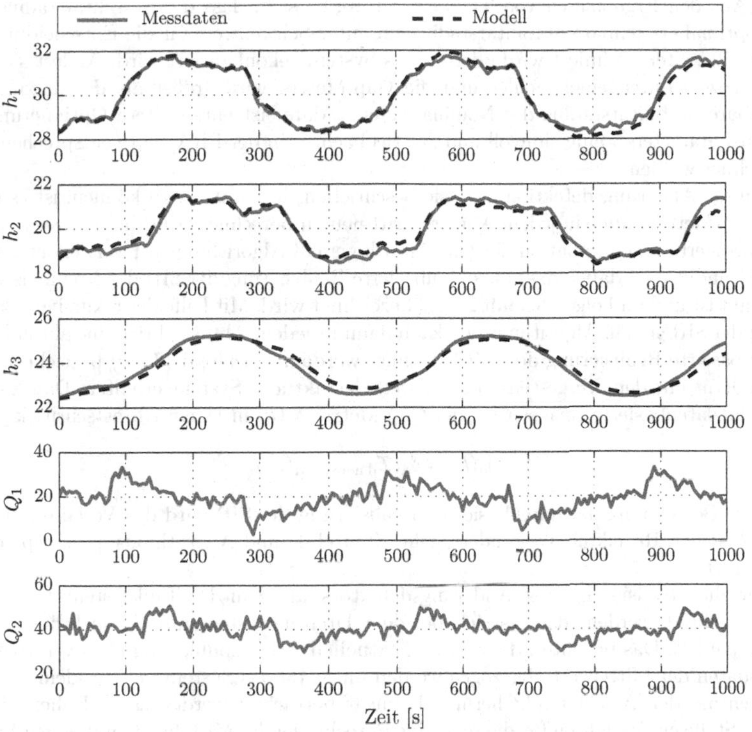

Abbildung 7.6: Vergleich Messdaten/Nichtlineares Modell Dreitanksystem

beitspunkt $\mathbf{h}_{AP}$ mit 2cm Auf- und Abwärtssprüngen angeregt. Es ist zu erkennen, dass das nichtlineare Modell des Prozesses 7.5 zusammen mit den Parametern aus Tabelle 7.3 sehr gut mit den gemessenen Daten von dem tatsächlichen Laborsystem übereinstimmt. Dies ist wichtig zu betonen, da das nichtlineare Modell im weiteren Verlauf verwendet wird, um die datenbasierten Ergebnisse nochmals zu verifizieren.

7.2.2 Realisierung eines Änderungsdetektors am Dreitanksystem

Aus den Überlegungen in Kapitel 5 ist schnell ersichtlich, dass die Gap-Metrik einen geeigneten Indikator darstellt für die Änderung eines Prozesses in Bezug auf das Verhalten im geschlossenen Regelkreis. Wird die Gap-Metrik zu groß, dann kann der für das Nominalsystem entworfene Regler die Regelgüte oder Stabilität nicht mehr gewährleisten. Da die Berechnung der Gap-Metrik für Online Anwendungen in der Regel zu aufwändig ist und ein explizites Modell benötigt, soll in diesem Abschnitt die datenbasierte Realisierung der Gap-Metrik verwendet werden. Da es sich bei dem Dreitanksystem, stellvertretend für viele chemische Systeme, um einen langsamen Prozess handelt, reicht die Zeit zwischen den Abtastpunkten für eine Berechnung der datenbasierten Realisierung der Gap-Metrik aus. Aus den Ergebnissen von Theorem 5.1 ergibt sich, dass der Stabilitätsradius oder der optimal erreichbare Stabilitätsradius ein guter Schwellwert für die Entscheidung sein kann, ob weiter optimiert wird oder ob das System rekonfiguriert wird. Ändert sich z.B. der Prozess durch einen Fehler und die Gap-Metrik wird größer als der maximal erreichbare Stabilitätsradius des Nominalsystems, dann ist eine weitere Optimierung des Youla-Parameters wenig sinnvoll und der Beobachter in der FRA sollte entsprechend neu berechnet werden.

Um die Änderungsdetektion also wie beschrieben durchführen zu können, ist es nötig, die Gap-Metrik online in jedem Abtastschritt neu zu berechnen. Für diesen Zweck soll die datenbasierte Approximation der Gap-Metrik gemäß Algorithmus 5.1 verwendet werden. Die Grundidee ist dabei, dass die datenbasierte Realisierung der SIR des Nominalsystems bekannt ist und im Folgenden mit $\mathcal{I}_{\text{d,nom}}$ bezeichnet wird. Mit Hilfe der rekursiven Berechnung der SIR gemäß Algorithmus 4.5 kann dann in jedem Abtastschritt eine aktualisierte, datenbasierte Realisierung der SIR berechnet werden, welche mit $\mathcal{I}_{\text{d}}(k)$ bezeichnet wird. Diese lernt mit dem Vergessensfaktor λ stets das aktuelle Systemverhalten. Damit ergibt sich die datenbasierte Realisierung der Gap-Metrik $\delta_{\text{d}}(k)$ in jedem Abtastschritt k gemäß

$$\delta_{\text{d}}(k) = \delta_{\text{d}}(\mathcal{I}_{\text{d,nom}}, \mathcal{I}_{\text{d}}(k)). \tag{7.7}$$

Für die Berechnung der datenbasierten Realisierung der SIR wird das Verfahren für den geschlossenen Regelkreis verwendet (siehe Kapitel 4) und Algorithmus 4.5 entsprechend angepasst.

Für die Realisierung des Änderungsdetektors an dem Dreitanksystem muss noch berücksichtigt werden, dass es sich bei dem Dreitanksystem um ein nichtlineares System handelt. Das bedeutet, dass für den aktuellen Arbeitspunkt von allen verarbeiteten Messdaten der Mittelwert abgezogen werden muss, da das System nur für kleine Auslenkungen um den Arbeitspunkt herum als linear betrachtet werden kann. Daher wird an dieser Stelle ein Verfahren für die rekursive Berechnung des Mittelwerts mit einem Vergessensfaktor α angegeben (Choi u. a., 2006). Angenommen, $\mathbf{f}(k)$ sei ein mittelwertbehaftetes Signal. Dann ist $\tilde{\mathbf{f}}(k) = \mathbf{f}(k) - \mathbf{m}(k)$ mit

$$\mathbf{m}(k) = (1-\alpha)\mathbf{f}(k) + \alpha\mathbf{m}(k-1). \tag{7.8}$$

der mittelwertzentrierte Abtastvektor zum Zeitpunkt k. In den nachfolgenden Betrachtungen wird davon ausgegangen, dass mit Hilfe der rekursiven Berechnung aus Gleichung (7.8) der Mittelwert aus allen Messdaten entfernt wurde, welche für die datenbasierte Berechnung der Gap-Metrik verwendet werden. In dem nachfolgenden Abschnitt sollen nun zwei Beispiele für die Änderungsdetektion untersucht werden.

7.2.3 Ergebnisse des Änderungsdetektors

In diesem Abschnitt werden zwei unterschiedliche Szenarien am Dreitanksystem untersucht und anschließend die Ergebnisse des Änderungsdetektors ausgewertet. Dabei wird für alle Untersuchungen, neben den Anmerkungen aus dem letzten Abschnitt, angenommen, dass für die Vergessensfaktoren $\lambda = \alpha = 0.98$ und für die Sequenzlängen der Datenvektoren $s = s_p = s_f = 10$ verwendet wird. Alle hier gezeigten Ergebnisse beruhen auf der direkten Auswertung der Messdaten von dem Laborversuch DTS200 mit einer

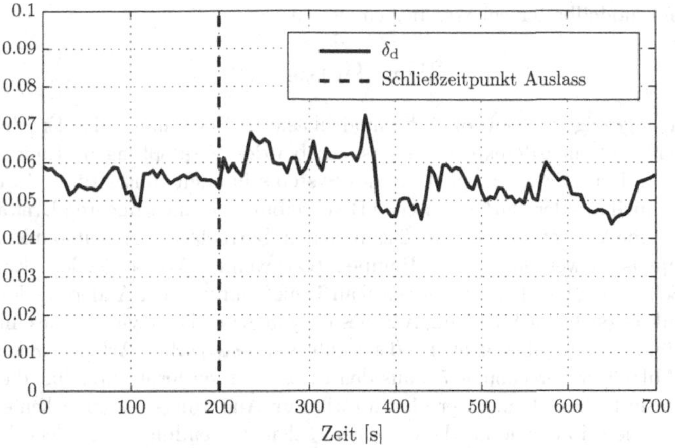

Abbildung 7.7: Verstopfung Auslass Tank 2

Abtastzeit von $T_s = 5$s. Das nichtlineare Modell wurde lediglich im Nachhinein nochmal zur Verifikation eingesetzt.

Verstopfung am Auslass von Tank 2

Durch teilweises Schließen des Auslassventils an dem Dreitank Laborsystem kann eine Verstopfung im Abfluss von Tank 2 simuliert werden. In dem mathematischen Modell ändert sich gemäß Gleichung (7.5) nur die Beschreibung für die Füllstandshöhe des Tanks 2, sodass gilt

$$\dot{h}_2 = \frac{1}{A_T}\left(k_2 Q_2 + Q_{32} - Q_{20} - \Theta_2\sqrt{2gh_2}\right). \tag{7.9}$$

Dabei ist Θ_2 eine Konstante, wobei positive Werte einem Leck und negative Werte einer Verstopfung in Tank 2 entsprechen. In der nachfolgend betrachteten Messung an dem Dreitanksystem wurde zunächst das nominale Systemverhalten ohne Verstopfung am Auslass von Tank 2 betrachtet. Nach ca. 200s wurde das Auslassventil dann geschlossen, sodass sich das Systemverhalten änderte. Abbildung 7.7 zeigt den zeitlichen Verlauf der datenbasierten Realisierung der Gap-Metrik und auch den Zeitpunkt, ab welchem das Ventil geschlossen wurde. Es ist zu erkennen, dass das Schließen des Auslassventils an Tank 2 laut der berechneten, datenbasierten Gap-Metrik keinen sichtbaren Einfluss auf das Systemverhalten hat. Um dies zu verifizieren, wurde mit Hilfe einer weiteren Greyboxidentifikation $\Theta_2 = -0.1561$ als einzig freier Parameter aus weiteren Messdaten identifiziert. Aus dem nichtlinearen Modell wurde für den Arbeitspunkt $\mathbf{h}_{AP}$ eine Linearisierung und Diskretisierung des Dreitanksystems mit $T_s = 5$s vorgenommen. Dabei bezeichnet das LTI-System $\mathbf{G}_{DTS}$ das Nominalverhalten des Dreitanksystems ($\Theta_2 = 0$) und $\mathbf{G}_{DTS,\Theta_2}$ das Verhalten bei Verstopfung am Auslass von Tank 2 ($\Theta_2 = -0.1561$). Die beiden Modelle befinden sich zusammen mit den resultierenden Arbeitspunkten im Anhang A.2. Um das datenbasierte Ergebnis zu verifizieren, wurde die Gap-Metrik zwischen beiden Systemen nochmal auf modellbasiertem Weg berechnet gemäß

$$\delta(\mathbf{G}_{\mathrm{DTS}}, \mathbf{G}_{\mathrm{DTS},\Theta_2}) = 0. \tag{7.10}$$

Es kann also gezeigt werden, dass die modellbasierte Berechnung das Ergebnis des datenbasierten Änderungsdetektors, dass es sich bei der Verstopfung in Tank 2 um keine regelungstechnisch relevante Änderung des Systems handelt, unterstützt. In der Tat ist dies auch schnell aus der mathematischen Beschreibung des nichtlinearen Dreitankmodells ersichtlich. Eine Verstopfung in Tank 2 kann in dem betrachteten Arbeitspunkt einfach dadurch kompensiert werden, dass die Pumpe 2 (Q_2) weniger Wasser fördert. Entsprechend führt die Schließung von dem Auslassventil an Tank 2 nur zu einer Änderung des statischen Arbeitspunktes (siehe auch Anhang A.2) des Eingangs Q_2. Die Dynamik des linearisierten Prozesses ändert sich dabei nicht. Da der Einfluss des statischen Arbeitspunktes über die rekursive Mittelwertberechnung 7.8 aus den Messdaten entfernt wird, hat dies auch auf die datenbasierte Berechnung der Gap-Metrik zur Änderungsdetektion keinen Einfluss. An dieser Stelle sei angemerkt, dass in einer realen Anwendung eine solche Verstopfung natürlich trotzdem von Bedeutung sein kann und ein entsprechender Alarm bei dem Anlagenfahrer ausgelöst werden sollte. Bei dem angesprochenen Änderungsdetektor geht es aber nur darum, auszuwerten, ob die Auswirkungen für die Regelung von Bedeutung sind.

Leck in Tank 3

Durch Öffnen eines Auslassventils am Boden von Tank 3 an dem Dreitank Laborsystem kann ein Leck in Tank 3 simuliert werden. Die Änderungen, die sich dadurch an dem mathematischen Modell des Dreitanksystems ergeben, betreffen lediglich die Füllstandshöhe in Tank 3 gemäß

$$\dot{h}_3 = Q_{13} - Q_{32} - \Theta_3\sqrt{2gh_3}. \tag{7.11}$$

Dabei ist Θ_3 eine positive Konstante, welche je nach Öffnungsgrad des Ventils den Abfluss durch das Leck in Tank 3 beschreibt. In der nachfolgend betrachteten Messung an dem Dreitanksystem wurde zunächst das nominale Systemverhalten ohne Leck in Tank 3 gemessen. Nach ca. 2200s wurde das Auslassventil am Boden von Tank 3 geöffnet, sodass sich das Verhalten des Dreitanksystems änderte. Abbildung 7.8 zeigt den zeitlichen Verlauf der datenbasierten Realisierung der Gap-Metrik und auch den Zeitpunkt, ab welchem das Ventil geöffnet wurde. Es ist zu erkennen, dass das Leck in Tank 3 im Gegensatz zur Verstopfung am Auslass von Tank 2 einen direkten Einfluss auf das regelungstechnische Verhalten des Dreitanksystems hat. Die geschätzte Gap-Metrik liegt bei einem Wert von ca. $\delta_d \approx 0.29$. Eine Greybox Identifikation aus den Messdaten bei geöffnetem Ventil am Boden von Tank 3 führt zu $\Theta_3 = 0.2691$. Um die Berechnungsergebnisse auch in diesem Fall verifizieren zu können, wurde wie zuvor eine Linearisierung und Diskretisierung des nichtlinearen Dreitanksystems mit einer Abtastzeit $T_s = 5$s vorgenommen. Das nominale LTI-System ($\Theta_3 = 0$) wird dabei nach wie vor mit $\mathbf{G}_{\mathrm{DTS}}$ bezeichnet und $\mathbf{G}_{\mathrm{DTS},\Theta_3}$ bezeichnet das LTI-System mit Leck ($\Theta_3 = 0.2691$). Die daraus resultierenden Arbeitspunkte und die Zustandsraumdarstellung beider Systeme befindet sich im Anhang A.2. Um die

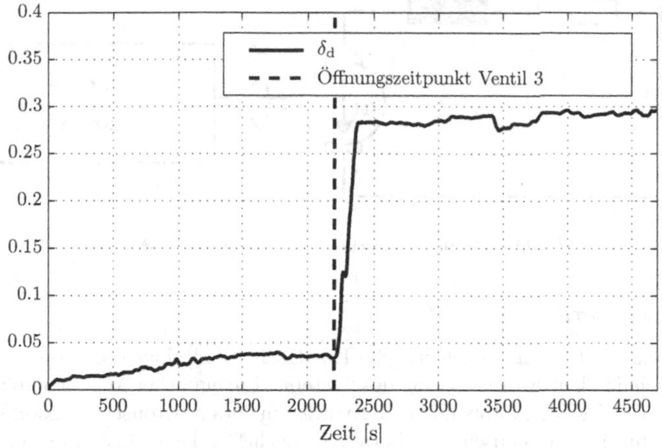

Abbildung 7.8: Leck am Boden von Tank 3

datenbasierte Berechnung der Gap-Metrik erneut zu validieren, wurde die modellbasierte Berechnung der Gap-Metrik berechnet zu

$$\delta(\mathbf{G}_{\mathrm{DTS}}, \mathbf{G}_{\mathrm{DTS},\Theta_3}) = 0.3044. \tag{7.12}$$

Dies zeigt, dass auch in diesem Fall die datenbasierte Realisierung der Gap-Metrik mit den theoretischen, auf dem Modell basierenden Berechnungen übereinstimmt und ein geeignetes Maß für die Detektion der Änderung im Prozess darstellt. Dass das Leck in Tank 3 einen Einfluss auf die gesamte Systemdynamik hat, wird dadurch ersichtlich, dass Tank 3 über die Zu- und Abflüsse mit Tank 1 und 2 verbunden ist. Da Tank 3 keinen eigenen Aktuator besitzt, ist es in diesem Fall nicht möglich, das Leck einfach über einen Arbeitspunktwechsel zu kompensieren.

Die Ergebnisse dieser Fallstudie zeigen auf der einen Seite, dass die Berechnungsvorschriften aus den Kapiteln 4 und 5 auch bei Anwendung auf echte Messdaten funktionieren. Zum anderen zeigen die Ergebnisse auch eine mögliche Anwendung der Ergebnisse für die online Berechnung der datenbasierten Realisierung der Gap-Metrik und deren Einsatz in der fehlertoleranten Regelung auf.

7.3 Datenbasierter Reglerentwurf für einen DC-Motor

Diese Fallstudie beschäftigt sich mit dem datenbasierten Reglerentwurf für einen DC-Motor. Ziel soll es sein, einen Teil der in Kapitel 6 vorgestellten Verfahren mit Hilfe einer Simulationsstudie zu testen. Zu diesem Zweck wird zunächst die mathematische Beschreibung des verwendeten DC-Motor Modells eingeführt.

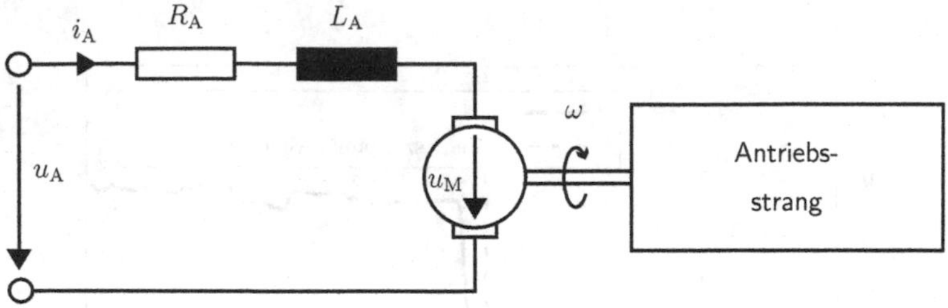

Abbildung 7.9: Elektrisches Ersatzschaltbild DC-Motor

7.3.1 Prozessbeschreibung

Abbildung 7.9 zeigt dafür das elektrische Ersatzschaltbild eines DC-Motors zusammen mit dem mechanischen Antriebsstrang des Systems. Ein einfacher Maschenumlauf in dem elektrischen Teil des DC-Motors und eine Auswertung des Newtonschen Axioms für Drehbewegungen für den mechanischen Teil des Systems liefert die folgende Zustandsraumdarstellung

$$\begin{bmatrix} \dot{i}_A \\ \dot{\omega} \end{bmatrix} = \begin{bmatrix} -\frac{R_A}{L_A} & -\frac{C\Phi}{L_A} \\ \frac{K_M}{J} & 0 \end{bmatrix} \begin{bmatrix} i_A \\ \omega \end{bmatrix} + \begin{bmatrix} \frac{1}{L_A} \\ 0 \end{bmatrix} u_A + \begin{bmatrix} 0 \\ -\frac{1}{J} \end{bmatrix} M_L, y = \mathbf{C} \begin{bmatrix} i_A \\ \omega \end{bmatrix} = \begin{bmatrix} 0 & 1 \end{bmatrix} \begin{bmatrix} i_A \\ \omega \end{bmatrix}. \quad (7.13)$$

Dabei bezeichnet

- u_A die Ankerspannung (V),
- i_A den Ankerstrom (A),
- M_L eine beliebige Last (Nm),
- ω die Drehzahl des Antriebsstrangs (upm).

Die verwendeten Konstanten des DC-Motors sind dabei in Tabelle 7.4 zusammengefasst.

Parameter	Symbol	Wert	Einheit
Trägheit Antriebsstrang	J	$80.45 \cdot 10^{-3}$	$kg \cdot m^2$
Spannungskonstante	$C\Phi$	$6.27 \cdot 10^{-3}$	V/upm
Motorkonstante	K_M	1	Nm/A
Ankerinduktivität 1	L_A	0.003	H
Ankerwiderstand 2	R_A	3.13	Ω

Tabelle 7.4: Parameter des DC-Motor

7.3.2 Realisierung einer datenbasierten Regelung

Ziel in dieser Fallstudie ist es, über die Ankerspannung u_A als Stellgröße eine Drehzahlregelung zu realisieren. In der gezeigten Konfiguration wird die Drehzahl des Systems für

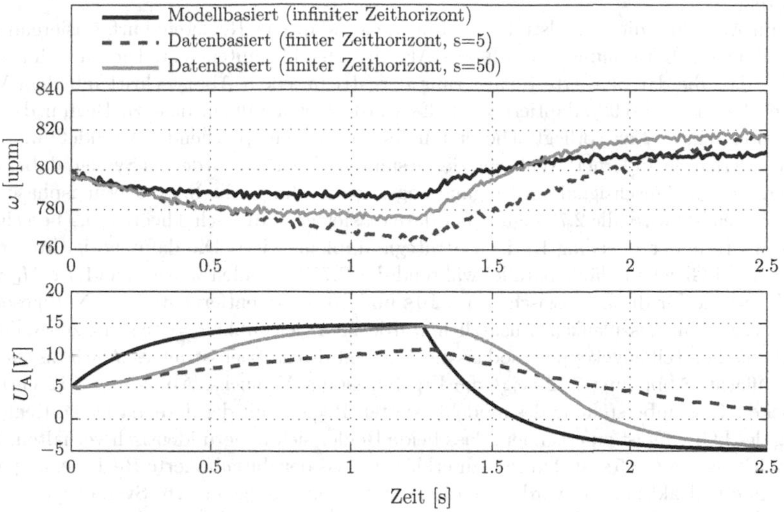

Abbildung 7.10: Datenbasierte Regelung mit finitem Optimierungshorizont

alle folgenden Versuche so vorgesteuert, dass diese bei $\omega = 800\,\text{upm}$ für eine konstante Last von $M_\text{L} = 10\,\text{Nm}$ liegt. Für alle Betrachtungen wurde das System mit einer Abtastzeit von $T_\text{s} = 10\,\text{ms}$ abgetastet. In dem ersten Teil dieser Fallstudie soll der Entwurf eines datenbasierten LQR aus Kapitel 6 für den Optimierungsansatz mit finitem und infinitem Zeithorizont verglichen werden. Dafür wurde offline aus eine entsprechenden Menge von Messdaten mit ausreichender Anregung ein datenbasierter Regler (Theorem 6.1 und 6.2) entworfen und mittels der Receding Horizon Strategie (Abschnitt 6.4) implementiert. Die Abbildungen 7.10 und 7.11 zeigen die Ergebnisse für die Implementierung des datenbasierten Reglers im Vergleich mit dem modellbasierten Entwurf. Für den modellbasierten Entwurf werden dabei die Gewichtungsfaktoren für den LQR gewählt zu $\mathbf{Q} = 10 \cdot \mathbf{C}^T\mathbf{C}$ (Gewichtung der Zustandsgröße) und $R = 10$ und für den datenbasierten Entwurf zu $Q = 10$ und $R = 10$, sodass beide Berechnungen für unendlich langen Optimierungshorizont vergleichbare Ergebnisse liefern sollten. Um die Performanz der Regler vergleichen zu können, wurde die Last zwischen $0 - 1.25\,\text{s}$ um $10\,\text{Nm}$ erhöht und anschließend für $1.25 - 2.5\,\text{s}$ wieder auf den ursprünglichen Wert abgesenkt. In Abbildung 7.10 werden die Ergebnisse der datenbasierten Regler zunächst für eine Optimierung über einen finiten Zeithorizont gezeigt. Es ist zu erkennen, dass die datenbasierte Regelung prinzipiell funktioniert. Je größer der Optimierungshorizont gewählt wird, desto weiter nähert sich das Verhalten des datenbasierten Reglers dem modellbasierten Fall für infiniten Optimierungshorizont an. In Abbildung 7.11 ist eine datenbasierte Realisierung des LQR mit infinitem Zeithorizont gemäß Theorem 6.2 zu sehen. Der Entwurf wurde auch hier an Hand von Messdaten des DC-Motors durchgeführt und es wurde die gleiche Laständerung wie im vorherigen Versuch durchgeführt. Es ist zu erkennen, dass der datenbasierte Regler auch für kleine Sequenzlängen $s = 5$ trotzdem das gleiche Verhalten wie im modellbasierten Fall zeigt.

Zum Abschluss dieser Fallstudie wird noch ein adaptiver Reglerentwurf, basierend auf der adaptiven Berechnung der SIR aus Algorithmus 4.5, untersucht. Die Grundidee ist dabei, dass die datenbasierte Realisierung der SIR in jedem Abtastschritt mit dem Vergessensfaktor $\lambda = 0.98$ adaptiert wird. Es wurde angenommen, dass zu Beginn der Simulation kein Regler vorliegt. Die ersten 5 s wurden entsprechend verwendet, um das Systemverhalten zu lernen. Während des gesamten Versuchs wurde das System dabei mit einem kleinen Rauschsignal am Eingang angeregt. Nachdem die Initialisierungsphase abgeschlossen ist, wird alle 2.75 s ein neuer datenbasierter LQR nach Theorem 6.2 berechnet und mit Hilfe der Receding Horizon Strategie implementiert. Die dafür nötige Iteration der Riccati-Gleichung läuft parallel während der 2.75 Sekunden weiter. Die Last M_{L} von 10 Nm wurde für die Zeit zwischen 5 − 10 s und 20 − 25 s entfernt und auf Null gesetzt, um das System auszulenken. Zusätzlich wurde zum Zeitpunkt $t = 15$ s ein zusätzlicher mechanischer Teil angekoppelt, sodass die Trägheit des Antriebsstranges J sich insgesamt verfünffacht. Abbildung 7.12 zeigt die Ergebnisse des Versuchs. Abbildung 7.12 enthält dabei die Gegenüberstellung des modellbasierten Reglers mit der datenbasierten Realisierung des LQR. Es ist zu erkennen, dass beide Regler sich nahezu identisch verhalten. Die Abweichung bei $t = 5$ s ist dadurch zu erklären, dass der datenbasierte Regler erst später das erste mal aktualisiert wird. Für die Adaption an das geänderte System wurde der modellbasierte LQR neu berechnet und bei $t = 15$ s umgeschaltet. Auch die datenbasierte Realisierung des LQR adaptiert sich entsprechend an die geänderte Streckendynamik und es ist zu erkennen, dass beider Regler nahezu identisches Regelungsverhalten zeigen. Die Untersuchungen in dieser Fallstudie verifizieren also die in Kapitel 6 hergeleiteten Ergebnisse und zeigen, dass auch eine adaptive Online-Berechnung des Reglers möglich ist.

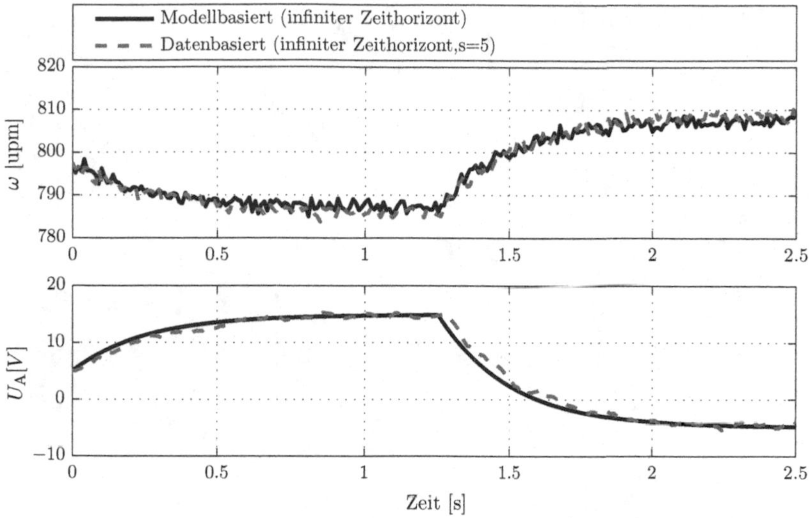

Abbildung 7.11: Datenbasierte Regelung mit infinitem Optimierungshorizont

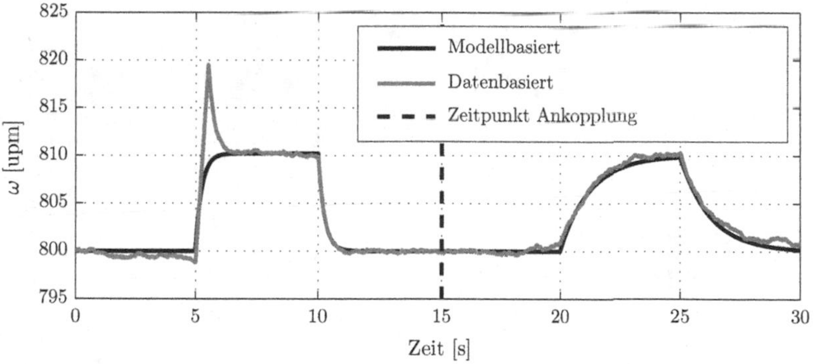

Abbildung 7.12: Adaptive, datenbasierte Realisierung eines LQR

8 Zusammenfassung und Ausblick

In der vorliegenden Arbeit wird eine datenbasierte Realisierung einer alternativen Systemdarstellung für lineare Systeme und deren Anwendung auf regelungstechnische Probleme untersucht. Vor dem Hintergrund der langen Erfolgsgeschichte linearer Regelungsansätze in der industriellen Praxis und der zunehmenden Verfügbarkeit von historischen Messdaten in industriellen Anlagen hat der Bedarf an linearen, datenbasierten Analyse- und Entwurfsverfahren in den letzten Jahren stark zugenommen. Auf diese und weitere Aspekte wird in Kapitel 1 im Rahmen der Motivation und Zielsetzung zu dieser Arbeit näher eingegangen. Darüber hinaus wird eine Übersicht und Abgrenzung zu den in der Literatur bereits bestehenden Verfahren gegeben. Die in dieser Arbeit untersuchte, alternative Systemdarstellung wird in der Literatur als Stable Kernel (SKR) bzw. Stable Image Representation (SIR) eines Systems bezeichnet. Diese Form der Beschreibung eines dynamischen Systems bietet einige Vorteile im Vergleich zur Beschreibungsform mit klassischen Ein-Ausgangs-Übertragungsfunktionen. Für den linearen Fall ist diese Darstellungsform eng mit der koprimen Faktorisierung verknüpft. Die wesentlichen mathematischen Grundlagen, Definitionen und regelungstechnischen Interpretationen für diese alternative Systemdarstellung werden daher in Kapitel 2 dieser Arbeit zusammengefasst.

Die datenbasierten Berechnungsergebnisse im Hauptteil dieser Arbeit basieren zu großen Teilen auf der sogenannten Subspace basierten Methode. Aus diesem Grund werden in Kapitel 3 zunächst die wichtigsten Werkzeuge aus dem Bereich der linearen Algebra zusammengefasst, welche für die Aufbereitung von Messdaten für den Subspace basierten Ansatz nötig sind. Daran anschließend werden die wichtigsten Definitonen für eine datenbasierte Realisierung der SKR bzw. SIR eingeführt und es werden entsprechende Algorithmen zu deren Berechnung im offenen Regelkreis hergeleitet. In dem anschließenden Kapitel 4 wird zunächst auf die Problematik bei der Realisierung einer datenbasierten Realisierung der SKR bzw. SIR eingegangen. Zur Lösung des Problems wird im Rahmen dieser Arbeit in einem ersten Schritt die Verwendung einer funktionalisierten Reglerarchitektur vorgeschlagen. Darauf aufbauend wird in einem zweiten Schritt bewiesen, dass die Identifikation einer SIR und SKR aus den Signalen der funktionalisierten Reglerarchitektur möglich ist und es werden entsprechende Algorithmen für die datenbasierte Realisierung der SKR bzw. SIR formuliert. Um die bisher betrachteten Algorithmen für eine adaptive Berechnung der datenbasierten Realisierung der SKR und SIR zu erweitern wird zum Abschluss des Kapitels ein Verfahren für die rekursive Berechnung der benötigten Projektionsmatrizen für das vorliegende Problem angepasst und zusammengefasst.

Für die Analyse und den Entwurf vieler regelungstechnischer Systeme spielt die SKR bzw. die SIR eine wichtige Rolle. Der zweite Teil dieser Arbeit widmet sich der Frage, wie sich die Ergebnisse zur Berechnung der datenbasierten Realisierung der SKR bzw. SIR für die Analyse und Synthese von Reglern einsetzen lassen. Der Fokus von Kapitel 5 liegt dabei vor allem auf der Analyse. Dafür wird zuerst eine datenbasierte Realisierung der sogenannten Gap-Metrik und des optimalen Stabilitätsradius definiert und anschließend über die Herleitung von Berechnungsformeln der Zusammenhang zu den datenbasierten

Realisierungen der SKR bzw. SIR hergestellt. Der theoretische Teil dieser Arbeit wird mit der Untersuchung der Nutzbarkeit der datenbasierten Realisierung der SIR für den datenbasierten Entwurf eines LQR bzw. $\mathcal{H}_\infty$-Suboptimalen Reglers in Kapitel 6 abgeschlossen. Dabei wird auf die Aspekte von Optimierungshorizonten und der möglichen Implementierung der gefundenen, datenbasierten Regler mittels einer Receding Horizon Control Strategie eingegangen.

Der letzte Teil der Arbeit widmet sich der Anwendung der Ergebnisse für die Analyse und den Entwurf von regelungstechnischen Systemen in insgesamt drei Fallstudien. Dabei werden echte Messdaten einer Lambda-Regelstrecke und eines Dreitanksystems sowie Simulationsdaten eines DC-Motors betrachtet. Anhand der Fallstudien werden neben der reinen Verifikation der hergeleiteten Verfahren auch mögliche Ausblicke für weitere Anwendungen der gefundenen Ergebnisse gegeben.

Für die weiterführenden Untersuchungen ergeben sich aus dieser Arbeit im Wesentlichen zwei Richtungen. Zum einen kann untersucht werden, ob sich weitere Analyse- und Syntheseverfahren mit Hilfe der datenbasierten Realisierung der SKR bzw. SIR umsetzen lassen und ob sich daraus weitere Anwendungsfelder ergeben. Zum anderen kann untersucht werden, ob sich die iterative Berechnung der verwendeten Projektionsmatrizen evtl. direkt in den Berechnungsprozess für Regler oder z.B. Gap-Metrik integrieren lässt. Dies würde die Anwendbarkeit für Online-Implementierungen weiter verbessern und noch attraktiver machen.

A Anhang

A.1 Regler Dreitanksystem

Der verwendete Regler K_{DTS} für das Dreitanksystem mit der Abtastzeit $T_s = 5\,\mathrm{s}$ beschreibt das Übertragungsverhalten von dem Regelfehler $\mathbf{e}$

$$\mathbf{e} = \begin{bmatrix} r_1 - h_1 \\ r_2 - h_2 \end{bmatrix} \tag{A.1}$$

auf den Eingang des Dreitanksystems

$$\mathbf{u} = \begin{bmatrix} Q_1 \\ Q_2 \end{bmatrix} \tag{A.2}$$

und ist gegeben durch die Zustandsraumdarstellung $\mathbf{K}_{\mathrm{DTS}}(z) = (\mathbf{A}_K, \mathbf{B}_K, \mathbf{C}_K, \mathbf{D}_K)$ mit

$$\mathbf{A}_K = \begin{bmatrix} 0.1879 & -0.02655 & 0.02036 & 0.0040720 & 0 \\ -0.02588 & 0.2101 & 0.0248 & 0 & 0.004039 \\ -0.1048 & -0.101 & 0.8642 & 0.0001433 & 0.0001449 \\ 0 & 0 & 0 & 1 & 0 \\ 0 & 0 & 0 & 0 & 1 \end{bmatrix}, \tag{A.3}$$

$$\mathbf{B}_K = \begin{bmatrix} -0.5773 & -0.01669 \\ -0.01642 & -0.5421 \\ -0.1648 & -0.1604 \\ 5 & 0 \\ 0 & 5 \end{bmatrix}, \tag{A.4}$$

$$\mathbf{C}_K = \begin{bmatrix} -5.299 & -0.389 & -1.467 & 0.13 & -0.0001215 \\ -0.3846 & -4.42 & -1.304 & -0.001675 & 0.132 \end{bmatrix}, \mathbf{D}_K = \begin{bmatrix} 0 & 0 \\ 0 & 0 \end{bmatrix}. \tag{A.5}$$

A.2 Linearisierte Modelle Dreitanksystem

Die in diesem Abschnitt betrachteten Modelle beschreiben das linearisierte Verhalten des Dreitanksystems in dem Arbeitspunkt $\mathbf{h}_{\mathrm{AP}} = \begin{bmatrix} h_1 & h_3 \end{bmatrix}^T = \begin{bmatrix} 30 & 20 \end{bmatrix}^T \mathrm{cm}$ bei einer Abtastzeit von $T_s = 5\,\mathrm{s}$.

A.2.1 Nominalmodell

Für das nominale Systemverhalten ergibt sich aus dem Arbeitspunkt $\mathbf{h}_{\mathrm{AP}}$

$$h_{3,\mathrm{AP}} = 23.9497\,\mathrm{cm}\,, Q_{1,\mathrm{AP}} = 18.9870\frac{\mathrm{cm}^3}{s}\,, Q_{2,\mathrm{AP}} = 39.7812\frac{\mathrm{cm}^3}{s} \tag{A.6}$$

gemäß $\mathbf{G}_{\mathrm{DTS}}(z) = (\mathbf{A}, \mathbf{B}, \mathbf{C}, \mathbf{D})$ mit

$$\mathbf{A} = \begin{bmatrix} -0.009008 & 0 & 0.009008 \\ 0 & -0.021979 & 0.013799 \\ 0.009008 & 0.013799 & -0.022807 \end{bmatrix}, \mathbf{B} = \begin{bmatrix} 0.0057408 & 0 \\ 0 & 0.0070071 \\ 0 & 0 \end{bmatrix}, \tag{A.7}$$

$$\mathbf{C} = \begin{bmatrix} 1 & 0 & 0 \\ 0 & 1 & 0 \end{bmatrix}, \mathbf{D} = \begin{bmatrix} 0 & 0 \\ 0 & 0 \end{bmatrix}. \tag{A.8}$$

A.2.2 Verstopfung am Auslass von Tank 2

Für das Systemverhalten mit Verstopfung am Auslass von Tank 2 ($\Theta_2 = -0.1561$) ergibt sich aus dem Arbeitspunkt $\mathbf{h}_{\mathrm{AP}}$

$$h_{3,\mathrm{AP}} = 23.9497\,\mathrm{cm}\,, Q_{1,\mathrm{AP}} = 18.9870\frac{\mathrm{cm}^3}{s}\,, Q_{2,\mathrm{AP}} = 31.1419\frac{\mathrm{cm}^3}{s} \tag{A.9}$$

gemäß $\mathbf{G}_{\mathrm{DTS},\Theta_2}(z) = (\mathbf{A}, \mathbf{B}, \mathbf{C}, \mathbf{D})$ mit

$$\mathbf{A} = \begin{bmatrix} -0.009008 & 0 & 0.009008 \\ 0 & -0.021979 & 0.013799 \\ 0.009008 & 0.013799 & -0.022807 \end{bmatrix}, \mathbf{B} = \begin{bmatrix} 0.0057408 & 0 \\ 0 & 0.0070071 \\ 0 & 0 \end{bmatrix}, \tag{A.10}$$

$$\mathbf{C} = \begin{bmatrix} 1 & 0 & 0 \\ 0 & 1 & 0 \end{bmatrix}, \mathbf{D} = \begin{bmatrix} 0 & 0 \\ 0 & 0 \end{bmatrix}. \tag{A.11}$$

A.2.3 Leck in Tank 3

Für das Systemverhalten mit Leck in Tank 3 ($\Theta_3 = 0.2691$) ergibt sich aus dem Arbeitspunkt $\mathbf{h}_{\mathrm{AP}}$

$$h_{3,\mathrm{AP}} = 23.9497\,\mathrm{cm}\,, Q_{1,\mathrm{AP}} = 18.9870\frac{\mathrm{cm}^3}{s}\,, Q_{2,\mathrm{AP}} = 39.7812\frac{\mathrm{cm}^3}{s} \tag{A.12}$$

gemäß $\mathbf{G}_{\mathrm{DTS},\Theta_3}(z) = (\mathbf{A}, \mathbf{B}, \mathbf{C}, \mathbf{D})$ mit

$$\mathbf{A} = \begin{bmatrix} -0.009008 & 0 & 0.009008 \\ 0 & -0.023492 & 0.013799 \\ 0.009008 & 0.013799 & -0.030715 \end{bmatrix}, \mathbf{B} = \begin{bmatrix} 0.0057408 & 0 \\ 0 & 0.0070071 \\ 0 & 0 \end{bmatrix}, \tag{A.13}$$

$$\mathbf{C} = \begin{bmatrix} 1 & 0 & 0 \\ 0 & 1 & 0 \end{bmatrix}, \mathbf{D} = \begin{bmatrix} 0 & 0 \\ 0 & 0 \end{bmatrix}. \tag{A.14}$$

Literatur

Anderson, B. D. O., T. S. Brinsmead, F. De Bruyne, J. Hespanha, D. Liberzon und A. S. Morse (2000). „Multiple model adaptive control. Part 1: Finite controller coverings“. In: *International Journal of Robust and Nonlinear Control* 10.11-12, S. 909–929.

Arslan, E., M. C. Çamurdan, A. Palazoglu und Y. Arkun (2004). „Multimodel scheduling control of nonlinear systems using gap metric“. In: *Industrial & engineering chemistry research* 43.26, S. 8275–8283.

Başar, T. und P. Bernhard (1995). *$\mathcal{H}_\infty$-optimal control and related minimax design problems: A dynamic game approach.* 2. Aufl. Systems & control. Boston: Birkhäuser.

Blanke, M., M. Kinnaert, J. Lunze und M. Staroswiecki (2006). *Diagnosis and Fault-Tolerant Control.* Springer.

Boyd, S. P. und C. H. Barratt (1991). *Linear Controller Design: Limits of Performance (Prentice Hall Information and System Sciences Series).* Prentice Hall.

Camacho, E. F. und C. B. Alba (2007). *Model Predictive Control (Advanced Textbooks in Control and Signal Processing).* Springer.

Campi, M. C., A. Lecchini und S. M. Savaresi (2002). „Virtual reference feedback tuning: a direct method for the design of feedback controllers“. In: *Automatica* 38.8, S. 1337–1346.

Cheremensky, A und V Fomin (1996). *Operator approach to linear control systems.* Springer.

Choi, S. W., E. B. Martin, A. J. Morris und I.-B. Lee (2006). „Adaptive multivariate statistical process control for monitoring time-varying processes“. In: *Industrial & Engineering Chemistry Research* 45.9, S. 3108–3118.

Dai, X. und Z. Gao (2013). „From model, signal to knowledge: A data-driven perspective of fault detection and diagnosis“. In: *IEEE Transactions on Industrial Informatics* 9.4, S. 2226–2238.

Ding, S. X. (2013). *Model-Based Fault Diagnosis Techniques - Design Schemes, Algorithms and Tools (2nd ed.)* Springer.

Ding, S. X. (2014a). *Data-driven Design of Fault Diagnosis and Fault-tolerant Control Systems (Advances in Industrial Control).* Springer.

Ding, S. X. (2014b). „Data-driven design of monitoring and diagnosis systems for dynamic processes: A review of subspace technique based schemes and some recent results". In: *Journal of Process Control* 24.2, S. 431–449.

Ding, S. X., P. Zhang, A. Naik, E. L. Ding und B. Huang (2009). „Subspace method aided data-driven design of fault detection and isolation systems". In: *Journal of Process Control* 19.9, S. 1496–1510.

Ding, S. X., G Yang, P. Zhang, E. L. Ding, T. Jeinsch, N. Weinhold und M. Schultalbers (2010). „Feedback control structures, embedded residual signals, and feedback control schemes with an integrated residual access". In: *IEEE Transactions on Control Systems Technology* 18.2, S. 352–367.

Ding, S. X., Y. Yang, Y. Zhang und L. Li (2014). „Data-driven realizations of kernel and image representations and their application to fault detection and control system design". In: *Automatica* 50.10, S. 2615–2623.

Dong, J. (2009). „Data driven fault tolerant control: a subspace approach". Diss. Technische Universiteit Delft.

Doyle, J. (1978). „Guaranteed margins for LQG regulators". In: *IEEE Transactions on Automatic Control* 23.4, S. 756–757.

Du, J. und T. A. Johansen (2014). „A gap metric based weighting method for multimodel predictive control of MIMO nonlinear systems". In: *Journal of Process Control* 24.9, S. 1346 –1357.

Feintuch, A. (2012). *Robust control theory in Hilbert space.* Bd. 130. Springer Science & Business Media.

Forssell, U. und L. Ljung (1999). „Closed-loop identification revisited". In: *Automatica* 35.7, S. 1215–1241.

Francis, B. A. (1986). *A Course in $\mathcal{H}_\infty$ Control Theory.* Springer.

Galán, O., J. A. Romagnoli, A. Palazoglu und Y. Arkun (2003). „Gap metric concept and implications for multilinear model-based controller design". In: *Industrial & engineering chemistry research* 42.10, S. 2189–2197.

Gao, Z., H. Saxen und C. Gao (2013). „Guest Editorial: Special section on data-driven approaches for complex industrial systems". In: *IEEE Transactions on Industrial Informatics* 9.4, S. 2210–2212.

Georgiou, T. T. (1988). „On the computation of the gap metric". In: *Proceedings of the 27th IEEE Conference on Decision and Control*, 1360–1361 vol.2.

Georgiou, T. T. und M. C. Smith (1990). „Optimal robustness in the gap metric". In: *IEEE Transactions on Automatic Control* 35.6, S. 673–686.

Glover, K. (1984). „All optimal Hankel-norm approximations of linear multivariable systems and their L^∞-error bounds“. In: *International Journal of Control* 39.6, S. 1115–1193.

Glover, K. und D. McFarlane (1989). „Robust stabilization of normalized coprime factor plant descriptions with H_∞-bounded uncertainty“. In: *IEEE Transactions on Automatic Control* 34.8, S. 821–830.

Golub, G. H. und C. F. Van Loan (2012). *Matrix Computations*. 4th Edition. JHU Press, S. 756.

Green, M. und D. J. Limebeer (2012). *Linear robust control*. Courier Corporation.

Guzzella, L. und C. Onder (2010). *Introduction to Modeling and Control of Internal Combustion Engine Systems*. 2nd Ed. Springer.

Hansen, F. R. und G. F. Franklin (1988). „On a fractional representation approach to closed-loop experiment design“. In: *American Control Conference*. 25, S. 1319–1320.

Hjalmarsson, H., M. Gevers, S. Gunnarsson und O. Lequin (1998). „Iterative feedback tuning: theory and applications“. In: *IEEE Control Systems* 18.4, S. 26–41.

Hosseini, S. M., A. Fatehi, T. A. Johansen und A. K. Sedigh (2012). „Multiple model bank selection based on nonlinearity measure and H-gap metric“. In: *Journal of Process Control* 22.9, S. 1732–1742.

Hou, Z. und S. Jin (2013). *Model Free Adaptive Control: Theory and Applications*. CRC Press.

Hou, Z. und Z. Wang (2013). „From model-based control to data-driven control: survey, classification and perspective“. In: *Information Sciences* 235, S. 3–35.

Huang, B. und R. Kadali (2008). *Dynamic modeling, predictive control and performance monitoring*. Springer.

Johansen, T. A. und R. Murray-Smith (1997). *Multiple model approaches to modelling and control*. Taylor & Francis.

Kadali, R., B. Huang und A. Rossiter (2003). „A data driven subspace approach to predictive controller design“. In: *Control engineering practice* 11.3, S. 261–278.

Kailath, T. (1980). *Linear systems*. Bd. 156. Prentice-Hall Englewood Cliffs, NJ.

Kameyama, K., A. Ohsumi, Y. Matsuura und K. Sawada (2005). „Recursive 4SID based identification algorithm with fixed input output data size“. In: *International Journal of Innovative Computing, Information and Control* 1.1, S. 17–33.

Katayama, T. (2006). *Subspace methods for system identification*. Springer.

Kato, T. (1980). *Perturbation theory for linear operators*. Springer.

Kirk, D. E. (2004). *Optimal Control Theory: An Introduction (Dover Books on Electrical Engineering)*. Dover Publications.

Levine, W. S., Hrsg. (2010). *The Control Systems Handbook, Second Edition: Control System Advanced Methods, Second Edition (Electrical Engineering Handbook)*. CRC Press.

Lewis, F. L. und D. Vrabie (2009). „Reinforcement learning and adaptive dynamic programming for feedback control". In: *IEEE Circuits and Systems Magazine* 9.3, S. 32–50.

Lewis, F. L., D. Vrabie und V. L. Syrmos (2012). *Optimal Control*. Wiley.

Ljung, L. (1998). *System identification*. Springer.

Lovera, M., T. Gustafsson und M. Verhaegen (2000). „Recursive subspace identification of linear and non-linear Wiener state-space models". In: *Automatica* 36.11, S. 1639–1650.

Luo, H., M. Krueger, T. Koenings, S. X. Ding, S. Dominic und X. Yang (2016). „Real-Time Optimization of Automatic Control Systems with Application to BLDC Motor Testrig". In: *IEEE Transactions on Industrial Electronics* (akzeptiert zur Veröffentlichung).

Maciejowski, J. (2000). *Predictive Control with Constraints*. Prentice Hall.

McFarlane, D. und K. Glover (1990). *Robust Controller Design Using Normalized Coprime Factor Plant Descriptions*. Springer.

McFarlane, D. und K. Glover (1992). „A loop-shaping design procedure using $\mathcal{H}_\infty$ synthesis". In: *IEEE Transactions on Automatic Control* 37.6, S. 759–769.

Mercère, G., L. Bako und S. Lecœuche (2008). „Propagator-based methods for recursive subspace model identification". In: *Signal Processing* 88.3, S. 468–491.

Mercere, G., S. Lecoeuche und M. Lovera (2004). „Recursive subspace identification based on instrumental variable unconstrained quadratic optimization". In: *International Journal of Adaptive Control and Signal Processing* 18.9-10, S. 771–797.

Meyer, D. und G. Franklin (1987). „A connection between normalized coprime factorizations and linear quadratic regulator theory". In: *IEEE Transactions on Automatic Control* 32.3, S. 227–228.

Mueller, M. (2009). „Output Feedback Control and Robustness in the Gap Metric". Diss. Technische Universität Ilmenau.

Nelles, O. (2000). *Nonlinear System Identification: From Classical Approaches to Neural Networks and Fuzzy Models*. Springer.

Nett, C., C. Jacobson und M. Balas (1984). „A connection between state-space and doubly coprime fractional representations". In: *IEEE Transactions on Automatic Control* 29.9, S. 831–832.

Partington, J. R. (2004). *Linear operators and linear systems: an analytical approach to control theory.* Bd. 60. Cambridge University Press.

Qin, S. J. (2006). „An overview of subspace identification". In: *Computers & chemical engineering* 30.10, S. 1502–1513.

Qin, S. J. (2012). „Survey on data-driven industrial process monitoring and diagnosis". In: *Annual Reviews in Control* 36.2, S. 220–234.

Robert Bosch GmbH (2005). *Ottomotor-Management: Systeme und Komponenten.* Vieweg+ teubner Verlag.

Safonov, M. G. und T.-C. Tsao (1994). „The unfalsified control concept and learning". In: *Proceedings of the 33rd IEEE Conference on Decision and Control.* Bd. 3, 2819–2824 vol.3.

Schaback, R. und H. Wendland (2004). *Numerische Mathematik (Springer-Lehrbuch) (German Edition).* Springer.

Siebertz, K., D. van Bebber und T. Hochkirchen (2010). *Statistische Versuchsplanung: Design of Experiments (DoE) (VDI-Buch) (German Edition).* Springer.

Skogestad, S. und I. Postlethwaite (2007). *Multivariable feedback control: analysis and design.* Bd. 2. Wiley New York.

Stoorvogel, A. A. und A. J. Weeren (1994). „The discrete-time Riccati equation related to the $\mathcal{H}_\infty$ control problem". In: *IEEE transactions on automatic control* 39.3, S. 686–691.

Strang, G. (2009). *Introduction to linear algebra.* 4. Aufl. Wellesley und MA: Wellesley-Cambridge Press.

Tay, T.-T., I. Mareels und J. B. Moore (1997). *High Performance Control (Systems & Control: Foundations & Applications).* Birkhäuser.

Van Den Hof, P. M. und R. J. Schrama (1995). „Identification and control—closed-loop issues". In: *Automatica* 31.12, S. 1751–1770.

Van den Hof, P. M., R. J. Schrama, R. A. de Callafon und O. H. Bosgra (1995). „Identification of normalised coprime plant factors from closed-loop experimental data". In: *European Journal of Control* 1.1, S. 62–74.

Van der Schaft, A. (2012). *L2-gain and passivity techniques in nonlinear control.* Springer Science & Business Media.

Van Overshee, P. und B. De Moor (1996). *Subspace identification for linear systems.* Kluwer Academic Publishers.

Verhaegen, M. und V. Verdult (2007). *Filtering and system identification: a least squares approach.* Cambridge university press.

Vidyasagar, M. (1972). „Input-output stability of a broad class of linear time-invariant multivariable systems“. In: *SIAM Journal on Control* 10.1, S. 203–209.

Vidyasagar, M. (2011). *Control System Synthesis: A Factorization Approach.* Morgan & Claypool Publishers.

Vinnicombe, G. (1993). „Frequency domain uncertainty and the graph topology“. In: *IEEE Transactions on Automatic Control* 38.9, S. 1371–1383.

Vinnicombe, G. (2000). *Uncertainty and Feedback: $\mathcal{H}_\infty$ Loop-shaping and the ν-gap Metric.* World Scientific.

Vizer, D. und G. Mercere (2014). „H_∞-based LPV model identification from local experiments with a gap metric-based operating point selection“. In: *European Control Conference (ECC).* IEEE, S. 388–393.

Woodley, B. R. (2001). „Model Free Subspace Based $\mathcal{H}_\infty$ Control“. Diss. Stanford University.

Yin, S., S. X. Ding, A. Haghani, H. Hao und P. Zhang (2012). „A comparison study of basic data-driven fault diagnosis and process monitoring methods on the benchmark Tennessee Eastman process“. In: *Journal of Process Control* 22.9, S. 1567–1581.

Yin, S., S. X. Ding, X. Xie und H. Luo (2014). „A review on basic data-driven approaches for industrial process monitoring“. In: *IEEE Transactions on Industrial Electronics* 61.11, S. 6418–6428.

Youla, D. C., H. A. Jabri und J. J. Bongiorno (1976). „Modern Wiener-Hopf design of optimal controllers–Part II: The multivariable case“. In: *IEEE Transactions on Automatic Control* 21.3, S. 319–338.

Zames, G. und A. K. El-Sakkary (1980). „Unstable systems and feedback: The gap metric“. In: *Proceedings of the Eighteenth Annual Allerton Conference on Communication, Control, and Computing.*

Zhou, K., J. C. Doyle und K. Glover (1996). *Robust and optimal control.* Prentice Hall New Jersey.

Zhou, K. und J. C. Doyle (1997). *Essentials of Robust Control.* Pearson.

Printed in the United States
By Bookmasters